KB143052

청소년을 위한

동양과학사

청소년을 위한

동양과학사

'주역'에서 '의산문답'까지

오민영 지음

두리미디어
DURIMEDIA

머리말

동양에도 과학이 있었나?

아마도 이 책을 처음 펼쳐 본 사람이라면 십중팔구 그렇게 생각했을 것입니다. 왜냐하면 중·고등학교 과학시간에 '동양 과학'에 대해서 배운 적이 거의 없을 것이기 때문입니다. 보통 과학이라고 하면, 갈릴레이나 뉴턴, 혹은 아인슈타인을 떠올리지, 이순지나 꾸어 서우징, 혹은 시부카와 하루미를 떠올리지 않습니다. 그것은 우리가 과학시간에 배운 과학이 서양 과학, 그 중에서도 특히 '근대과학'이기 때문입니다. 과학에 대해 관심 있는 사람도 동양의 전통 과학에 접근하기는 그리 쉽지 않습니다. 서점에 가서 '교양 과학'이나 '과학사' 코너를 돌아보십시오. 동양의 전통 과학에 대해 쉽게 풀이한 책은 물론이거니와 어렵게 쓴 책도 찾기 어렵습니다.

이렇듯 동양의 전통 과학은 오늘날 그 존재조차 잊혀질 정도로 인정받지 못하고 있습니다. 그것은 우리가 서양 근대과학의 강력한 영향 아래에서 살고 있기 때문입니다. 또한 19세기 이후에 동양의 전통 과학이 서양의 근대과학에게 철저하게 패배하고 압도당한 역사적 경험이 있기 때문입니다. 당시 동양의 지식인들은 서양의 과학기술을 빨리, 전면적으로 수용해야 서구 제국주의 열강의 간섭으로부터 벗어나 온전한 근대국가를 세울 수 있다고 생각했습니다. 동양의 근현대사는 어떻게 보면 '근대과학'으로 대표되는 서양의 '근대'를 수용하고 모방하던 시대였다고 볼 수 있습니다.

그러나 두 차례나 세계대전을 겪었던 20세기를 거치면서 '근대과학', 더 나아가 '서구적 근대'에 대한 비판의 목소리가 점차 고조되고 있습니다. 20세기는 분명 인류 역사상 과학과 기술이 극도로 발전한 세기였습니다. 하지만 그에 비례해서 인류가 직면한 위기 역시 극도로 고조된 세기였다고 평가해야 합니다.

1945년 히로시마에 투하된 원자폭탄은 근대과학이 인류에게 돌이킬 수 없는 대재앙을 일으킬 수 있다는 것을 분명하게 보여 주었습니다. 조금 과장해서 이야기한다면, 이제 스위치를 한 번 누르기만 해도 전 인류가 몰살당할 수 있는 시대가 된 것입니다. 게다가 맹목적인 과학만능주의에서 비롯된 무분별한 환경 파괴는 각종 기상이변과 자연 재해를 초래하고 있습니다. 문제는 이러한 전지구적 위기에 대해 근대과학이 적절한 해결책을 제시하고 있지 못한다는 것입니다. 이렇듯 서양 근대과학에 대한 비판이 제기되면서 자연스럽게 비유럽 세계의 전통 과학에 대한 관심이 높아졌습니다. 전통 과학으로부터 인류 생존의 지혜를 얻을 수 있으리라는 기대가 생긴 것입니다.

한편 20세기 후반에 들어와서 일부 비유럽 세계, 그 중에서도 특히 동아시아 삼국(한국, 중국, 일본)은 고도의 경제 성장을 이룩해 세계 경제에서 차지하는 위상이 높아졌습니다. 1997년의 홍콩 반환은 영국의 쇠락과 중국의 부흥을 상징적으로 보여 주는 사건이었습니다. 지난 100년 동안 동아시아 삼국은 서양의 근대(과학)를 배우려고 필사적으로 노력했습니다. 전통(과학)은 단지 극복되어야 할 대상으로 부정적으로 인식되었습니다. 그러나 이제 전통은 더 이상 극복의 대상이 아니라 고도 경제 성장의 원천으로서 긍정적으로 평가되고 있습니다. 동아시아 삼국은 자신감을 가지고 자신의 전통(과학)에 대해 돌아볼 수 있게 된 것입니다. 특히 서양의 근대과학이 상당부분 동양의 전통 과학에 빚을 지고 있다는 사실이 밝혀지면서 동양의 전통 과학에 대한 관심이 점차 높아지고 있습니다. 필자가 동양과학사에 대해 관심을 갖게 된 것이나, 이 책이 여러분 앞에 등장하게 된 것도 그러한 시대의 요청에 부응한 것이라고 볼 수 있습니다.

그러나 전통 과학이 인류가 직면한 모든 문제를 해결해 주리라고 기대하는 것은 비현실적이고 낭만적인 환상에 가깝습니다. 또한 동양의 전통 과학, 특히 동아시아의 전통

과학이 다른 문명권의 전통 과학보다 우월하다고 자만하는 것 역시 또다른 종류의 자문화중심주의라고 할 수 있습니다. 우리가 동양의 전통 과학에 접근할 때에는 낭만적인 환상이나 자문화중심주의를 경계해야 합니다. 각 문명권의 전통 과학은 고립적으로 발전한 것이 아닙니다. 다른 문명권의 전통 과학으로부터 자극을 받으면서 더욱 발전해 나갔던 것입니다. 근대과학의 탄생은 동아시아와 이슬람, 인도의 전통 과학으로부터 양분을 흡수했기 때문에 가능한 것이었습니다. 동양 과학 역시 마찬가지입니다.

'동양과학사'라고 하면 동아시아뿐만 아니라 이슬람과 인도의 과학사까지—그리고 가능하다면 동남아시아의 전통 과학까지—포함시켜야 마땅할 것입니다. 그러나 이 책에서는 동아시아 과학사를 중심으로 서술하되, 동아시아의 전통 과학에 영향을 준 부분에 한해서 이슬람과 인도의 전통 과학을 다루었습니다.

'과학사'라는 제목을 달기는 했지만 이 책에서는 주로 천문학을 중심으로 동양 과학의 역사를 조망했습니다. 그러나 동아시아 과학사에서 천문학이 가장 영향력 있는 학문이었기 때문에 천문학을 중심으로 서술해도 동아시아 과학사의 흐름을 파악하는 데 지장이 없을 것이라고 생각합니다.

이 책은 크게 네 부분으로 구성되어 있습니다. 제1부는 동아시아의 전통 과학, 제2부는 전근대 중국의 천문역산학, 제3부는 동아시아 과학문명의 형성, 제4부는 동·서 과학문명의 교류를 다루었습니다. 제1부와 제2부까지는 과학문명 형성 초기부터 17·18세기까지의 중국 과학사를 다루고 있습니다. 전근대시대 동아시아에서 중국의 과학 문명이 가장 발달했고 주변 여러 나라에 막대한 영향을 주었기 때문에, 중국에 큰 비중을 두고 서술한 것입니다. 제3부는 한국과 일본이 어떻게 중국의 과학 문명을 수용하고 자기 것으로 소화하고 변용시켰는가에 대해 서술했습니다. 제4부는 17세기에서 19세기 중반까지 동아시아 삼국이 서양 과학을 어떻게 수용했는지에 대해 서술했습니다. 단순히 서양 과학을 어떻게 수용했는가에만 초점을 맞춘 것이 아니라, 서양 과학이 동아시아 전통 과학의 필터를 통해서 어떻게 변용되었는가에 주안점을 두고 서술했습니다.

이 책의 관점은 과학에는 '국적'이 없다는 것입니다. 앞에서도 말씀드렸듯이, 과학사는 기본적으로 교류의 역사이기 때문입니다. 따라서 여러분께서는 이 책을 통해 과학과 기술의 '교류사'라는 관점에서 동아시아의 역사를 새롭게 바라보실 수 있을 것입니다. 아무쪼록 이 책이 독자 여러분의 과학적 사고와 역사 인식을 확장하는 데 조금이나마 도움이 되기를 바랍니다.

2007년 새봄을 맞이하며
오민영

차 례

east asia

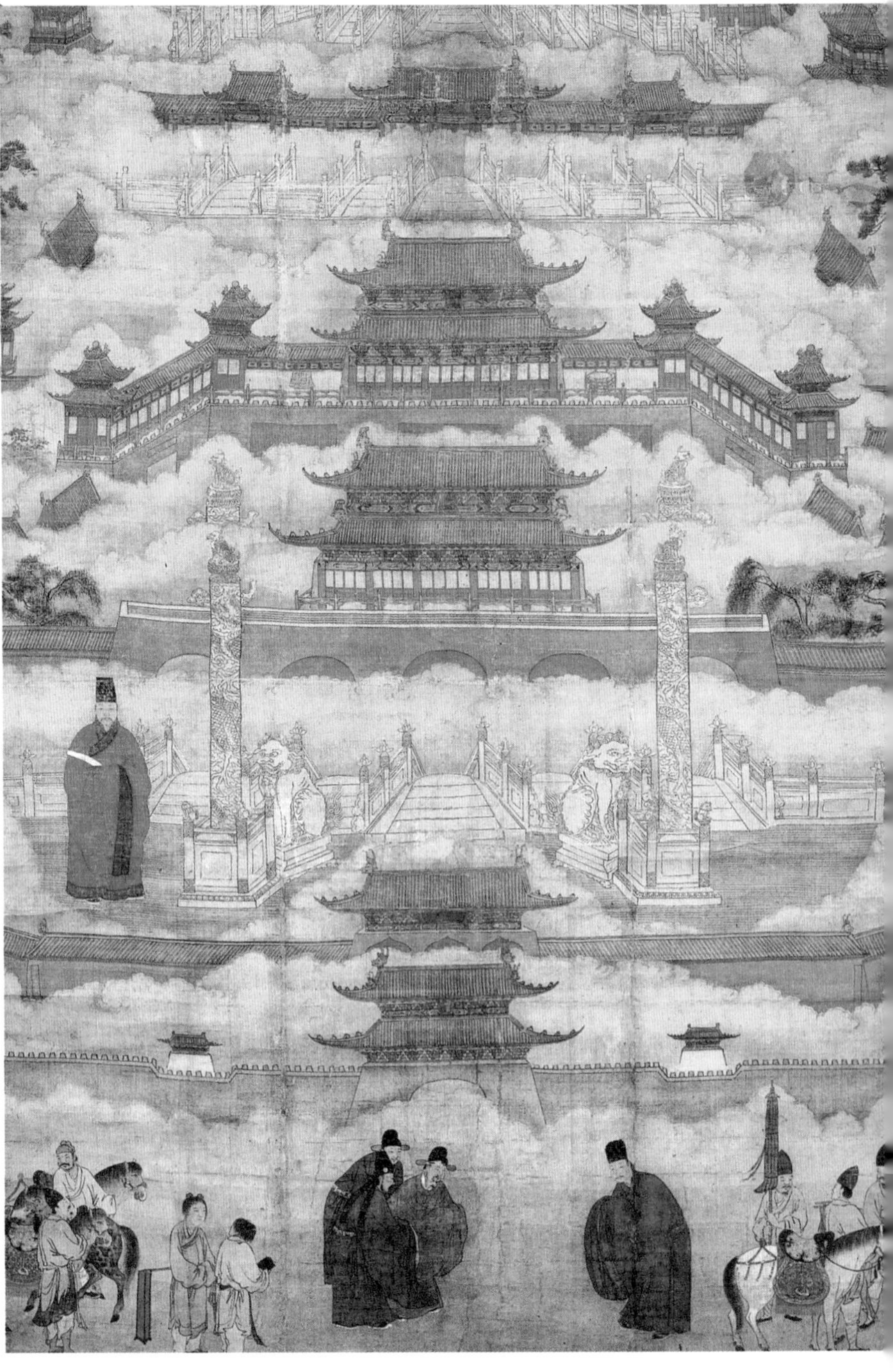

1부_동아시아의 전통 과학

초나라의 시인, 하늘에 질문을 던지다

여러분, 시골에 가서 밤하늘을 자세히 관찰해 본 적이 있으신지요? 이루 다 셀 수 없을 정도로 무수히 많은 별들이 광활한 하늘에 끝없이 펼쳐져 있는 것을 보면 절로 감탄이 나옵니다. 북두칠성을 비롯한 각종 별자리를 찾아내는 것 역시 밤하늘 관찰의 큰 즐거움입니다. 그런데 오랜 시간 동안 관찰하다 보면, 별자리들의 위치가 시간에 따라, 날에 따라 조금씩 변하는 것을 볼 수가 있습니다. 광대무변한 하늘이 무언가 보이지 않는 힘에 의해 움직인다는 사실이 너무도 놀랍지 않습니까? 광활한 우주가 고정불변한 것이 아니라면, 우주의 시작과 끝도 있겠지요? 우주는 어떻게 생성하고 소멸하는 걸까요?

지금으로부터 2,300여 년 전에 활약했던, 중국 초楚나라의 시인 취위앤(굴원屈原, 기원전 343?~기원전 277?)은 「천문天問」*이라는 시에서 다음과 같이 읊었습니다.

천문(하늘에 대한 질문)
이 시는 취 위앤이 귀양길에 초 회왕의 사당에 들렀다가 사당 벽에 그려진 하늘과 땅, 산과 강, 신령과 성현의 그림을 보고 느낀 의문들을 읊은 것이다. 「초사楚辭」에 수록되어 있다.

하늘의 일산日傘* 끈은 어디에 매어져 있는가?
하늘의 중심축은 무엇에 지탱되어 있는가?
하늘의 기둥은 어떻게 맞닿아 있는가?
동남쪽 기둥은 어째서 하늘과 틈이 벌어져 있는가?

일산

햇볕을 가리기 위해 세우는 큰 양산

취 위앤은 하늘을 바라보며 질문을 던졌습니다. '만약 하늘이 회전한다고 한다면 하늘과 땅을 연결하고 있는 벼릿줄은 어떻게 될까? 계속 돌다 보면 줄이 꼬이거나 끊어지지는 않을까? 줄이 끊어지면 하늘이 땅으로부터 떨어져 나가는 것은 아닐까? 아니면 줄이 절대로 끊어지지 않도록 조정하는 특별한 장소가 있는 것일까? 만약 그러한 곳이 땅 위에 있다면 어디에 있을까?'

이처럼 취 위앤은 '하늘에 대한 질문'을 계속해서 던졌습니다. '거대한 하늘의 중심축은 어째서 쓰러지지 않는 것일까? 무엇인가에 단단하게 지탱되어 있는 것은 아닐까? 거대한 하늘은 어째서 내려앉지 않는 것일까? 무엇인가 크고 단단한 기둥 같은 것들이 하늘을 떠받치고 있는 것은 아닐까? 둥근 하늘과 네모난 땅이 어떻게 어긋나지 않게 맞물려 있을까?'

취 위앤은 북쪽 하늘에 치우쳐 있는 북극성을 바라봅니다. '하늘의 중심축은 어째서 북쪽으로 기울어져 있을까? 하늘의 중심축이 북쪽으로 기울어져 있다면 반대편 남동쪽 하늘은 땅과 틈이 벌어지지나 않을까?'

이렇듯 자연 현상에 대해 질문을 끝없이 던지면서 그 해답을 찾아가는 학문을 우리는 '과학'이라고 부릅니다. 우리는 취 위앤의 질문에서 과

취 위앤

취 위앤은 중국 전국戰國시대 말기에 활약했던 초나라의 시인이다. 문장력과 외교술에 뛰어나서 초 회왕懷王의 신임을 얻었지만, 주변의 모함을 받아 세 차례나 귀양을 갔으며, 결국 세 번째 귀양길에 강에 몸을 던져 자살했다. 취 위앤은 「이소離騷」, 「구가九歌」, 「천문天問」, 「어부漁父」 등의 시를 지어 애국심을 바탕으로 울분과 비탄의 심정을 노래했다.

진한시대의 전차

옛날 중국인들은 수레의 일산을 모델로 우주론을 구상했다. 고대 중국인들은 하늘이 일산을 펼친 것처럼 생겼으며, 하늘과 땅을 4개의 벼릿줄이 연결해 준다고 생각했다. 그리고 일산에 중심축이 있는 것처럼 우주에도 중심축이 있다고 생각했다.

공공

공공은 물의 신[水神]이다. 위의 그림과는 달리 사람의 얼굴에 뱀의 몸을 하고 있으며 붉은 머리카락을 가졌다고 전하는 기록도 있다.

회남자

『회남자』는 한나라 때 회남왕淮南王 리우 안(유안劉安, 기원전 179~기원전 122)이 여러 학자들을 모아 저술하게 한 책이다. 『회남자』는 천문과 지리, 현실정치와 처세술, 신화와 전설 등 다방면에 걸쳐 언급하고 있으며, 도가사상을 중심으로 여러 학파의 학설들을 종합했다.

전욱

전욱은 전설상의 삼황오제三皇五帝 중 한 명이다. 『사기史記』에 따르면, 전욱은 곡식을 잘 길렀고 예의로 백성을 교화했다고 한다.

학적 사고의 실마리를 찾을 수 있습니다. 하지만 호기심과 관심만 가지고는 과학이 성립하지 않습니다. 그로부터 약 150년 후, 중국 한漢나라의 학자들은 『회남자淮南子』*라는 책에서 취 위앤이 던진 질문에 대해 다음과 같이 답변했습니다.

옛날에 공공共工이 전욱顓頊과 제위를 다투다가 이기지 못하자 화가 나서 북서쪽에 있는 부주산不周山에 부딪쳤다. 그 때문에 하늘을 떠받치고 있던 기둥이 부러지고 땅을 묶은 벼릿줄이 끊어져, 하늘이 북서쪽으로 기울어졌다. 그 때문에 해와 달 그리고 별들이 북서쪽으로 쏠리면서 움직이게 되었다. 땅은 동남쪽으로 내려앉았다. 그 때문에 빗물과 티끌이 남동쪽으로 쏠려 내려가게 되었다.

이러한 신화적 설명은 나름대로 재미있게 자연현상을 설명하고 있지만 '과학적'이라고 평가받기는 어렵습니다. 전근대시대 동아시아

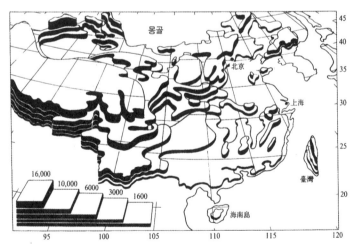

중국의 지세

"땅이 남동쪽으로 내려앉았다"는 것은 북서쪽이 높고 남동쪽이 낮은 중국의 지세를 반영한 것이다.

14_청소년을 위한 동양과학사

에서는 점차 신화적 세계관에서 벗어나 자연현상으로부터 '규칙성'을 찾아내고 그러한 규칙에 입각해 자연현상을 '체계적'으로 설명하려고 노력했습니다. 그러한 노력의 산물이 바로 동아시아의 전통 과학입니다.

방술이란 무엇인가?

그렇다면 동아시아의 고전에서 '과학'이라는 개념을 찾아낼 수 있을까요? 동아시아의 고전 어디를 보더라도 '과학科學'이라는 용어는 등장하지 않습니다. '과학'이라는 용어 자체는 19세기 말 일본인이 '사이언스science'*라는 서양 어휘를 번역하는 과정에서 새로 만들어낸 한자어입니다. 그리고 '사이언스'라는 개념과 정확하게 일치하는 어휘도 찾을 수 없습니다. 그렇지만 비슷한 뜻을 갖는 어휘는 찾을 수 있습니다. 바로 '방술方術'이라는 용어입니다. 방술 외에도 방기方技, 술수術數라는 말도 사용되었지만, 이 책에서는 '방술'로 통일하도록 하겠습니다.

그렇다면 방술이란 대체 무엇일까요? 방술은 개념 자체가 모호하고 시대에 따라 다양한 양상을 띠기 때문에 한마디로 정의를 내리기가 어

사이언스
영어의 '사이언스'는 라틴어 '스키엔티아scientia'에서 나왔다. '스키엔티아'는 앎이라는 뜻이다.

『신농본초경』
『신농본초경』은 후한부터 위·진시대에 성립된 본초학本草學 서적이다. 본초학이란 약초나 약품을 연구하는 학문으로 의방의 한 갈래다.

렵습니다. 그러나 '자연현상에서 규칙성을 이끌어내고 그러한 규칙에 입각해 길흉吉凶을 점치거나 불로장생不老長生을 추구하는 학문' 정도로 정리할 수 있습니다. 자연현상으로부터 규칙성을 찾아낸다는 점에서 과학적인 요소가 있다고 할 수 있지만, 길흉을 점친다는 점에서는 미신적인 요소도 섞여 있다고 볼 수 있습니다.

그렇다면 어떤 학문들이 방술일까요? 지금으로부터 약 1,300년 전, 중국 당唐나라의 학자들은 방술을 천문天文, 역산曆算, 오행五行, 의방醫方의 네 분야로 분류했습니다. '천문'은 일식이나 혜성과 같은 하늘에 나타난 이상 현상을 관측하고 이상 현상이 지상에 미치는 영향을 논하는 일종의 점성술입니다. '역산'은 천체 관측이나 계산을 기초로 해 달력을 만드는 방법으로서, 정밀과학이라는 측면에서 근대 천문학과 가장 가깝지만, 달력에 길흉을 점치는 내용도 포함합니다. '오행'은 주로 길흉을 점치는 방법입니다. '의방'은 질병을 치료하거나 건강을 증진시키는 방법을 말하는데, 여기에는 신선이 되는 비법인 연단술練丹術이나 방중술房中術도 포함되어 있습니다. 천문과 역산은 오늘날의 천문학에 가깝고, 의방은 의학에 가까우며, 오행은 점술占術에 관한 분야입니다. 이 책에서는 방술을 천문·역산(천문학), 의방(의학), 점술의 세 분야로 나누도록 하겠습니다.

연단술
명나라 리우 원타이(유문태劉文泰)의 『본초품휘정요本草品彙精要』의 삽화. 연단술이란 영원히 늙지도 죽지도 않게 해주는 약물을 제조하는 방법이다. 실제로 불로장생의 약이 발명되지는 않았지만, 오랜 기간 동안 약물을 제조하는 기술이 축적되면서 증류·용해·승화·결정 등 중요한 화학의 원리가 발견되었다.

동아시아 과학사를 어떻게 볼 것인가?

그렇다면 방술의 전 분야를 그대로 동아시아 과학사에 포함시킬 수 있을까요? 만약에 모두 포함시킨다면, 미신과 과학을 구분할 방법이 없습니다. 자연현상을 관찰하고, 관찰한 자료에서 규칙성을 이끌어 내며, 그 규칙에 따라 자연현상을 체계적으로 설명하는 학문만을 '과학'이라고 불러야 합니다. 방술 중에서 이러한 개념에 가장 근접한 분야를 뽑는다면 천문·역산과 의방입니다.

물론 천문·역산이나 의방에도 미신적인 점술이 일부 포함되어 있습니다. 하지만 그러한 점술조차도 과학이 뒷받침된다면 과학사의 연구대상에 포함시켜도 무방합니다. 모든 과학적 진리는 '보편성'을 가지고 있지만, 그 보편성은 어디까지나 그러한 진리를 만들어낸 시대의 '상대성' 속에서만 존재합니다. 따라서 과학사의 과제는 특정 시대의 과학이 갖는 보편성을 그 시대적 상황에 입각해서 규명하는 것입니다.

동아시아의 전통 과학은 분명히 근대과학의 입장에서 보면 '비과학적' 요소들을 가지고 있지만, 전근대시대 동아시아에서는 분명히 '보편적 진리'로 여겨졌습니다. 근대과학 역시 전통 과학 입장에서 볼 때 용납될 수 없는 한계들을 가지고 있습니다. 요컨대, 근대과학도 '과학'의 한 갈래고, 동아시아의 전통 과학도 '과학'의 한 갈래입니다.

02 동아시아의 과학자와 사회

방사란 누구인가?

여러분, '과학자' 라고 하면 어떤 이미지가 떠오르십니까? 도수 높은 검은 테 안경에 흰 가운을 입고 비커를 이리저리 흔들거나 현미경을 뚫어지게 쳐다보는 사람을 떠올리실지도 모르겠습니다. 아니면 뉴턴이나 아인슈타인과 같은 천재 물리학자나 수학자를 연상하실지도 모르겠군요. 전근대시대 동아시아에도 '과학' 이 있었다고 한다면, 당연히 '과학자' 도 있었겠지요. 그렇다면 동아시아의 과학자는 어떤 사람이었을까요?

중국 송宋나라 때 츠언 쿠어(심괄沈括, 1031~1095)[*]가 지은 『몽계필담 夢溪筆談』에는 수학자이자 천문학자였던 웨이 퍄(위박衛朴)의 일화가 실려 있습니다. 그는 장님이었지만 계산과 암기의 도사였습니다.

아빠♪

어허♪ 북쪽으로 돌아가지 못할까~해♪

송나라 츠언쿠어

츠언 쿠어

북송 때의 정치가 · 학자. 츠언 쿠어(심괄沈括)는 원래 왕 안스(왕안석王安石, 1021~1086)의 개혁정치를 지지하던 개혁파 관료였다. 그러나 개혁 정치가 실패로 돌아가면서 보수파의 압력을 받아 좌천당했다.

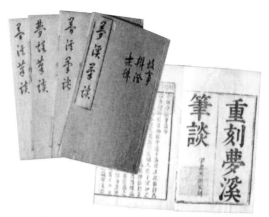

『몽계필담』

『몽계필담』은 수학 · 천문 · 역산 · 기상 · 지질 · 지리 · 물리 · 화학 · 건축 · 수리 · 생물 · 농학 · 의약 · 기술 · 경학 · 문학 · 예술 · 법률 · 군사 · 종교 · 점술 · 풍속 · 경제 · 역사 · 고고 · 언어 · 문자 · 음악 · 복식 · 도서 등 다양한 분야를 수필 형식으로 서술한 일종의 백과전서百科全書이다. 특히 자연과학 부분은 북송北宋 시대의 과학적 성취를 총체적으로 다루고 있기 때문에 동아시아 과학사 연구의 귀중한 자료가 되고 있다.

웨이 퓌는 산목算木*을 사용하지 않고도 고금의 일식 · 월식을 계산할 수 있었다. 단지 입으로 소리 내어 계산했을 뿐인데, 숫자 하나 틀린 곳이 없었다. 관력官曆*은 모두 많은 계산 방법들을 포함하고 있는데, 다른 사람을 시켜서 귓가에 대고 한 번만 읽게 해도 암송할 수 있었고, 민간의 달력들은 자유자재로 외울 수 있었다. 한번은 사람을 시켜서 역서를 베껴 쓰게 하고 다 베끼면 귀에 대고 읽게 한 적이 있었는데, 숫자 하나가 틀린 부분이 있었다. 그 부분을 읽어주자마자 곧바로 "이곳에 어떤 숫자가 틀렸소."라고 지적할 정도로 역법 계산에 정통했다. … 그가 산목을 놀리는 것이 마치 날아다니는 것 같이 빨라서, 결과가 나오기 전까지 눈으로 그것을 따라갈 수 없었다. 한번은 어떤 사람이 고의로 산목 하나를 슬쩍 옮겨 놓은 적이 있었다. 웨이 퓌는 산목들을 손으로 위에서 아래로 쭉 한 번 더듬어 보다가 산목을 옮긴 곳에 이르자 바로잡고서 다시 계산했다.

산목

산목은 산가지라고도 하며, 계산에 사용되는 대나무나 상아, 쇠로 만든 막대기를 가리킨다.

관력

국가가 공인한 달력

 (말풍선) 음~?…!! 산목(算木)이 나의 조상?… 일수도!…

웨이 퓌는 희녕熙寧 8년(1075)에 〈봉원력奉元曆〉을 편찬했으나 참고할 만한 관측기록이 없었기 때문에 자신의 재능을 충분히 발휘할 수 없었다. 그는 자신이 제작한 역법의 정확도가 60~70퍼센트 정도에 불과하다고 스스로 낮게 평가했으나, 다른 역법에 비하면 훨씬 정확했다.

장애를 극복하고 과학 분야에서 탁월한 능력을 발휘한 웨이 퓌는 스티븐 호킹(영국의 우주물리학자, 1942~)과 같은 천재과학자였나 봅니다. 위에서 소개한 웨이 퓌의 재능은 현대의 과학자와 비교해도 손색이 없을 듯합니다. 한편으로 웨이 퓌는 유명한 점술가이기도 했습니다. 대문장가 쩡 꽁(증공曾鞏, 1019~1083)[*]의 동생 쩡 뿌(증포曾布)가 벼슬을 구하기 어려워지자 웨이 퓌에게 점을 치러 왔습니다. 웨이 퓌는 "걱정할 것 없습니다. 3년 뒤에 당신은 틀림없이 한림학사翰林學士가 될 것입니다"라고 예언했는데, 과연 그대로 적중했습니다.

수隋·당唐 시대의 명의名醫 쑨 쓰먀오(손사막孫思邈, 581~682) 역시 의술뿐만 아니라 점술로도 이름이 높았습니다. 루 치칭(여제경廬齊卿)이라고 하는 소년이 쑨 쓰먀오에게 자신의 미래를 물었을 때, 쑨 쓰먀오는 "그대는 50년 후에 주州 장관이 될 터인데, 그때 내 손자가 그대의 직속 부하가 될 것이니, 잘 보살펴주게!"라고 예언했습니다. 50년이 지나 루 치칭이 서주자사徐州刺史가 되었을 때, 쑨 쓰먀오의 손자 쑨 푸(손부孫溥)는 과연 예언대로 서주 샤오 현(소현蕭縣)의 현승縣丞이 되었습니다. 더욱 놀라운 것은 쑨 쓰먀오가 루 치칭의 운명을 점칠 때, 쑨 푸는 아직 태어나지도 않았다는 사실입니다.

전근대시대 동아시아의 과학자들 중에는 이처럼 과학자로서의 재능뿐만 아니라 점술가, 혹은 마술사로서의 재능도 겸비한 사람들이 많았습니다. 그러한 재능은 "현묘하고 뛰어난 기교, 보통 수준을 뛰어넘는

쩡 꽁
송나라 때의 학자·정치가. 당송팔대가唐宋八大家 중의 한 사람이다.

쑨 쓰먀오
가난한 집안에서 태어난 쑨 쓰먀오는 어려서부터 가난한 사람들이 병이 들어도 돈이 없어서 치료 받지 못하는 것을 보고는 의학을 배워 사람들을 구제하기로 결심했다. 그는 각고의 노력으로 청년 시절에 이미 뛰어난 의사가 되었다. 여러 차례 죽은 사람에게 침을 놓아 소생시키자, 사람들은 그를 '신의神醫'라고 불렀다. 가난한 사람들이 오면 돈을 받지 않고 성심성의껏 치료해주었다. 후세 사람들은 그를 존경해 '약왕藥王'이라고 불렀다.

기예"라고 평가를 받았습니다. 동아시아 고전에서는 이러한 재능을 가진 사람들을 '방사方士'라고 부르는데, 방사란 바로 '방술'에 통달한 사람을 말합니다.

방사와 국가

방사는 보통 사람들에게는 없는 불가사의한 능력을 가지고 태어난 특별한 인간으로 인식되었습니다. 불로장생不老長生의 비법을 행한다든가, 불치병을 고친다든가, 사람의 운명을 점친다든가 하는 비범한 행위로 사람들의 존경을 받기도 했지만 한편으로는 공포의 대상이 되기도 했습니다. 특히 권력자나 유학자들은 방사들이 소유한 마술적인 능력이 반권력적이거나 비윤리적인 방향으로 발휘되는 것에 경계심을 가지고 있었습니다.

방사들을 탄압한 권력자 중에 가장 유명한 인물은 『삼국지三國志』의 주역 차오 차오(조조曹操, 155~220)일 것입니다. 차오 차오가 주어 츠(좌자左慈)에게 봉변을 당한 일이나 명의名醫 후아 투어(화타華陀)를 죽인 사건은 너무나 잘 알려져 있습니다. 차오 차오는 방사들을 위국魏國에 소집해 감금했는데, 그 이유에 대해서 "진실로 이 무리들이 간사한 것에 접촉해 백성들을 속이고 요상한 짓을 행해 백성들을 홀릴까 두렵다"라고 설명하고 있습니다. 방사에 대한 차오 차오의 의구심은 개인적인 경험에서 나왔겠지만, 후한後漢 말 이래 각지에서 방사들이 일으킨 종교 반란의 영향도 받았을 것입니다. 황건적黃巾賊의 난을 일으킨 장 쟈오(장각張角)나 한중漢中에 독립 왕국을 건설한 장 루(장로張魯) 모두 종교적 권위와 의술을 겸비한 방사였습니다.

국가 입장에서 볼 때, 방사들을 재야에 방치해 반체제 운동에 가담하도록 내버려 두는 것보다는 체제 내로 흡수해 체제 유지에 이용하는 편이 훨씬 유익했습니다. 따라서 동아시아에서는 방사들을 국가의 관

쓰마 치엔
전한前漢 때의 천문학자이자 역사가.
기전체紀傳體라는 새로운 역사 서술
양식을 창안해 『사기史記』를 저술했다.

리로 임명해 그들을 관료적 질서 안에서 관리하고 그들의 연구 성과를 흡수하려고 했습니다.

예를 들면, '천문' 은 천체 현상 혹은 기상 현상의 형태로 나타난 하늘의 계시를 해석해 군주의 죽음이나 전쟁, 자연재해 등 국가의 중대사를 점치는 기술입니다. 반체제 세력이 천문을 이용해 혁명을 일으킬 가능성은 충분히 있었습니다. 쓰마 치엔(사마천司馬遷, 기원전 145?~기원전 86?)의 『사기史記』를 읽어보도록 할까요?

건원建元 6년(기원전 135)에 혜성이 나타나자, 회남왕淮南王은 마음속으로 그것을 이상하게 생각했다. 어떤 사람이 왕에게 말하기를 "이전에 오나라가 군사를 일으켰을 때 혜성이 나타났는데, 그 길이가 몇 자밖에 되지 않았지만 오히려 피를 천리나 흘렸습니다. 이제 혜성의 길이가 하늘을 가로지르니 마땅히 천하의 군사들이 크게 일어날 것입니다"라고 했다. 회남왕은 마음속으로 황제에게 태자가 없으니, 천하에 변란이 발생하면 제후들이 서로 다툴 것이라고 여겨 무기와 공격용 기구를 수리했다.

고대 동아시아의 천문학자들은 혜성의 출현을 전쟁이 일어날 조짐으로 해석했습니다. 그 때문에 반역을 꿈꾸고 있었던 회남왕은 반신반의하면서도 혜성의 출현을 군대를 일으킬 때가 됐다는 하늘의 뜻으로 받아들였던 것이고, 방사는 왕의 심중을 헤아리고 왕에게 확신을 불어넣었던 것입니다. 국가의 입장에서 볼 때 이러한 방사의 존재는 대단히 위험했습니다.

『사기』

　그 때문에 동아시아에서는 천문을 전공한 방사들을 국립 천문대에 소속시키고 그 지식을 국가가 독점적으로 관리해 엄격하게 기밀을 유지하려고 했습니다. 당唐나라의 형법인 『당률唐律』에서는 천문기계나 천문서적 등은 민간에서 소지할 수 없으며, 이를 어긴 자는 도형徒刑 2년의 형벌을 내린다고 규정하고 있습니다. '도형 2년'이란 2년 동안 감옥살이를 하면서 강제노동에 동원되는 것이니, 꽤 무거운 형벌인 셈입니다.

　한편 천문·역산과 의방은 국가의 체제 유지에 없어서는 안 될 중요한 학문이었습니다. 천문이 국가의 중대사를 점치는 학문이기 때문에 필수적인 학문으로 간주된 것은 지극히 당연합니다. 달력을 만드는 학문인 역산은 어떨까요? 만약 달력이 없다고 생각해 봅시다. 어떤 사태가 벌어질까요? 군대의 출동이나 국가 의례, 공문서의 배달이나 징병·징세와 같은 국가의 기본 업무가 마비될 것입니다. 중앙 관리들은 언제든지 손쉽게 달력을 구할 수 있어야 했으며, 변방의 외딴 요새에도 전령을 통해 달력을 배포해야 했습니다. 그리고 하늘로부터 권위를 인정받아 인간사회를 다스리는, 하늘의 대행자인 천자天子는 천체의 운행을 정확하게 파악해야 하고, 자연의 주기에 어긋나지 않도록 적절한 시기에 명령을 내려야 했기 때문에 정확한 달력을 제작할 필요가 있었습니다. 또한 정확한 달력을 제작하기 위해서는 국가적 차원에서 역산 연구를 지원할 필요가 있었습니다.

　전근대시대 동아시아의 정부 기구 속에는 방술을 연구하고 교육시키는 기관이 포함되어 있었습니다. 당나라의 행정법인 『당육전唐六典』에 의하면 천문·역산을 담당하는 곳은 태사국太史局, 의방을 담당하는 곳은 태의서太醫署, 점술을 담당하는 곳은 태복서太卜署인데, 그 중에서도 국립 과학 연구소이자 과학 교육 기관에 해당하는 곳은 태사국과 태의서라고 할 수 있습니다.

'태사국'! 네가 감히 나! 이상기온 현상의 앞길을 제대로 알 수 있겠느냐?!!

　태사국의 장관 태사령太史令은 품계가 종5품 하로서 그다지 높은 벼

슬은 아니지만, 당시에 과학이 오늘날 만큼 중시되지 않았다는 것을 생각하면 천문학자가 국가적으로 우대를 받았다고 볼 수 있습니다. 게다가 능력만 인정받으면 과거시험을 치르지 않고도 관직에 오를 수 있었으니, 방사들에게 더할 나위 없이 매력적인 직장이었을 것입니다. 그리고 국가는 관직을 미끼로 해서 민간에게 영향력을 행사할만한 저명한 방사들을 체제 내로 흡수할 수 있었을 것입니다.

뛰어난 방사 중에는 국가가 내리는 관직과 작위를 한사코 사양한 인물이 있었으니, 앞에서 소개해 드린 쑨 쓰먀오가 바로 그러한 겸양의 덕을 갖춘 인물이었습니다. 하지만 아무리 쑨 쓰먀오라도 황제의 초청을 감히 거절할 수는 없었습니다. 당나라 때 유명한 천문학자인 이싱(일행一行, 673~727)은 황제가 불러도 병을 핑계로 나가지 않다가, 황제가 칙령을 내려 강제로 부르자 어쩔 수 없이 나갔습니다. 역대 황제들은 저명한 방사를 곁에 둠으로써 자신의 권위를 과시하려고 했고, 방사들은 그러한 황제의 요청을 거부할 수 없었습니다. 물론 쑨 쓰먀오나 이싱은 극히 예외적인 경우고, 대부분의 방사들은 국가의 초청을 자신이 출세할 수 있는 기회로 여기고 다른 방사들과의 경쟁을 마다하지 않았습니다.

이싱
당나라의 승려이자 천문학자. 이싱은 천문·역산뿐만 아니라 주역과 방술에도 능통했다. 당나라 현종玄宗의 명령을 받아 〈대연력大衍曆〉을 제작했다.

차오 차오

후한 말後漢末의 군인·정치가·시인. 헌제獻帝(재위189~220)를 끼고 한나라의 정권을 장악했다. 208년에는 승상丞相이 되었고, 213년에는 위국공魏國公으로 책봉되었다.

주어 츠

대중소설인 『삼국지연의三國志演義』에는 주어 츠가 기적을 행하면서 차오 차오를 조롱한 이야기 여러 편이 실려 있지만, 그 중 상당부분은 역사적 사실이 아닌 허구다. 그러나 구리대야 속에 낚싯대를 드리워 멀리 오나라에서 나는 농어를 낚아낸 이야기, 술 한 되와 고기 한 근으로 100여명을 배불리 먹인 이야기 등은 정통 역사서인 『후한서後漢書』에도 나온다.

후아 투어

후아 투어는 후한말後漢末의 전설적인 명의로, 의료 전반에 두루 능통했는데, 특히 외과에 뛰어나 중국에서는 지금까지도 '외과의 비조鼻祖'로 통한다. 후아 투어가 널리 알려진 것은 외과수술 때문인데, 마비산麻沸散을 사용해 환자의 전신을 마취시킨 뒤 위장절제 수술을 해 4~5일 만에 완치시켰다고 한다. 『삼국지연의』에는 차오 차오曹操가 그를 시의侍醫로 삼고자 했으나, 차오 차오의 의원 노릇을 하기 싫어 아내가 아프다는 핑계를 대고 집으로 돌아갔다가 거짓이 탄로나 마침내 차오 차오에게 살해되었다는 이야기가 실려 있다.

장 링

후한 말 신흥 종교인 오두미도五斗米道의 창시자. 장 링은 질병을 치유하는 기적을 행함으로써 많은 신도를 모았다. 불로장생을 위한 양생법養生法을 배우고 영원히 죽지 않는 신령한 약을 만들었다고 한다. 장 링의 손자 장 루는 오두미도 교단 조직을 바탕으로 제정 일치의 종교 왕국을 건설했다.

방사와 유학자

방사와 방술이 국가 체제 안으로 흡수되는 과정에서 결정적인 역할을 했던 것은 바로 유학자들이었습니다. 유학자들은 방사들이 "인의仁義의 올바른 규범을 어기고 유교경전의 교훈을 따르지 않으면서", "백성들의 마음을 어지럽히고 사악한 술수와 속임수로 군주를 기만한다"고 비판하면서도 방술을 완전히 부정하지는 않았습니다. 그것은 방술이 "국가에서 필요로 하는 일들을 해결하는 데 여러 방면에서 도움을 줄 수 있기" 때문이었습니다. 따라서 유학자들은 유교의 가르침으로 방

장 형

후한 때의 시인·천문학자·발명가. 장 형은 『혼천의주渾天儀注』을 지어 혼천설의 우주 구조론을 제시했고 『영헌靈憲』을 지어 우주 생성론을 제시했다. 그리고 물의 힘으로 천체의 운행을 재현하는 기계인 '수운혼상水運渾象'을 제작했고, 세계 최초의 지진 측정 기계인 '후풍지동의候風地動儀'를 발명했다. 그 외에도 장 형은 땅의 그림자가 달을 가리기 때문에 월식이 발생한다고 해서 월식의 발생 원인에 대한 정확한 설명을 제시하기도 했다.

차이 용

후한 말의 유학자·문장가·과학자. 차이 용은 박식하고 다재다능한 대학자로 유교경전에 정통했을 뿐만 아니라 뛰어난 문장가였고 천문·역산·음률에도 재능을 발휘했다. 그러나 정치적으로는 대단히 불우했다. 똥 주어(동탁董卓, ?~192)의 협박에 못 이겨 어쩔 수 없이 벼슬살이를 하다가 똥 주어가 주살된 후에 그의 죽음을 애도했다는 이유로 왕 윈(왕윤王允)에 의해 체포되어 감옥에서 사망했다.

따이 전

청나라 때의 유학자. 따이 전은 서양 천문학을 이용해 중국 고대의 수학과 천문학 관련 문헌을 복원하는 데 관심이 많았다.

사들의 활동을 규제하고 방술을 유교적 질서의 범위 안에 가두어두려고 했습니다. 더 나아가 유학자들 스스로 방술을 익히기도 했습니다.

실제로 뛰어난 천문학자나 의학자 중에는 유교적 교양을 갖춘 사람들이 많았습니다. 한나라 때의 장 헝(장형張衡, 78~139), 당나라 때의 이 싱 등이 대표적인 인물들입니다. 그리고 저명한 유학자들 중에서도 천문·역산에 정통한 사람들이 있었습니다. 한나라 때의 차이 용(채옹蔡邕, 132~192), 청淸나라 때의 따이 전(대진戴震, 1724~1777) 등이 유명합니다. 그 외에도 유교적 소양을 쌓은 관료들 중에서 뛰어난 과학자들이 배출되기도 했습니다. 그 중 가장 유명한 인물로서 송宋나라 때의 츠언 쿠어, 명明나라 때의 쉬 꾸앙치(서광계徐光啓, 1562~ 1633)* 등을 들 수 있습니다.

유학자들은 왜 천문·역산에 관심을 가졌던 걸까요? 그것은 유학이 기본적으로 '천인감응天人感應'의 논리에 기초하고 있기 때문입니다. '천인감응론'이란 자연과 인간사회 사이에서 어느 한쪽이 '작용'을 가하면 다른 쪽에서 '반응'을 보인다는 논리입니다.

예를 들어, 군주가 포악한 정치를 하고 있다고 가정해 봅시다. 자연히 백성들 사이에서는 포악한 정치가 끝장나기를 바라는 사람이 많아지게 됩니다. 그 때 마침 가뭄이나 홍수와 같은 재앙이 일어나면 사람들은 재앙에서 폭정에 대한 하늘의 노여움을 읽어 내고 폭군에 대한 반란을 정당화하게 됩니다.

왜 하늘이 재앙을 내렸을까요? 그것은 인간이 포악한 정치의 형태로 하늘에 '작용'을 가했기 때문입니다. 하늘 역시 인간사회의 작용에 걸맞은 '반응'을 보였던 셈입니다. 역으로, 하늘이 내린 재앙은 하늘이 재앙의 형태로 인간사회에 '작용'을 가한 것이고, 그러한 작용에 가장 적절한 인간의 '반응'이 바로 반란입니다. 현대 과학의 입장에서 본다면, 폭정과 재앙 사이에 사회현상과 자연현상 사이에 반드시 인과관계가 있다고는 볼 수 없습니다. 그러나 전통시대 동아시아인들은 '자연

쉬 꾸앙치
명나라 때의 정치가·학자 예수회 선교사 마테오 리치를 도와 동아시아 역사상 최초로 서양 수학 서적을 한문으로 번역했으며 예수회 선교사들을 초빙하여 서양 천문학 서적을 번역하게 했다.

점을 치는 황제와 관료들

전설상의 황제인 순舜 임금이 우禹를 비롯한 그의 신하들과 함께 거북점과 시초점의 점괘를 논의하고 있는 그림이다. 국왕과 관료들은 점괘를 통해서 하늘의 뜻을 읽을 수 있었다.

현상과 인간사회에서 일어나는 일들 사이에 깊은 관계가 있다'고 믿었습니다.

유학의 궁극적인 목적은 "나라를 잘 다스리고 세상을 평화롭게 만드는[治國平天下]"데 있습니다. 그러한 목적을 달성하기 위해서는 항상 하늘이 내리는 경고에 주의를 기울일 필요가 있었습니다. 유교경전 중 점치는 책으로 유명한『주역周易』에는 "하늘은 자연현상을 통해서 길흉을 나타낸다[天垂象, 見吉凶]"는 말이 있습니다. 이것은 '하늘의 명령'을 받아 하늘의 뜻을 대행하는 존재인 천자가 하늘의 뜻에 거스르는 행위를 범하면, 하늘은 각종 재앙을 통해서 군주의 잘못을 꾸짖는다는 뜻입니다. 군주의 신하이기도 한 유학자들은 하늘의 뜻을 정확하게 파악함으로써 군주를 제대로 보좌할 수 있다고 생각했습니다. 하늘의 뜻을 정확하게 해석해 정치에 반영하려면 유학자들 스스로 과학자가 되거나 최소한의 과학 지식을 배워야 했습니다.

전근대시대 동아시아의 과학자란 바로 방사와 유학자였으며 동시에 관료이기도 했습니다. 그들의 과학자로서의 활동은 대체로 국가 기구 안에서 이루어졌습니다. 그러나 은둔해 있을 때조차도 국가와의 관계를 완전히 단절한 것은 아니었습니다. 민간에서도 과학이 연구되기는 했지만, 연구가 체계적이고 조직적으로 수행되지는 못했습니다. 체계적이고 조직적인 과학 연구는 오직 국가 기구 안에서만 가능했던 것입니다. 국가는 과학 연구의 최대 수요자이기도 했습니다.

동아시아에서는 왜 근대과학이 발생하지 않았는가?

동아시아에서 과학이 국가에 의해 육성되고 통제되었으며 과학자들이 관료였다는 것은 동아시아의 과학이 다른 문명권과는 다른 독특한 성격을 갖도록 만들었습니다. 중세 유럽에서 과학 연구가 대체로 개인적인 사업에 불과했던 것과 좋은 비교가 됩니다.

동아시아의 과학자들이 순수이론적인 탐구보다는 실용적인 분야의 탐구에 주력했던 것은 국가의 필요에 과학이 종속되었던 것과 밀접한 관련이 있습니다. 동아시아의 과학자들은 단지 국가가 그들에게 부과한 실용적인 문제를 해결하기만 하면 되었던 것입니다. 그에 반해 순수이론적인 탐구는 '사소하고 지엽적인 것에 집착하는 태도'로 간주되었습니다.

실험실의 연금술사
신비스럽고 고독한 연구에 종사하는 연금술사.
토마스 위크Thomas Wyck(1616~1677) 그림

『그림으로 보는 중국의 과학과 문명』

니덤은 원래 영국 케임브리지 대학에서 생화학을 전공한 과학자였지만 중국 각지를 여행하며 중국의 과학기술 전통을 경험한 후 본격적으로 중국과학사를 연구하게 되었다. 1948년부터 시작해 죽을 때까지 거의 50년 동안 쉬지 않고 정력적으로 집필한 책이 바로 『중국의 과학과 문명』이다. 『중국의 과학과 문명』은 니덤이 죽은 후에도 그의 후계자들에 의해 계속해서 집필되고 있다. 니덤의 『중국의 과학과 문명』은 14세기 이전의 중국의 과학기술이 서양보다 크게 앞서있었음을 실증적으로 증명함으로써 중국의 전통 과학에 대한 서양인들의 오랜 편견을 깨뜨리는 데 크게 기여했다.

예를 들어, 동아시아의 천문학자들은 천체의 운행에 대해 집요하리만큼 상세하고 정확한 관측을 행했음에도 불구하고 우주의 구조 자체에 대해서는 이상하리만큼 관심을 갖지 않았습니다. 천체의 운행을 아는 것은 국가의 운명을 점치는 데 도움이 되지만, 우주의 구조를 아는 것은 국가의 운명을 점치는 것과 별로 관계가 없기 때문입니다. 분명히 우주의 구조에 대한 지구중심설과 태양중심설 사이의 논쟁은 실용적인 문제의 해결과는 거리가 멀었습니다. 그러나 과학혁명은 실용성을 초월한 순수이론적인 탐구에서 나왔습니다.

'국가에 의한 과학의 육성과 통제'라는 동아시아 과학의 특징은 일찍이 과학사 연구자들의 관심을 끌었습니다. 영국의 저명한 중국과학사가 니덤Joseph Needham(1900~1995)은 '중국에서는 왜 근대과학이 독자적으로 발생하지 않았는가?'라는 문제를 제기하면서 그 해답을 주로 자본주의가 발달하지 않았다는 사실에서 찾으려고 했습니다. 동아시아에서는 왜 자본주의가 발달하지 않았는가? 그것은 유교사상에 바탕을 둔 관료제에 책임이 있다는 것입니다.

니덤에 의하면, 자본주의의 발달은 기술의 진보를 촉진시켰고, 또 기술의 진보에 상응해 자연과학이 발전했습니다. 서양에서 17세기 이래 과학혁명이 발생한 것은 궁극적으로 이 시기에 자본주의가 발전했기 때문입니다. 거기에 비해 동아시아에서는 유교적 소양을 갖춘 관료들이 상인들의 활동을 억압했고, 그 결과 동아시아에서는 자본주의가 발달하지 못했을 뿐만 아니라 근대과학도 발생하지 못했다는 것입니다. 이러한 논리를 뒤집으면, 만약 관료제에 의한 억압이 없었다면 동아시아에서도 자본주의와 근대과학이 발생할 수 있었다는 얘기가 됩니다.

또한 니덤은 국가의 통치이념이자 관료의 실천윤리인 유교는 주로 인간과 사회의 문제에만 관심을 둘 뿐 자연세계나 과학에 대해서는 거의 관심을 갖지 않았으며, 지배층의 대부분이 유학 공부를 통해 관리가 되기만을 희망했기 때문에 과학 분야에 유능한 인재가 유입될 수 없었던 점도 지적하고 있습니다.

일본의 저명한 중국과학사가 야부우치 키요시藪內淸(1906~2000)는 니덤의 문제의식을 제도사에 적용해 과거제도가 근대과학이 성장하는 것을 방해했다고 주장했습니다. 과거제도에서는 유교 경전을 얼마나 잘 해석하는가, 혹은 시를 얼마나 잘 짓는가를 테스트했기 때문에 과학에 뛰어난 인재를 등용할 수 없었다. 그리고 과학자는 같은 관료 기구 안에 소속해 있다고 해도 별도로 양성되는 것이 보통이기 때문에 높은 지위에 오를 수 없었다는 것입니다.

동아시아에서 근대과학이 발생하지 않았던 이유를 자본주의의 부재와 유교에 바탕을 둔 관료제에서 찾는 주장은 다음과 같은 이유에서 비판을 받고 있습니다.

야부우치 키요시의 『중국 고대의 과학』

야부우치 키요시藪內淸는 원래 교토京都 대학에서 우주물리학을 전공했으나 대학 재학 중에 중국 전통과학에 흥미를 느껴 동아시아 과학사 연구와 후진 양성에 일생을 바쳤다. 야부우치 과학사 연구의 특징은 현대과학의 지식과 방법을 중국 고전 과학 분석에 접목시킨 점과 과학의 문화사·사상사·사회적 배경을 중시한 점에 있다. 야부우치는 중국 과학문명의 패턴이 한대漢代에 성립했으며, 중국 과학문명이 독자적으로 형성되었던 점을 밝혀냈다.

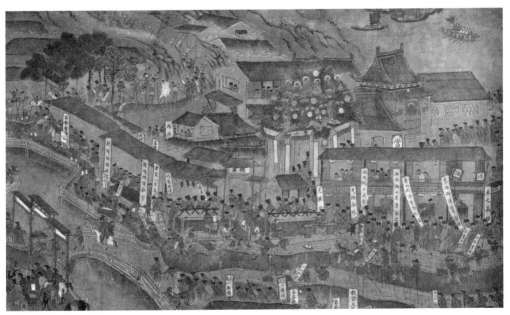

명나라 때 대도시의 상업발전
〈남경번회경물도권南京繁會景物圖卷〉 부분. 명나라 말기 난징南京의 상업 지구의 번화한 풍경을 묘사한 그림

16세기 유럽의 상인

소小 한스 홀바인Hans Holbein the Younger(1497~ 1543) 그림, 〈런던의 독일 상인, 게오르그 기체Georg Gisze〉(1532), 베를린, 달렘Dahlem 미술관 소장

첫째, 유럽에서 자본주의가 형성되는 14~18세기의 중국에서 상업은 결코 관료제에 의해 억압받지 않았다는 것입니다. 비슷한 시기의 유럽과 마찬가지로 상품의 대량소비를 위한 대규모 시장이 존재했으며, 상인의 수중에 대규모의 자본이 집중되어 있었습니다. 상인에 대한 국가적 차원의 억압이나 박해는 거의 없었으며, 오히려 관료와 상인들은 공생 관계에 있었습니다. 서유럽의 산업혁명에 기여한 원인으로서 간주될 만한 거의 모든 요소들이 중국에도 있었습니다. 동아시아에서 자본주의가 발전하지 않았다고 한다면, 유교나 관료제가 아니라 다른 원인에서 찾아야 합니다.

둘째, 자본주의의 발전과 근대과학의 발생 사이에는 필연적인 상관성이 거의 없다는 것입니다. 근대과학의 천재들에게서 나타나는 고도의 지적 능력과 과감한 추상화는 현실적이고 구체적인 상인의 계산 능력과 무관합니다. 과학혁명은 산업혁명보다 100여 년 전에 발생했으며 기술적 진보와 무관하게 이루어졌습니다. 경제적 발전이 과학적 발전을 결정한다는 니덤의 믿음은 역사적인 근거가 부족합니다.

셋째, 동아시아의 전 역사를 통해 유학자들이 자연 세계에 대한 탐구를 지속적으로 진행해 왔다는 것입니다. 실제로 17세기에 서양으로부터 도입된 새로운 과학에 적극적인 관심을 보였던 것은 유학자들이었습니다.

무엇보다도 전근대시대 동아시아에서는 근대과학을 발전시켜야 할 이유가 전혀 없었습니다. 근대과학은 모든 문명이 보편적으로 발전시킬 수 있고 발전시켜야만 하는 것이 아니라, 서구 문명이라는 특수한 역사적 조건에서 발생한 서구 특유의 문화적 산물입니다. 만약 동아시아에 유교에 바탕을 둔 관료제가 존재하지 않았거나, 자본주의가 발생했더라도 동아시아에서 근대과학이 발전했을 것이라고 할 만한 어떠한 근거도 없습니다. '중국에서는 왜 근대과학이 발생하지 않았는가?' 라는 질문 자체가 잘못된 것입니다. 전근대시대 동아시아와 서양은 각각 다른 세계관과 다른 역사적 조건 속에서 각각 다른 과학을 발전시켰습니다. 따라서 동아시아 과학사 연구는 동아시아의 전통 과학이 어떠한 역사적 조건 속에서 발전했는가를 탐구하는 작업이 되어야 합니다.

사실 유교나 관료제, 과거제도 등 동아시아의 고유한 사상이나 제도를 통해 동아시아에서 근대과학이 발생하지 못한 원인을 규명하려는 시도들은 역사를 지나치게 단순하게 파악한 것입니다. 따라서 미리 정해 놓은 결론에 증거를 억지로 짜 맞춘다는 혐의에서 자유롭지 못합니다. 역사 연구는 역사의 역동적인 변화를 파악할 수 있어야 합니다. 한때 과학 발전에 기여했던 유교와 관료제, 과거제도가 그 폐단이 심화되어 더 이상 시대적 변화에 부응할 수 없게 된 바로 그 시기에 서양이 근대과학을 발전시켰고, 그 결과 동아시아의 전통 과학이 쇠퇴했다고 보는 것이 훨씬 더 설득력 있고 타당한 역사 해석입니다.

east asia

2부_전근대 중국의 천문역산학

하늘은 왜 무너지지 않을까?

여러분, 어렸을 때 혹시 하늘이 무너지지 않을까, 땅이 꺼지지 않을까 걱정해 본 적은 없었는지요? 그러한 궁금증이 생겼을 때 어떻게 해결했나요? 부모님께, 선생님께 질문해 본 적이 있나요? 그때 그분들은 여러분이 이해하기 쉽게 답변해 주셨는지요? 아니면 '쓸데없는 걱정'을 한다고 핀잔을 주셨는지요?

『열자列子』라는 책을 보면, 여러분과 똑같은 고민을 한 사람에 대한 이야기가 나옵니다. 고사성어 중에 '기우杞憂'라는 말이 있죠? 글자 그대로 해석하면 '기杞나라 사람의 걱정'이라는 뜻인데요, 보통 '쓸데없는 걱정'이라는 뜻으로 풀이합니다. 과연 '기우'가 쓸데없는 걱정에 불과할까요? 한번 『열자』를 읽어보도록 하겠습니다.

기나라의 어떤 사람이 하늘이 무너지고 땅이 꺼져서 몸 둘 곳이

「열자」

『열자』는 대체로 전국말戰國末부터 진晉나라 때 사이에 편찬된 책으로, 제자백가에서 불교에 이르기까지 잡다한 내용을 담고 있으나, 그 핵심 사상은 도가道家에 가깝다. 당나라 때에 와서 『충허지덕진경沖虛至德眞經』으로 존숭되어 도교道教 경전 중 하나가 되었다. 『열자』에는 '기우杞憂'뿐만 아니라 '우공이산愚公移山', '조삼모사朝三暮四' 등 유명한 고사성어들이 등장한다.

없게 될 것을 걱정해 잠도 제대로 못자고 밥도 제대로 먹지 못했다. 또한 그가 걱정하는 것을 걱정하는 자가 있어서 그를 찾아가 깨우치려고 말했다. "하늘은 기氣가 쌓인 것일 뿐이니, 기가 없는 곳은 어디에도 없습니다. 당신은 몸을 굽혔다 펴기도 하고 숨을 들이쉬었다가 내뱉기도 하면서 하루 종일 하늘 속에서 몸을 움직여도 여태껏 아무 탈이 없었는데, 어째서 하늘이 무너질 것을 걱정합니까?"

그 사람이 말했다. "하늘이 진실로 기가 쌓여서 생긴 것이라면, 해와 달과 별들이 떨어져야 하지 않을까요?" 그를 깨우치려는 사람이 말했다. "해와 달과 별들 또한 기가 쌓인 속에서 빛을 내고 있는 것에 지나지 않습니다. 따라서 떨어진다고 해도 사람을 맞추어서 다치게 하는 일은 있을 수 없지요."

그 사람이 말했다. "땅이 꺼지는 것은 어떻게 합니까?" 그를 깨우치려는 사람이 말했다. "땅은 흙덩어리가 쌓인 것일 뿐입니다. 흙덩어리가 사방의 공간에 가득 차서, 어디를 가나 흙덩어리뿐이지요. 당신은 걷거나 뛰거나 밟거나 하면서 하루 종일 땅위에서 몸을 움직여도 여태껏 아무 탈이 없었는데, 어째서 땅이 꺼질 것을 걱정합니까?"

'기우' 이야기에는 2천여 년 전 동아시아인의 우주에 대한 소박하면서도 심오한 사색이 담겨 있습니다. 그것은 앞으로 아직은 세련되게 다듬어지지 않은, 진화 과정 중에 있는 고대 동아시아의 우주론입니다.

우주론이란 우주의 구조와 생성을 연구하는 학문입니다. 근대과학에 의해서 그 기초가 마련되기 전까지 우주의 구조와 생성에 관한 이론은 언제나 과학이론임과 동시에 형이상학 그 자체이기도 했습니다. 즉 전통적인 우주론은 경험적인 관찰에 근거하면서도 형이상학적 사변思辨에 의존했던 것입니다. 근대과학에서는 수학이 형이상학의 역할을 대신하게 되었습니다. 수학의 힘에 의해 경험하지 못한 미지의 영역도 '과학적으로' 예측할 수 있게 된 것입니다.

그러나 아무리 21세기가 과학이 고도로 발달한 시대라 할지라도, 지금껏 우주의 끝을 '경험' 해 본 사람은 없었습니다. 그리고 앞으로도 마찬가지일 것입니다. 물론 새로운 연구 성과에 의해서 획기적인 새로운 이론이 제시될 수는 있을 것입니다. 그렇지만 어디까지나 영원한 '이론' 일 뿐입니다. 그 때문에 가장 위대한 천체물리학자는 동시에 가장 위대한 철학자가 될 수 있는지도 모르겠습니다.

이제 우리는 전근대 동아시아의 위대한 천체물리학자 겸 철학자들을 만나러 가는 여행을 떠나려고 합니다. 아참, 사전에 미리 이번 여행의 목적을 분명히 밝혀야겠군요. 우주론은 천문·역산 연구의 기본 전제를 제공합니다. 해와 달은 하늘에 붙어서 운행하는가? 아니면 공중에 붕 떠 있는 상태에서 운행하는가? 만약 하늘에 붙어 있다면 하늘은 형체가 있는가? 형체가 있다면 어떤 모양일까? 만약 공중에 붕 떠 있다면 어째서 땅에 떨어지지 않는 것일까? 이러한 문제가 해결되지 않은 상태에서는 천체의 위치를 구체적인 수치로 표시한다던가, 천체의 운행을 정확하게 예측하는 것 자체가 불가능할 것입니다. 우리가 동아시아의 천문·역산을 제대로 이해하기 위해서 필수적으로 거쳐야 되는 코스가 바로 우주론입니다.

개천설―하늘은 삿갓처럼 생겼다

가장 오래된 우주론은 '개천설蓋天說' 입니다. '개천蓋天' 이라는 이름은 하늘天의 모양을 '삿갓을 덮어놓은蓋 모양' 에 비유했기 때문에 붙여진 이름입니다. 개천설은 중국에서 가장 오래된 천문기계인 주비周髀와 결부되어 발전했습니다. 개천설은 혼천설의 출현에 자극을 받아 기존의 이론에 부분적인 수정을 가해 새로운 이론을 내놓았는데,

하지에 해 그림자를 재다

요堯임금의 신하인 희숙羲叔이 주비를 이용해 하지때 해의 그림자를 측정하고 있다. 주비는 해그림자를 재는 천문기계인 규표圭表의 일종이다. 주비는 수직으로 서 있는 막대기인 '표表' 와 막대기의 그림자를 재는 자인 '규圭'로 구성되어 있다. 규는 '영척影尺' 이라고도 하며 눈금이 새겨져 있다.

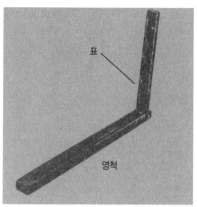

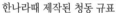

한나라때 제작된 청동 규표

반량전 : 진나라의 화폐

오수전 : 한나라의 화폐

옛날 중국이나 조선시대의 화폐 모양을 보면, 둘레는 원형이고 가운데 구멍은 사각형인데, 그것은 "천원지방"(天圓地方 : 하늘은 둥글고 땅은 네모났다)이라는 고대의 우주론에서 비롯된 것이다.

전자를 '옛 개천설', 후자를 '새 개천설' 이라고 합니다.

'옛 개천설'은 하늘과 땅을 두 개의 평행한 평면이라고 가정하고 있습니다. 하늘은 둥글고 땅은 네모지며 각각 위·아래에 위치하는데, 그 중심에 북극이 있습니다. 그리고 하늘과 땅 사이는 아무것도 없는 빈 공간입니다.

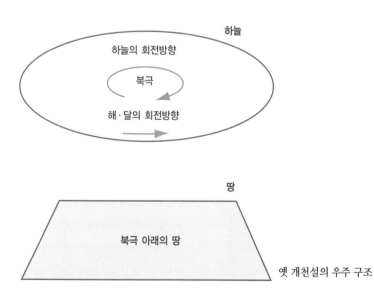

옛 개천설의 우주 구조

하늘은 왼쪽으로 회전한다.

하늘이 왼쪽으로 회전하는 지 어떻게 알 수 있었을까? 옛날 사람들은 항성(恒星：붙박이별)이 하늘에 붙어있다고 생각했다. 따라서 항성이 회전하는 방향은 하늘이 도는 방향과 일치한다고 할 수 있다. 사진에서 보는 것처럼, 북반구에 있는 별들은 반시계 방향, 즉 왼쪽으로 돈다.

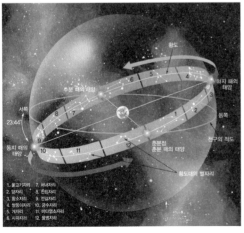

1. 물고기자리   7. 처녀자리
2. 양자리   8. 천칭자리
3. 황소자리   9. 전갈자리
4. 쌍둥이자리   10. 궁수자리
5. 게자리   11. 바다염소자리
6. 사자자리   12. 물병자리

해는 서쪽에서 동쪽으로 움직인다.

천구 상에서 해는 1년에 황도를 따라 '서에서 동으로' 땅을 한 바퀴 회전한다.

하늘은 고정된 물체로서 북극을 중심으로 왼쪽으로(동에서 서로, 반시계 방향으로) 회전하고, 하늘 표면에는 해와 달 등이 붙어서 북극을 중심으로 오른쪽으로(서에서 동으로, 시계 방향으로) 돌고 있습니다. 양자의 관계는 맷돌과 개미의 비유로 설명할 수 있습니다. 맷돌은 왼쪽으로 돌고 그 표면을 개미가 오른쪽으로 기어갑니다. 맷돌의 회전은 개미의 걸음보다 빨라서 개미도 왼쪽으로 도는 것처럼 보입니다. 마찬가지로 해와 달은 실제로는 동쪽으로 나아가지만 하늘의 운행 속도보다 느리기 때문에 하늘에 끌려 서쪽으로 지는 것처럼 보이는 것입니다.

하늘이 고정된 물체인 이유는 어디에 있을까요? 그리고 해와 달이나 별들은 어째서 하늘에 붙어있는 것일까요? 개천설의 지지자들은 해와 달 등이 고체라고 생각했습니다. 해와 달이 떨어지지 않으려면 무엇인가 그것들을 단단하게 붙들어 매야 되겠지요. 고체를 붙들어 맬 수 있으려면 하늘이 고정된 물체여야 했습니다. 만약 하늘이 기체 상태이거나 해와 달이 허공에 떠 있다면, 즉시 땅에 떨어져서 엄청난 재앙을 일으킬 것입니다. 딥 임팩트deep impact 따위는 '저리 가라' 겠지요.

'새 개천설'은 옛 개천설의 구조를 거의 그대

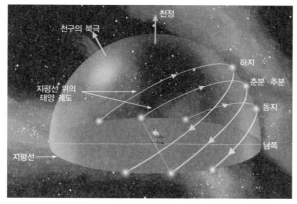

해는 서쪽으로 지는 것처럼 보인다.
천구 상에서 해는 하루에 동에서 서로 땅을 한 바퀴 돈다. 땅에서 보기에, 해가 동쪽에서 떠서 서쪽으로 지는 것처럼 보인다.

로 계승하고 있지만, 하늘과 땅을 두 개의 평행한 절단면을 갖는 곡면曲面으로 본다는 데 큰 특징이 있습니다. 옛 개천설에서의 하늘과 땅을 가운데가 위쪽으로 향하도록 구부린 형태라고 생각하시면 될 것 같습니다. 새 개천설에 대해서는 『진서晉書』「천문지天文志」*의 문장을 통해 소개하도록 하겠습니다.

『진서』「천문지」
『진서』는 진나라의 역사(265~419)를 기록한 중국의 정사正史다. 『진서』「천문지」는 진나라 때의 천문·역법의 원리와 역사를 기록한 장章으로, 그 때까지 등장했던 우주론을 체계적으로 정리하고 있다. 『진서』「천문지」는 이후 동아시아 천문학도들의 필독서가 되었다.

하늘은 삿갓을 덮어놓은 것과 닮았고 땅은 사발을 엎어놓은 것과 닮았다. 하늘과 땅은 각각 가운데가 높고 바깥쪽이 낮다. 북극의 아래가 하늘과 땅의 중심이 된다. 북극 아래의 땅이 가장 높고 사방은 움푹 내려앉았다. 해와 달과 별이 사라지거나 빛나거나 해서 밤과 낮이 생긴다.… 하늘과 땅은 서로 평행하게 솟아올랐고 해와 땅과의 거리는 항상 8만 리이다. 해는 하늘에 붙어서 땅과 평행하게 돈다.

새 개천설에서는 땅의 가운데가 높아서 햇빛을 차단해주기 때문에 옛 개천설보다는 밤과 낮의 변화를 좀더 분명하게 설명할 수 있었습니다.

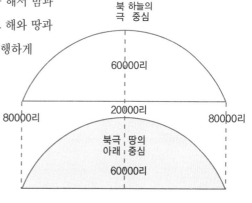

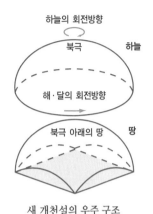

하늘의 회전방향

북극

하늘

해·달의 회전방향

북극 아래의 땅

땅

새 개천설의 우주 구조

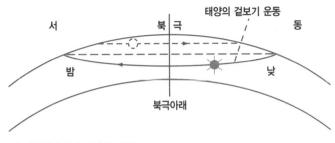

서

북극

동

태양의 겉보기 운동

밤

낮

북극아래

새 개천설에서의 밤낮의 변화

해는 실제로는 동쪽으로 나아가지만 하늘의 운행 속도보다 느리기 때문에 서쪽으로
지는 것처럼 보인다.

그렇지만 개천설은 우주 구조론으로서 여러 가지 치명적인 결함이
있었습니다. 우선 취 위앤과 기나라 사람이 지적했듯이, '하늘과 땅이
어떻게 맞닿아 있는가?' '무수히 많은 별들을 달고 있는 고체 상태의
하늘은 어떻게 무너지지 않으며, 무엇에 의해 지탱되고 있는가?' 라는
질문에 적절한 답변을 할 수 없었습니다.

그러나 맷돌과 개미 비유만큼은 대단히 설득력 있는 것이어서 혼천
설의 지지자들에게도 수용될 정도였습니다. 이 비유는 아마도 개천설
과 혼천설이 함께 발전하면서 해와 달 그리고 행성이 항성과는 다른 독
자적인 운동을 한다는 사실이 명백해졌을 때 만들어졌을 것입니다. 어
쨌든 하늘은 왼쪽으로 돌고 해와 달은 오른쪽으로 돈다는 원칙은 이후
모든 천문학자들에 의해 공인된 보편적인 이론이 되었습니다.

혼천설―하늘은 달걀처럼 생겼다

혼천설은 개천설보다도 훨씬 설득력 있는 구조론을 보여줄 수 있었
습니다. 혼천설은 천문기계인 '혼의渾儀'와 '혼상渾象'을 모델로 해서
발전했습니다. 혼의는 '혼천의渾天儀'라고도 하는데, 여러 개의 둥근
테로 구성된 천문기계로 오늘날의 망원경에 해당합니다. 혼상은 '혼

혼천의

나무로 만든 혼천의(1751)

천상渾天象'이라고도 하는데, 별자리와 적도·황도 등을 새기거나 상 감을 한 공모양의 기계로 오늘날의 천구의天球儀에 해당합니다. 이러 한 혼의와 혼상이 우주 구조에 대한 강력한 이미지를 제공했으리라는 것은 의심할 여지가 없습니다. 그렇지만 우주의 비유로서 종종 애용되 었던 것은 달걀이었습니다. 달걀 모델에 대해서는 후한後漢 시대 최고 의 과학자로서 직접 혼천의를 제작한 적이 있는 장 헝張衡의 논문 『혼 천의주渾天儀注』를 읽어보도록 하겠습니다.

혼상
세종 때의 하늘을 재현한 혼상. 나일 성 제작. 궁중유물전시관 소장

　하늘은 달걀처럼 생겼고, 땅은 달걀의 노른자처럼 생겨서 하늘 안에 홀로 위치해 있다. 하늘은 크고 땅은 작다. 하늘은 땅을 감싸 고 있다. 하늘의 외부와 내부에는 물이 있다. 하늘과 땅을 지탱하면 서 각각 안·밖의 상대적인 위치를 정립시키는 것은 기氣이며, 모 두 물 위에 떠있다. 하늘의 둘레는 $365\frac{1}{4}$ 도인데, 그 가운데를 나 누면 반은 땅 위에 엎어져있고 반은 땅 아래를 두르고 있다. 그러므 로 28수의 반은 보이고 반은 보이지 않는 것이다. 그 양 끝은 각각 남극과 북극이라고 한다. … 하늘은 남북극을 축으로 해서 수레바 퀴처럼 회전하고 있다.

　우주 구조론으로서 혼천설이 개천설과 가장 크게 다른 점은 하늘의 형태와 하늘과 땅의 위치 관계를 어떻게 설정하는가 하는 문제에 있습 니다. 하늘의 형태에 대해서 개천설은 평면이나 곡면으로 여기고 있는 데 비해 혼천설은 분명히 천구天球* 개념을 보이고 있습니다. 하늘과 땅의 위치 관계에 대해 개천설은 평행한 상하 구조를 상정하고 있는 데 비해 혼천설은 하늘이 땅을 밖에서 감싸고 있는 내외內外 구조로 파악 했던 것입니다.

　혼천설은 땅을 달걀의 노른자로 비유함으로써 얼핏 보기에는 지구 설地球說을 생각하게 합니다. 그러나 '구球'의 관념은 존재하지 않았

천구의
헴마 프리시우스Gemma Frisius (1508~1555)가 1537년에 제작한 천 구의. 영국, 런던, 국립해양박물관 소 장. 두꺼운 종이에 인쇄된 세모꼴 종 이를 붙여서 만들었다.

천구
천체의 겉보기 위치를 정하기 위해서 관측자를 중심으로 하는 반지름 무한 대의 구면을 설정하고, 천체를 그 위 에 투영해서 나타낸 것이다.

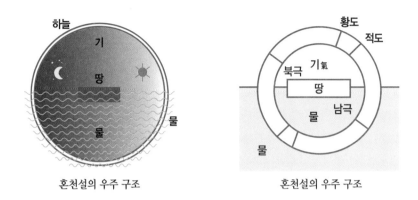

혼천설의 우주 구조　　　　　　　　혼천설의 우주 구조

으며, 여전히 하늘은 둥글고 땅은 네모지다는 전통적인 관념이 지배하고 있었습니다. '달걀의 노른자' 는 땅의 모양이 아니라 땅의 위치를 암시한 것이었다고 보아야 할 것입니다. 혼천설을 지지하는 천문학자들도 개천설 지지자들과 마찬가지로 해의 그림자를 재거나 하늘의 크기를 추측할 때 주비*를 사용했는데, 이것은 혼천설 지지자들도 땅을 평면이라고 생각했다는 것을 보여 줍니다.

주비
중국 고대의 천문 관측 해시계

　그렇기는 하지만 그것이 혼천설의 압도적인 우위를 조금이라도 움직인 것은 아니었습니다. 혼천설의 장점은 하늘을 회전하는 고정된 물체로 보고 황도와 적도를 설정하고 천구 위에서 천체의 운행을 설명하는 데 성공했다는 점에 있었습니다. 개천설이 제대로 답변하지 못했던 문제들, 즉 하늘과 땅은 어떻게 맞닿아 있는가? 하늘은 무엇에 의해 지탱되고 있는가에 대해서 '기' 의 개념을 도입해 훌륭하게 답변할 수 있었습니다. '하늘과 땅 사이에는 기가 가득 차 있으며, 그 때문에 하늘이 무너지지 않는다.' 그러나 고정된 물체로서의 하늘과 땅을 지탱하기 위해서 '물' 이라는 물질을 도입했던 것은 심각한 문제를 낳았습니다. 땅 밑에 물이 있다는 관념은 지하수를 보며 떠올렸을 것입니다. 그러나 회전하는 하늘의 경우는 그렇지 않습니다. 혼천설에 따른다면, 하늘이 밤중에 물 속을 운행한다고 생각할 수밖에 없기 때문입니다. 물에 지탱되지 않고 하늘이 어떻게 유지될 수 있는가? 바로 이 문제에 착안해 새로운 가설을 제시한 것이 바로 선야설宣夜說입니다. 역시 『진서』「천문지」의 문장을 읽어보도록 하겠습니다.

> 하늘은 형체가 없으며, 우러러 보면 높고 멀어서 끝이 없다. … 해와 달과 뭇별들은 허공 속에서 저절로 생겨나 떠돌아다니며, 움직이거나 멈추거나 기氣에 따른다. 해와 달 그리고 다섯별(행성)이 움직이기도 하고 멈추기도 하며, 순행하기도 하고 역행하기도 하며, 숨거나 드러나는 데 일정한 법칙이 없고, 나아가거나 물러가는 데 동일한 법칙을 따르지 않는 것은, 하늘에 뿌리를 내리거나 매어 있지 않기 때문이다. 그러므로 각각 다른 운동을 하는 것이다.

선야설의 핵심은 하늘이 고정된 물체가 아니라 기의 무한한 공간이라는 점에 있습니다. 그러나 고정된 물체로서의 하늘을 부정한 선야설은 그 시대의 상식에 어긋나기 때문에 격렬한 저항에 부딪혔을 것입니다. 하늘이 고정된 물체라는 생각을 부정하는 것은 하늘의 존재 그 자체를 부정하는 것으로 받아들여졌을 것이기 때문입니다.

고정된 물체로서의 하늘의 개념을 배격함으로써 선야설은 하늘이 물에 의해 지탱되어야 할 필요성으로부터 벗어나게 되었습니다. 그러나 하늘을 기가 가득한 공간으로 보는 이론이 설득력을 갖기 위해서는 다른 몇 가지 문제를 해결해야 했습니다. 별이 어떻게 기 가운데를 떠돌아다닐 수 있는가? 항성은 어떻게 상대적 위치를 바꾸지 않는가? 해와 달과 다섯별의 운행이 일정한 규칙성을 갖는 것은 어째서인가? 이러한 문제들에 대해 선야설은 적절한 답변을 제시하지 못했습니다. 선야설이 잊혀지게 된 것은 하늘이 고정된 실체라고 하는 상식에 도전했을 뿐만 아니라 천문학 이론으로서 근본적인 결함을 드러냈기 때문이었습니다. 훗날 송나라의 성리학자들은 선야설이 해결하지 못했던 문

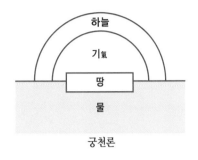

하늘

기氣

땅

물

궁천론

제들에 대한 답변을 모색하게 됩니다.

　선야설 외에도 궁천론穹天論, 안천론安天論, 흔천론昕天論 등 다양한 우주론이 등장했습니다. 그러나 역시 천문학자들의 지지를 얻지 못하고 소멸하고 말았습니다. 7세기 무렵『진서』「천문지」가 혼천설을 공인한 이후 우주론에 대한 논쟁은 거의 사라졌으며, 천문학자들은 오직 틀에 박힌 관찰과 역법 제작에만 몰두하게 되었습니다. 당나라 때와 원元나라 때 인도 문명과 이슬람 문명과의 교류가 활발하게 이루어졌지만, 천문학자들이 더 이상 우주론에 대해 관심을 갖고 있지 않았기 때문에, 인도와 이슬람의 우주론은 동아시아의 천문학에 큰 영향력을 행사할 수 없었습니다. 우주론에 대한 관심은 천문학자들의 손을 떠나 사상가들에게 이어지게 되었습니다.

　전국시대 이래로 사상가들은 우주 생성의 근서로서 '기'의 이론을 발전시켜 나갔습니다. 우주 생성론을 최초로 명확한 형태로 제시한 것은『회남자』인데, 그 내용을 요약해서 소개하면 다음과 같습니다.

　　우주가 형성되기 이전에 원초적인 물질인 기가 혼돈의 상태에서 존재하고 있었다. 그것은 맑고 가벼운 기와 탁하고 무거운 기로 분화되어, 맑고 가벼운 기는 떠올라 하늘이 되고 무겁고 탁한 기는 가라앉아 땅이 되었다. 하늘과 땅의 기가 결합해 만물을 낳았다.

　그러나『회남자』의 생성론은 당시 유일한 구조론이었던 개천설과 조화를 이루지 못했습니다. 개천설에서는 하늘과 땅 사이에 아무 것도 존재하지 않는 빈 공간을 상정했던 것입니다. 혼천설에서는 하늘과 땅을 떠받치는 존재로서 기를 상정했습니다. 그러나 그 기란 고정된 물체인 하늘 안에 갇힌 존재에 불과할 뿐 하늘 그 자체는 아니었습니다. 결국 11세기 전까지 생성론과 구조론을 유기적으로 결합시킨 우주론은 등장하지 못했습니다.

　모든 형체 있는 것들은 아래로 떨어지는데, 하늘이나 별은 어째서 떨어지지 않는가? 무엇에 의해 지탱되고 있는가? 이러한 문제를 해결하려면 하늘이 고정된 실체라는 것을 부정해야 했습니다. 『열자』에서 "하늘은 기가 쌓인 것일 뿐"이며, "해와 달과 별들 또한 기가 쌓인 속에서 빛을 내고 있는 것에 지나지 않는다"고 지적한 것은 혼천설이 가진 결함을 극복하려는 첫걸음입니다. 그렇지만 어디까지나 첫걸음에 지나지 않았습니다. 하늘과 땅과 별들이 기 속에서 존재할 수 있는 근거를 제시하지 않으면 안 되었기 때문입니다.

성리학의 우주론–하늘은 기의 회전 그 자체다

　10세기 초에 북송北宋에서 일어난 성리학性理學은 자신의 체계적인 철학 안에 우주론을 편입함으로써 기존 유학을 혁신하려고 했습니다. 성리학자들은 기본적으로 혼천설을 계승하면서도 우주의 생성·구조에 대한 옛 관념들을 재검토하고 합리화하려고 했습니다. 성리학의 우주론의 기초를 세운 사람은 장 짜이(장재張載, 1020~1077)였습니다. 장 짜이의 우주론은 기존의 우주론의 총결산임과 동시에 천문학자들의 주장을 완전히 뒤엎은 획기적인 이론이었습니다.

　장 짜이는 이전 시대의 기의 이론을 계승해 우주는 기로 가득 차 있고 기의 운동에 의해 만물이 생성과 소멸을 반복하며, 하늘은 '기의 끊임없는 회전' 그 자체라고 주장했습니다. 하늘을 '기의 회전'으로 인식함으로써 하늘이 고정된 물체라는 점을 완전히 부정할 수 있게 되었고, 그 결과 하늘을 지탱하는 별도의 물질을 상정할 필요가 없어지게 되었습니다. 그리고 '회전하는 기'의 개념을 통해 해와 달과 별들이 어째서 땅에 떨어지지 않는지, 어떻게 기 가운데를 떠돌아다닐 수 있는지도 설명할 수 있게 되었습니다.

장 짜이
북송 때의 성리학자

주 시

보통 '주자朱子'라고 불린다. 주 시는 성리학을 집대성함으로써 이후 7세기 동안 동아시아 문명을 지배했던 사상 체계를 구축했다. 주 시는 일반적으로 의리와 대의명분을 강조했던 도학자道學者로서만 알려져 있지만, 주 시는 인간학의 기초를 확립하기 위해 치밀하게 자연학을 연구했다.

하늘이 왼쪽으로 돈다는 이론 역시 그대로 계승되었습니다. 만약 하늘이 왼쪽으로 돈다고 한다면, 그것은 기가 왼쪽으로 회전하기 때문이라고 보아야 합니다. 그런데 하늘이 기의 회전이라고 한다면, 하늘에 있는 해나 달도 하늘과 같은 방향, 즉 왼쪽으로 회전하지 않으면 안 됩니다. 이것은 천문학자들의 정설과 정면으로 대립하는 파격적인 이론이었습니다. 해와 달이 왼쪽으로 돈다는 학설을 '좌선설左旋說'이라고 하고, 오른쪽으로 돈다는 학설을 '우행설右行說'이라고 합니다. 천문학자들 사이에서 정설로 인정받았던 이론은 우행설이었습니다. 장 짜이는 기의 회전 운동으로부터 해와 달의 운행 그리고 하늘의 운행까지 이끌어냄으로써 생성론과 구조론을 통일할 수 있었습니다. 그러나 그렇게 하기 위해서는 우행설을 부정하지 않을 수 없었던 것입니다.

장 짜이의 우주론을 계승·발전시킨 사람이 바로 주 시[*](주희朱熹, 1130~1200)입니다. 주 시의 우주론은 하늘과 땅이 생성되는 과정을 고찰함으로써 시작하고 있습니다. 주 시와 제자들 사이의 문답을 편집한 책인 『주자어류朱子語類』[*]를 읽어보도록 하겠습니다.

하늘과 땅은 처음에는 단순한 음양의 기에 지나지 않았다. 이 하나의 기가 운행하고 회전을 반복했다. 회전이 빨라지게 되자 많은 찌꺼기를 내놓게 되었는데, 안쪽으로부터는 나올 수가 없어서 굳어

『주자의 자연학』

『주자어류朱子語類』는 주 시가 학문적으로 가장 완숙한 경지에 이르렀던 말년에 제자들과 나누었던 문답을 주 시 사후에 주제별로 분류해 편찬한 책이다. 비록 주 시 자신에 의한 체계적인 저술은 아니지만, 가까운 제자들과의 대화이기 때문에 오히려 주 시의 생생한 목소리를 들을 수 있다. 『주자의 자연학』은 일본의 과학사학자 야마다 케이지山田慶兒(1932~)가 『주자어류』 곳곳에 흩어져 있는 주 시의 자연학을 체계적으로 재구성한 책이다.

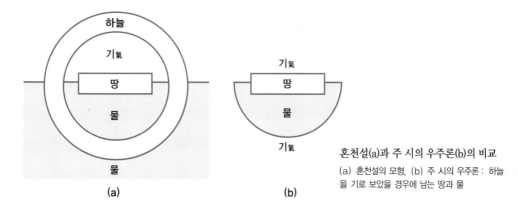

하늘

기氣

땅

물

물

(a)

기氣

땅

물

기氣

(b)

혼천설(a)과 주 시의 우주론(b)의 비교
(a) 혼천설의 모형, (b) 주 시의 우주론 : 하늘
을 기로 보았을 경우에 남는 땅과 물

져서 중앙에 땅이 생겨났다. 맑은 기가 하늘이 되고, 해와 달이 되
고, 또한 별이 되어 오로지 땅의 바깥쪽을 언제까지나 빙빙 도는 운
동을 하고 있다. 땅은 그대로 중앙에 있으면서 움직이지 않는다.

주 시 역시 하늘을 기의 회전으로 보는 장 짜이의 이론을 계승하면서
도 기의 회전 과정에서 땅이 생겨났다고 인식했습니다. 그렇다면 어떻
게 땅이 기 속에서 흩어지지 않고 존재할 수 있을까요? 끊임없는 기의
회전(혹은 하늘의 운행)에 의해 땅이 지탱된다고 생각했던 주 시는 다음
과 같은 재미있는 비유를 들고 있습니다.

하늘과 땅은 사람이 두 개의 밥공기를 합쳐, 그 속에 물을 넣은 것
과 같은 것이다. 손으로 끊임없이 돌리면 물은 그 속에 있으면서 흘러
나오지 않는다. 조금이라도 손을 멈추게 되면 물이 흘러나오게 된다.

그렇다면 해와 달과 다섯별(행성)의 고유한 운행, 그리고 그것들과
구별되는 항성의 위치는 어떻게 설명될 수 있을까요? 주 시는 땅과의
거리에 따라 기의 회전 속도에 차이가 있으며, 회전 속도에 따라 하늘
을 아홉 개의 층으로 구별하고 있습니다. 땅에 가까운 층일수록 기의

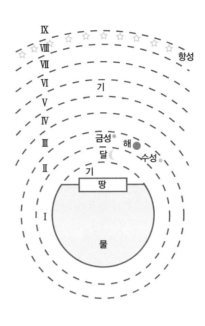

주 시의 우주 구조

로마자 번호는 아홉 겹의 하늘을 가리킨다. 다만 별들의 위치는 상상에 의거했다.

농도가 짙으며 회전 속도도 느립니다. 아홉 번째 층에 이르면 매우 엷은 기가 매우 빨리 회전하고 있으며, 그 때문에 딱딱한 껍질과 비슷한 상태가 됩니다. 여러 별들은 기와 함께 같은 방향으로, 즉 왼쪽으로 회전합니다.

달은 천체들 중에 땅의 기운이 가장 강하기 때문에 땅에서 가장 가까운 곳에 있습니다. 금성[金]·수성[水]·목성[木]·화성[火]·토성[土]의 다섯별은 땅 위의 오행五行의 기가 올라간 것이기 때문에 항성보다 땅에 더 가까운 곳에 위치해 있습니다. 다섯별은 오행의 본성에 따라 고유한 운행을 합니다. 항성은 하늘의 기가 강하기 때문에 땅으로부터 매우 멀리 떨어진 곳, 아마도 여덟 번째 층에 위치해 있을 것입니다. 항성과 달 사이의 어딘가에 위치하는 해는 스스로 빛나며 끊임없이 빛을 내뿜어 땅이나 달이나 행성으로 하여금 빛나게 합니다.

　주 시의 우주론은 장 짜이의 우주론을 이어받아 그것을 혼천설의 발전방향으로 전개한 기의 무한우주론이었습니다. 중국의 우주론적 사색의 전통은 12세기말 마침내 주 시에 의해서 완성되었던 것입니다. 그러나 주 시의 우주론은 당시 천문학자들에게 수용되지 않았습니다. 원나라 때에 이르면, 성리학이 통치 이념으로 자리를 굳히게 되고 천문학자들의 과학 사상에도 큰 영향을 주었습니다. 그럼에도 불구하고 끝내 주 시의 좌선설은 채택되지 않았습니다. 천문학자들이 우행설을 선호한 이유는 좌선설보다 역법 계산에 더 편리하기 때문이었습니다.

　어쨌든 주 시의 우주론은 이후 동아시아의 유학자들을 지배했을 뿐만 아니라, 17세기 이후 서양 천문학을 수용하는 과정에서도 큰 역할을 담당했습니다. 당시 동아시아의 유교적 지식인들은 '백지 상태'에서 서양 천문학을 수용한 것이 아니라 주 시의 우주론을 토대로 해서 서양 천문학을 수용했습니다. 이른바 '실학자'로 널리 알려진 이익이나 홍대용도 주 시의 우주론을 참고로 해서 자신의 우주론을 구상할 수 있었습니다.

달력이란 무엇인가?

여러분, 달력이 없는 세상을 한 번이라도 생각해 본 적이 있나요? 만약 달력이 없다면 친구와 약속을 정하거나 생일을 챙겨줄 때 어려움이 많을 것입니다. 오늘부터 해가 두 번째로 뜬 날 만나자고 할까요? 해가 365번 뜨고 난 후에 생일 선물을 주겠다고 할까요? 그렇다면 귀찮더라도 매일 같이 해가 뜨는 것을 기록하거나 해 그림자를 재야겠군요. 마치 로빈슨 크루소처럼 말이지요. 그리고 만약 여러분이 방학이나 휴가 중이라면, 언제 학교로 가야할지, 직장에 가야할지 도무지 알 수가 없습니다. 그렇게 되면 좋겠다고요? 과연 그럴까요? 그렇다면 언제부터 방학인지, 휴가 기간인지 어떻게 알 수 있을까요? 설사 매일같이 방학이라고 할지라도 아무데도 놀러가지 못할 것입니다. 기차나 비행기 따위의 교통수단을 거의 이용할 수 없을 테니까요. 어디 그뿐입니까? 전국의 모든 고등학생들이 대입 시험을 치르지 못하게 될 것입니다.

여러분 주위에서 손쉽게 찾아볼 수 있는 달력이 이토록 중요한 역할을 한다는 사실 생각해 본 적이 있으신지요? 달력은 인간이 문명 생활을 유지하는 데 가장 필수적인 도구입니다. 로빈슨 크루소도 문명 생활을 경험했기 때문에 날짜를 계산할 수 있었던 것입니다. 얼핏 보기에 단순해 보이지만, 달력에는 오랜 기간에 걸친 천체 관측의 성과와 매우 복잡한 계산법이 숨어 있습니다. 이제 달력을 중심으로 인류의 역사, 특히 동아시아의 역사에 접근하도록 하겠습니다.

역법이란 무엇인가?

역법은 시간을 일日・월月・연年으로 구분하는 체계입니다. 좀더 쉽게 설명하면, 역법이란 달력을 만드는 방법입니다. 약간 복잡하게 설명한다면, 날짜를 한 달과 한 해 안에 배치하고 이름을 붙여 주는 체계적인 방법이라고 할 수 있습니다. 이러한 체계는 해와 달 등의 천체 운행의 주기성에 근거를 두고 있습니다. 해와 달의 운행은 규칙성을 띠고 있기 때문에 시간에 '질서'를 부여하는 데 비교적 확실한 기준을 제공합니다. 그렇기 때문에 한 사회 안의 모든 사람들에게 공통적으로 적용되는 각종 연중행사를 제정할 수 있습니다. 그 결과 달력을 매개로 해서 한 공동체의 구성원들 사이에는 일정한 유대감이 생겨나게 됩니다. 한편 달력을 통해 국가는 백성을 효율적으로 통치할 수 있었습니다. 국가적 의례의 시행, 군대의 출동, 공문서의 전달, 징병이나 징세의 실시 등에는 적당한 날이 따로 있었으며, 달력에 의거해서 그러한 날짜를 정할 수 있었습니다.

시간에 질서를 부여하려는 노력은 모든 사회에서 공통적으로 나타나는 현상이며, 모든 문명은 자기 문명의 정체성을 나타내는 고유한 역법을 가지고 있습니다. 역법은 기준으로 삼는 천체에 따라 크게 세 가지로 나눕니다. 해의 운행을 기준으로 한 역법을 '태양력太陽曆'이

그래!! 은하계의 모든 행성 운행을 감안한 "은하력"!!을 만드는 거야 ♪

은하철도 999 닷 ♪

ㅋㅋㅋ

라고 하며, 대표적인 것으로는 고대 이집트의 역법과 로마 제국의 역법, 그리고 중세 유럽의 역법이 있습니다. 달의 운행을 기준으로 한 역법은 '태음력太陰曆'이라고 하며, 지금도 이슬람권에서 사용되고 있습니다. 마지막으로 해와 달의 운행 주기를 조정한 역법을 '태음대양력太陰太陽曆'이라고 하며, 바빌로니아의 역법과 그리스와 로마의 역법, 그리고 동아시아의 역법이 이에 속합니다. 보통 우리가 '음력陰曆'이라고 부르는 것은 태음력이 아니라 태음태양력입니다. 우리나라는 근대화 과정을 거치면서 태양력을 사용하게 되었으나, 설날·추석과 같은 주요 명절의 날짜는 여전히 음력(태음태양력)에 따라 정하고 있습니다.

서양의 태양력은 해의 운행만을 반영한 것이기 때문에 그 원리가 간단합니다. 〈율리우스력〉의 경우 평년(365일)보다 하루가 더 많은 윤년(366일)을 4년마다 한 번 설치했습니다. 오늘날 전 세계에서 통용되는 역법인 〈그레고리력〉에서는 윤년을 4년마다 한 번 두되, 연수가 100의 배수일 때에는 평년으로, 연수가 400의 배수인 해에는 윤년으로 하고 있습니다. 이 정도라면 어린 아이라도 내년의, 혹은 몇 년 후의 달력을 만들 수 있습니다. 서양에서 역법은 천문학의 극히 작은 부분에 지나지 않았고, 천문학자들은 역법에 그다지 관심을 두지 않았습니다. 그러나 중국에서 역법은 천문학 그 자체나 마찬가지였습니다.

율리우스력

로마 공화정 말기인 기원전 46년, 로마의 최고 권력자 율리우스 카이사르Julius Caesar(기원전 100~기원전 44)는 이집트의 천문학자 소시게네스Sosigenes를 불러 역법을 개정하라고 명령했다. 소시게네스는 한 해의 길이를 365.25일로 확정하는 것으로부터 시작했다. 그는 달력상에서의 한 해의 길이를 365일로 잡고, 1년을 12개월로 나누었다. 그리고 4년마다 하루를 덧붙여(365+365+365+1=365.25×4) 한 해 길이의 끝수 문제를 해결함으로써(0.25×4=1) 달력과 실제 태양의 운행 사이의 차이를 조정했다. 율리우스력은 기원전 46년부터 1582년까지 약 1,600년 동안 사용되었다. 그러나 실제 1태양년의 길이는 365.2422일기 때문에, 율리우스력의 1년은 실제보다 0.0078일(11분 4초)이 더 길었다. 0.0078일의 오차는 시간이 지날수록 날짜를 앞당기게 되어 대략 400년마다 3일이 더 길어졌다. 그 결과 1,600년 후에는 그 차이가 12일이나 벌어졌다.

SCIPIO TVRAMINVS CRESCENTII FILIVS CV FVERIT MAGISTRATVS BICCHERNÆ
CAMERARIVS TEMPORE QVO GREGORIVS XIII PONTIFEX MAXIMVS ANNO REFORMAVER
IN PERPETVAM HVLVS REI MEMORIAM HANC TABOLA PINGERE FECIT

개력 위원회의 건의를 받고 있는 교황 그레고리우스 13세

이탈리아 시에나의 국립문서보관소에 소장된 그림. 율리우스력의 오류는 특히 부활절 날짜를 계산하는 데 문제를 일으켰다. 16세기에 들어와서야 개력 논의가 본격적으로 일어났는데, 엉뚱한 날에 부활절 행사를 거행하는 '불경스러움'을 해소한다는 '종교적인 목적' 때문이었다. 교황 그레고리우스 13세Gregorius XIII(재위 1572~1585)에 의해 실시된 개력(1582)은 종교개혁에 의해 약화된 가톨릭교회를 재건하려는 노력의 일환이기도 했다. 율리우스력에서는 끝이 '00'인 백 년 단위의 해가 모두 윤년이므로 400년마다 윤년이 네 번 있게 된다. 그레고리력에서는 네 번의 윤년 중에 하나만 남기고 셋을 평년으로 돌림으로써 400년마다 3일이 더 길어지는 율리우스력의 오류를 해결했다.

여러가지 달력들

구석기 시대의 달력

끌로 달의 공전 주기를 새긴 순록의 뿔(기원전 3만~기원전 2만 5,000년)

고대 이집트의 달력

엘레판티네 섬의 달력. 이집트 신왕조 시대, 기원전 18세기. 프랑스, 파리, 루브르 박물관 소장

로마 제국의 달력

〈메놀로기움 루스티쿰 콜라타이눔〉모사화 : 서기 1세기 초에 제작된 로마 제국의 달력을 베낀 그림. 옅은 갈색 바탕에 펜과 잉크, 16세기 말. 영국, 런던, 대영박물관, 그리스-로마 유물실 소장

중세 유럽의 달력

'예배 행렬과 작은 종이 놀이', 『부르고뉴 백작부인의 기도서』,
15세기. 프랑스, 샹티이Chantilly, 콩데 박물관Musee Conde 소장

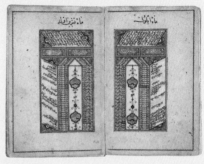

페르시아의 달력

종이에 잉크와 금, 18세기. 아일랜드, 더블린, 체스터 비티 도서관 소장

바빌로니아의 달력

기원전 18세기, 바빌로니아 제1왕조의 군주 함무라비Hammurabi(?~기원전 1750) 때
제작된 달력

고대 그리스의 달력

대리석, 기원전 108년. 베를린, 국립박물관 고미술실 소장

중국 천문학의 특징

중국의 역법은 해와 달의 운행뿐만 아니라 다섯별의 천구상의 위치나 일식 · 월식 등의 계산도 포함하고 있는 '천체력天體曆'이라는 점에 큰 특징이 있습니다. 중국의 역법은 그 원리나 계산이 매우 난해하고 복잡하기 때문에, 역법을 제작하려면 고도의 천문학적 · 수학적 훈련이 필요합니다. 그렇다면 왜 중국의 역법은 여러 천체의 운행까지 자세히 계산해 놓았던 것일까요? 우리가 일상생활에서 사용하는 달력인 '상용력常用曆'처럼, 공휴일이나 명절 등의 날짜만 아는 것으로도 충분하지 않을까요?

중국의 천문학자들은 하늘을 구면球面으로 보고 혼천의를 사용해 가상적인 구면 위에 펼쳐진 천문 현상을 관측하고 기술했습니다. 그리

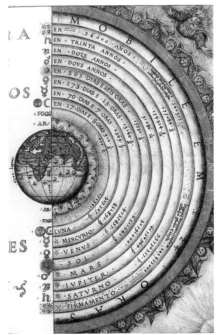

서양 천문학 :
가상적인 구면은 거리를 갖는다.

고 천체의 운동을 계산하고 예측했습니다. 이것은 천체의 운동을 역법으로서 다룬다는 것을 의미합니다. 중국 천문학에서는 천체운동론이 역법에 포섭되기 때문에, 역법이 천문학에서 가장 중요한 영역을 차지하게 된 것입니다. 그리하여 상용력과는 다른 천체력이 중국에서 성립하게 되었습니다. 그 대신 어디까지나 가상적인 구면 위의 현상을 고집함으로써 우주 구조론이 완전히 빠져버리게 됩니다. 특히 우주 구조에 대한 논쟁이 혼천설의 승리로 끝난 후, 천문학자의 관심은 오로지 해·달·다섯별(행성)의 운동에 대한 기술과 계산을 포함한 역법의 작성에 집중되었습니다.

고대 그리스 이래의 서양 천문학에서는 천체운동론이 역법과 분리되어 발전했습니다. 그리고 항상 우주의 구조를 염두에 둔 채 천체의 운동을 연구했습니다. 확실히 눈으로 관찰할 수 있는 것은 가상적인 구면 위에서의 현상에 지나지 않습니다. 그렇지만 그 구면은 거리를

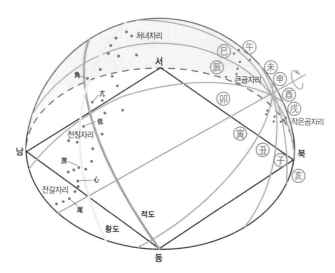

동아시아 천문학 : 가상적인 구면은 거리를 갖지 않는다.
모든 천체는 동일한 가상적인 구면 위에 있는 것으로 간주된다.

갖습니다. 가장 가까운 달의 구면에서 가장 먼 항성의 구면까지 유한한 거리를 갖습니다. 그 유한한 공간 속에서 여러 천체가 어떻게 위치하고, 어떻게 운동해서 우리들의 눈에 보이는 현상이 되는 것인가? 하늘은 어떠한 실체적인 구조를 갖는 것인가? 그것을 푸는 것이 서양 천문학의 과제였습니다.

그러나 중국에서는 달랐습니다. 가상적인 구면은 거리를 갖지 않습니다. 아니 거리를 갖는가, 아닌가 하는 의문 자체를 제기하지 않았습니다. 그리고 어디까지나 눈에 보이는 현상의 기술과 계산에 파고들었습니다. 천체는 가상적인 동일 구면 위를 눈에 보이는 그대로 운동하고 있다는 명제가 암묵적인 전제로 깔려있었습니다. 그것만으로도 역법을 제작하는 데 충분했습니다.

동아시아 문명권에서 역법의 제작은 국가의 초특급 프로젝트였습니다. 그리고 프로젝트의 대상에는 상용력뿐만 아니라 천체력도 포함되어 있었습니다. 천체력의 제작을 전통으로 지속시켜 준 것은 해와 달의 운동과 마찬가지로 다섯별의 운행도 역시 인간의 생활에 직접적인 영향을 미친다고 하는 '천인감응론'이었습니다. 개개의 천문학자들이 그것을 믿고 있었는지 아닌지 관계없이, 천인감응론은 왕조의 정통성을 뒷받침하는 사상으로서 중국 천문학의 특징을 지속적으로 규정해 왔던 것입니다.

중국 역법의 형성

중국에서 최초로 역법이 제작된 것은 은殷나라 이전부터라고 추정하고 있습니다. 그렇지만 실체를 확인할 수 있는 가장 오래된 달력은 은나라의 달력입니다. '은력殷曆'이라고도 하지요. 은나라라고 한다면 지금으로부터 약 3,600년 전 후앙허黃河 중류 일대에 등장해서 600여 년간 지속된 왕조입니다. 은나라의 달력은 갑골문甲骨文 중 일부에 남아있는데, 갑골문이란 거북의 껍질이나 무소의 어깨뼈에 기록한 문자를 가리킵니다. 은력은 태음태양력으로서 60간지干支를 가지고 날짜를 기록했습니다.

60간지 혹은 60갑자甲子란 10개의 천간天干과 12개의 지지地支의 조합을 말합니다. 은력의 경우 제1일을 갑자甲子라 하고, 이하 제2일을 을축乙丑, 제3일을 병인丙寅, … 제60일을 계해癸亥라 하며, 계해에 이르면 다시 갑자로 돌아가 60진법으로 간지를 사용했습니다. 그러한 날짜 계산은 은나라 이후 하루도 쉬지 않고 3천년을 넘어 오늘에 이르고 있습니다.

예를 들어, 서기 2005년 8월 6일은 을유년(22乙酉年) 8월 임술일(59壬戌日)로 표기된다. 동아시아의 역사가들은 날짜뿐만 아니라 연도도 60갑자를 사용했다. 동아시아의 역사적 사건의 이름에는 맨 앞에 사건이 일어난 해의 '간지'를 붙인 것들이 많다.
[예] '임진(29壬辰)' 왜란, '갑신(21甲申)' 정변, '신해(48辛亥)' 혁명

갑골문

무소의 어깨뼈에 새긴 글자
등 쪽에 구멍을 뚫은 흔적이 있고,
정면에는 갈라진 무늬가 있다.

거북의 껍질에 새긴 글자

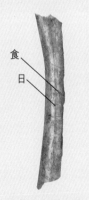

食
日

간지가 적힌 갑골문

간지가 적힌 옥판

옥판玉版 위에 '경庚', '인寅', '신辛'의 세 글자가 새겨져 있는데,
'인' 자만 또렷하게 보이고, '경'과 '신' 두 자는 깨져 있다.

60갑자표

10개의 천간(줄여서 '10간')은 갑甲·을乙·병丙·정丁·무戊·기己·경庚·신辛·임壬·계癸이고, 12개의 지간(줄여서 '12지')은 자子·축丑·인寅·묘卯·진辰·사巳·오午·미未·신申·유酉·술戌·해亥다.

01갑자甲子	11갑술甲戌	21갑신甲申	31갑오甲午	41갑진甲辰	51갑인甲寅
02을축乙丑	12을해乙亥	22을유乙酉	32을미乙未	42을사乙巳	52을묘乙卯
03병인丙寅	13병자丙子	23병술丙戌	33병신丙申	43병오丙午	53병진丙辰
04정묘丁卯	14정축丁丑	24정해丁亥	34정유丁酉	44정미丁未	54정사丁巳
05무진戊辰	15무인戊寅	25무자戊子	35무술戊戌	45무신戊申	55무오戊午
06기사己巳	16기묘己卯	26기축己丑	36기해己亥	46기유己酉	56기미己未
07경오庚午	17경진庚辰	27경인庚寅	37경자庚子	47경술庚戌	57경신庚申
08신미辛未	18신사辛巳	28신묘辛卯	38신축辛丑	48신해辛亥	58신유辛酉
09임신壬申	19임오壬午	29임진壬辰	39임인壬寅	49임자壬子	59임술壬戌
10계유癸酉	20계미癸未	30계사癸巳	40계묘癸卯	50계축癸丑	60계해癸亥

삭망월

삭망월은 달의 위상位相 변화 주기로서 초하루부터 다음 달의 초하루까지의 주기이다.

연대배치법

1삭망월의 일수는 거의 정확하게 29.530589일로서 정수로 딱 떨어지지 않는다. 그렇기 때문에 큰 달(30일)과 작은 달(29일)을 번갈아 배치하는 것이다. 큰 달과 작은 달을 각각 6회씩 배치하면 그 해의 일수는 총 354일이 되고 평균 한 달에 29.5일이 된다. 그런데 29.5일은 삭망월의 일수보다 짧기 때문에, 때로 큰 달을 연속해서 놓을 필요가 있다. 큰 달을 연속해서 배치하게 되면 큰 달 7회, 작은 달 5회가 되어, 그 해의 일수는 총 355일이 된다.

태양년

태양년은 태양이 춘분점으로부터 다음 해의 춘분점에 도달하기까지의 주기이다. 회귀년回歸年이라고도 한다. 1삭망월의 일수와 1태양년의 일수는 시대에 따라, 역법에 따라 차이가 있다.

한편 매월의 일수는 삭망월朔望月*을 기준으로 정하고, 30일의 큰 달[大月]과 29일의 작은 달[小月]을 적절하게 조합해 큰 달과 작은 달을 거의 번갈아가며 배열했는데, 때로는 큰 달을 두 번 연속해서 배열하기도 했습니다. 이렇게 큰 달을 연속해서 배치하는 방법을 '연대배치법年大配置法*'이라고 합니다. 달의 이름은 순서대로 표시해서 첫 번째 달을 정월正月, 두 번째 달을 2월, 열두 번째 달을 12월이라고 불렀습니다.

태음태양력은 달이 차고 이지러지는 것에 맞추면서 동시에 계절의 운행에도 맞추어가는 역법입니다. 즉 삭망월과 태양년太陽年*을 어떻게 결합시키는가가 역법의 근본입니다. 1삭망월의 평균치는 약 29.5306일이고, 1태양년의 평균치는 약 365.2422일입니다. 12삭망월은 약 354.3671일이므로, 한달의 일수를 354일 또는 355일로 취하면, 1태양년과 10일 또는 11일 정도의 차이가 생깁니다. 3년이 지나면 1삭망월의 일수를 초과하게 되므로, 이 차이를 없애기 위해 '윤달[閏]'을 놓을 필요가 생깁니다. 1년 12개월로 구성되는 평년과 13개월로 구성되는 '윤년閏年'의 구별이 생겨난 이유는 바로 여기에 있습니다. 윤달을 몇 달 만에 놓을지 결정하는 방법을 '치윤법置閏法'이라고 합니다.

13월이 적힌 갑골문

　연대배치법과 치윤법이 규칙적으로 운용되고 양자가 결합되어야 비로소 역법이 확립되었다고 볼 수 있는데, 은나라 때에는 아직 연대배치법과 치윤법의 시행조차 완전하지 않았습니다. 은력의 경우 윤달을 연말年末에 두고 있는데, 갑골문에서 '13월'로 표기된 달은 윤달을 가리킵니다.

　기원전 5세기 무렵에는 달(삭망월)과 계절(태양년)의 불일치를 바로잡는 지침으로 '24절기節氣'가 완성되었습니다. 24절기란 1태양년, 즉 계절의 주기를 24등분한 것입니다. 달리 말하면, 24절기는 적경赤經을 24등분했을 때 해가 각 지점을 통과하는 시점을 가리키는 것으로, 계절의 순환을 보여 주는 24개의 표식입니다. 24절기는 크게 절기節氣와 중기中氣로 나뉘는데, 그 중기에 의해 그 달의 이름을 정합니다. 예를 들어, 우수雨水를 포함한 달이 정월이며, 춘분春分을 포함한 달이 2월, 곡우穀雨를 포함한 달이 3월입니다. 그런데 중기에서 다음 중기까지의 간격이 삭망월의 일수보다 조금 길기 때문에, 30몇 개월 이상 지나게 되면 중기를 포함하지 않는 달이 생기게 됩니다. 달과 계절 사이의 어긋남이 1개월 이상 벌어지게 되는 것이죠. 중기가 없는 달에 윤달을 놓으면 삭망월과 태양년 사이의 불일치를 해소할 수 있습니다. 이렇게 중기가 없는 달을 윤달로 삼는 방법을 '무중치윤법無中置閏法'이라고 합니다. 월중에 중기를 포함하지 않는 달은 연말뿐

24절기표

〈사분력〉에서 중기에서 다음 중기까지의 간격 30.4375일은 삭망월의 일수 29.53085일보다 조금 길다. 그 때문에 33개월만 지나도 중기를 포함하지 않는 달, 즉 중기점이 전달의 맨 끝 날(그믐날)과 한 달을 건너 뛴 그 다음 달의 맨 첫째 날(초하루)에 위치하는 경우가 발생한다. 예를 들어, 하지가 음력 5월 30일이고 대서가 7월 1일이면 6월에 중기가 발생하지 않는다. 이 경우 6월이 윤달이 된다.

계절	24절기			현행력의날짜	의미
봄	입춘立春	정월	절節	2월 4일, 5일	봄이 시작됨
	우수雨水	정월	중中	2월 19일, 20일	비가 내려 흐림
	경칩驚蟄	2월	절節	3월 5일, 6일	개구리가 겨울잠에서 깨어남
	춘분春分	2월	중中	3월 20일, 21일	춘분점
	청명淸明	3월	절節	4월 4일, 5일	만물이 맑은 양기陽氣가 됨
	곡우穀雨	3월	중中	4월 20일, 21일	굵은 비가 내림
여름	입하立夏	4월	절節	5월 5일, 6일	여름이 시작됨
	소만小滿	4월	중中	5월 21일, 22일	만물이 조금씩 생장하여 가득 참
	망종芒種	5월	절節	6월 5일, 6일	보리 이삭이 팸
	하지夏至	5월	중中	6월 21일, 22일	하지점
	소서小暑	6월	절節	7월 7일, 8일	약간 더움
	대서大暑	6월	중中	7월 23일, 24일	대단히 더움
가을	입추立秋	7월	절節	8월 7일, 8일	가을이 시작됨
	처서處暑	7월	중中	8월 23일, 24일	더위가 끝남
	백로白露	8월	절節	9월 7일, 8일	하얀 이슬이 맺힘
	추분秋分	8월	중中	9월 23일, 24일	추분점
	한로寒露	9월	절節	10월 8일, 9일	차가운 이슬이 맺힘
	상강霜降	9월	중中	10월 23일, 24일	서리가 내림
겨울	입동立冬	10월	절節	11월 7일, 8일	겨울이 시작됨
	소설小雪	10월	중中	11월 22일, 23일	눈이 약간 내림
	대설大雪	11월	절節	12월 7일, 8일	눈이 많이 내림
	동지冬至	11월	중中	12월 21일, 22일	동지점
	소한小寒	12월	절節	1월 5일, 6일	약간 추움
	대한大寒	12월	중中	1월 20일, 22일	대단히 추움

만 아니라 연중年中에도 올 수 있습니다. 24절기가 완성됨으로써 치윤법이 한층 발전하게 된 것입니다.

이어 19년에 7개의 윤달을 두는 치윤법, 즉 '장법章法'이 성립했습니다. 전국시대에는 1태양년의 일수를 $365\frac{1}{4}$ (=365.25)로 하고 1삭망월의 일수를 29(29.53085)로 하는 〈사분력四分曆〉이 실시되었습니다. 19년 사이에 7개의 윤달을 삽입하면, 19년이 235개월에 해당하게 됩니다. 그리고 235개월의 일수는 19년의 일수와 정확하게 일치하게 됩

〈사분력〉의 기본 공식

- 19(년) × 12(개월) + 7(개월) = 235(개월)
- $365\frac{1}{4}$ (일) × 19(년) = $6939\frac{3}{4}$ (일)
- $29\frac{499}{940}$(일) × 235(개월) = $6939\frac{3}{4}$ (일)

니다. 전국시대에 들어와 치윤법이 완전히 확립되기는 했으나 치윤법과 연대배치법이 완전히 일치하지는 못했습니다. 양자가 완전히 결합되어 역법의 기본 원리가 확립된 것은 전한 시대에 제작된 〈태초력太初曆〉부터입니다. 〈태초력〉은 전한 말기에 리우 신(유흠劉歆, 기원전 53?~서기 23)[*]에 의해 증보되어 〈삼통력三統曆〉이 되었는데, 〈삼통력〉은 일식·월식의 예보를 위한 135개월 주기, 다섯별 운행의 추산推算 등을

리우 신

전한 말기의 유학자·천문학자. 청년 시절 함께 공부했던 왕 망王莽(기원전 45~서기 23)이 한漢 황실의 외척으로서 권력을 잡자, 국사國師가 되어 자신의 학문적 포부를 펼칠 기회를 얻었다. 왕 망이 주나라 제도에 입각해 개혁정치를 실시하는 것을 학문적으로 뒷받침했다. 왕 망이 제위를 찬탈해 신新(8~24)나라를 세운 후에, 왕 망을 제거하려고 하다가 발각되어 자살했다. 기원전 7년에 〈삼통력〉을 제작했다.

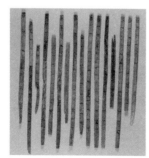

기원전 63년의 달력

죽간에 기록한 달력. 〈태초력〉에 의거해 제작되었다. 〈태초력〉은 기원전 104년에 제작되어 서기 84년까지 사용되었다. 종이가 널리 보급되기 전에는 주로 대나무나 비단 등에 기록했는데, 달력의 경우 대나무에 기록했다.

채택한 천체력으로서 후대 역법의 모델이 되었습니다. 〈삼통력〉에 이르러 중국 역법의 전통적인 구조가 완성되었던 것입니다.

역법과 개력

중국의 역법은 해·달·다섯별의 운동을 다루는 천체력입니다. 달력 제작의 기초가 되는 계산법과 천문상수天文常數의 체계를 '역법'이라고 하며, 기존의 역법을 폐기하고 새로운 역법을 편찬하는 것을 '개력改曆'이라고 합니다. 1태양년의 일수(사분력의 경우 $365\frac{1}{4}$)와 같은 천문상수는 개력 때마다 갱신됩니다. 일단 새로운 역법이 채택되면 그것에 기초해 매년 다음 해의 달력이 작성되었고, 11월 동짓날에 황제에게 헌상되었습니다. 새해의 달력을 중국과 제후국(조공을 바치는 이민족 국가도 포함)에 반포하는 것은 예부터 황제의 가장 중요한 업무 중 하나로 간주되었습니다.

〈태초력〉* 이래 청나라의 역법인 〈시헌력時憲曆〉에 이르기까지 국가에 의해 공인된 역법만 해도 49종이나 됩니다. 그리고 거의 40회에 가까운 개력改曆이 이루어졌습니다. 유럽에서 개력이 단 한 번만 이루어진 것과 비교할 때, 중국의 개력은 세계사에서 유례가 없는 것이었습니다. 유럽의 경우, 1582년에 그레고리력으로 개정하기 직전 율리우스력은 12일 정도의 오차가 있었는데, 중국에서라면 도저히 용납될 수 없는 일이었습니다. 이것은 역법과 그 개정이 중국 천문학사에서, 더 나아가 중국 역사에서, 다른 문명권에서는 볼 수 없는 특별한 의미를 가지고 있다는 것을 의미합니다.

역법을 개정하는 목적은 기본적으로 역법에서 예측한 천체의 위치와 실제 천체의 위치[天象]사이의 불일치를 바로잡는 데 있었습니다. 전체적으로 보아, 중국 역법사曆法史는 기존의 역법보다 더 정확한 역법을 만들어간 역사라고 할 수 있습니다. 그러나 결코 직선적인 진보의 역사는 아니었습니다. 중간에 개악改惡 또는 퇴보 현상이 종종 나타 났고, 정체가 장기간 지속되기도 했습니다.

역법의 개혁자들은 거대한 전통의 장벽을 끊임없이 극복해야만 했습니다. 그들은 오랜 세월이 지나면 역법이 천상天象과 어긋나기 때문에, 기존의 역법을 비판적으로 검토하고 새롭게 관측을 실시하고 새로운 계산법을 창안함으로써 더 정확한 역법을 만들 수 있다는 확신을 가지고 역법을 연구했습니다. 그들의 노력에 의해 중국 역법은 새로운 단계로 도약할 수 있었습니다. 이제 중국 역법을 획기적으로 발전시켰던 연구 성과들을 중심으로 태초력 이후의 중국 역법의 역사를 소개하도록 하겠습니다.

달의 운행 속도는 일정하지 않다―〈건상력〉과 〈원가력〉

중국 역법에서 가장 중요한 것은 일식과 월식의 예보였습니다. 사실 일·월식을 어느 정도 정확하게 예측하는가가 역법의 정확도를 측정하는 척도가 되었습니다. 그 때문에 천문학자들은 끊임없이 해와 달에 대해서 관측을 실시했고, 그 결과 후한시대에는 달의 궤도와 그 궤도상의 운행에 대해서 새로운 지식을 얻을 수 있었습니다.

전한시대의 관측은 모두 적도赤道에 의거해서 수행되었는데, 후한시대에 들어와 황도를 기준으로 한 관측이 시작되었습니다. 이 때문에 황도와 매우 근접하게 궤도를 그리는 달의 운동에 대한 관측이 훨씬 정확하게 이루어지게 되었습니다. 그 결과 달의 운행 속도가 일정하지 않다는 것을 발견하게 된 것입니다.

전한시대까지는 달이 원운동을 하며 공전 궤도 상의 모든 구간에서 똑같은 속도로 운행한다고 생각했습니다. 그러나 달은 타원운동을 하며 각 구간마다 속도에 차이가 있어서 근지점近地點에서 가장 빠릅니다. 그리고 근지점은 일정한 주기를 가지고 이동합니다. 그 때문에 달

광무제

왕 망에 의해서 망한 한나라를 재건한 광무제光武帝(재위 25~57). 후한시대에는 개력을 85년에 단 한 번 실시했다. 이 때 시행된 역법을 〈사분력四分曆〉이라고 한다. 〈사분력〉은 후한이 망하고(220) 촉나라가 망할 때(263)까지 약 180년 동안 시행되었다.

와~♪ '황도' '백도' 그거 내 이름 이잖아?..!

아~ 저 무식! 저거 어여 따묵자 🍑

송 무제

동진東晉을 멸망시키고 송나라를 세운 송 무제武帝(재위 420~422). 송나라는 남북조南北朝 시대에 북위北魏와 대립했던 남조南朝의 송宋·제齊·양梁·진陳 중 첫번째 왕조다. 송나라 때에는 445년에 단 한 번 개력을 실시했다. 이 때 시행된 역법을 〈원가력〉이라고 한다.

력상으로 그믐날에 초승달이 보이기도 하고, 초하룻날에 그믐달이 남아 있는 현상이 발생하게 되었습니다. 즉 역법과 천상이 일치하지 않았던 것입니다. 그러다가 후한시대에 들어와 '달의 부등속不等速 운동'이 발견됨으로써, 그때까지는 평균 위치밖에 몰랐던 달의 위치를 정확하게 예측할 수 있게 되었습니다. 그리고 달의 운행 궤도인 백도白道와 태양의 운행 궤도인 황도黃道를 구별했고 양자의 교점交點이 이동한다는 것도 알게 되었습니다.

달의 운동에 대한 새로운 연구 성과를 최초로 역법에 반영한 것은 후한 말(206)에 리우 홍(유홍劉洪, 129~210)이 제작한 〈건상력乾象曆〉이었습니다. 〈건상력〉은 삼국 오吳나라에서 채용되어 오나라가 망할 때까지 58년 동안(223~280) 시행되었습니다. 〈건상력〉은 평균적인 달의 위치가 아니라 실제 달의 위치를 계산하고 달이 황도에서 떨어진 도수를 계산함으로써 월식을 이전보다 정확하게 예측할 수 있었습니다. 그러나 치윤법은 여전히 평균삭망월에 맞춰 큰 달과 작은 달을 배치하는 평삭平朔을 사용했습니다. 〈건상력〉을 모델로 해서 제작되었으며, 위魏·진晉 시대와 송宋나라 초기에 걸쳐 약 200년 동안(237~444) 사용된 〈경초력景初曆〉 역시 마찬가지였습니다.

〈경초력〉이 더 이상 천상과 일치하지 않게 되자, 허 츠엉티엔(하승천何承天, 370~447)은 자신이 40여 년 동안 실시했던 관측을 기초로 해서 역법 개혁의 원칙 5가지를 제시했는데(443), 그 중 제5조가 바로 평삭법平朔法의 폐지와 정삭법定朔法의 시행이었습니다. 정삭법이란 실제의 삭망朔望에 맞춰 큰 달과 작은 달을 배치하는 방법을 말합니다. 정삭법은 달의 운행을 훨씬 정확하게 역법에 반영할 수 있는 진보적인 방법이었습니다. 정삭定朔을 정하는 계산은 이미 리우 홍이 제시했지만, 이것을 치윤법에 적용하자고 제안한 것은 허 츠엉티엔이 처음이었습니다.

그러나 허 츠엉티엔의 이론을 검토했던 천문학자들은 나머지 4가지 원칙에 대해서는 찬성했지만, 정삭법에 대해서는 큰 달을 3개 연속해서 배치하거나 작은 달을 2개 연속 배치해야하는 문제가 발생한다는 점을 들어 반대했습니다. 기존의 역법에서는 큰 달을 2개 연속해서 배치하는 것만을 원칙으로 간주했습니다. 게다가 천문학자들은 유교경전의 예를 들면서 일·월식의 예보가 하루 정도 틀려도 된다고 주장했습니다. 한마디로 전통에 안주해 개혁을 거부했던 것입니다. 결국 정삭법을 제외한 나머지 4가지 원칙만 채택되어 〈원가력元嘉曆〉이라는 이름으로 시행되었습니다(445). 정삭법은 허 츠엉티엔이 제안한 지 170여 년이 지나서야 채택될 수 있었습니다. 〈원가력〉은 송宋·제齊 나라를 거쳐 양梁나라 초기까지 64년간(445~509) 사용되었습니다.

너 때문에 200년마다!!
1일 오차가 나잖아! 당장 꺼져

쭈 총즈

숫자 19

알았다!
'파장법(破章法)'에
당하는 구나

장법을 폐지하고 세차운동을 반영하다—〈대명력〉

〈원가력〉이 시행된 지 20년도 채 안돼서(462) 〈원가력〉에 의한 계산이 천상과 일치하지 않게 된 것을 지적하고 개력을 주장한 사람이 등장했으니, 그가 바로 쭈 총즈(조충지祖冲之, 429~500)입니다. 쭈 총즈는 세계 최초로 원주율의 수치를 일곱 자릿수 이상 정확하게 계산해낸 수학자로서 널리 알려져 있습니다. 쭈 총즈가 제시한 새로운 이론의 핵심은 '파장법破章法'과 '세차운동歲差運動'의 도입에 있었습니다.

파장법이란 '장법章法을 폐지한다'는 뜻입니다. 장법이란 앞에서 소개해 드렸던 19년에 윤달을 7번 삽입하는 치윤법을 말합니다. 〈사

쭈 총즈
남조 송나라 때의 수학자·천문학자·기계공학자·철학자. 세계 최초로 원주율의 수치를 일곱 자리 자리 계산하였다. 어디서든지 항상 남쪽을 가리키는 지남차指南車, 하루에 백여 리를 가는 천리선千里船 등을 발명했다.

역대 역법의 천문 상수 (태초력~원가력)

역법	태초력	건상력	경초력	원가력
1태양년의 일수	$365\frac{385}{1539}$	$365\frac{145}{589}$	$365\frac{455}{1843}$	$365\frac{75}{304}$
기법(紀法)	$1539 = 19 \times 81$	$589 = 19 \times 31$	$1843 = 19 \times 97$	$304 = 19 \times 16$

〈태초력〉부터 〈원가력〉까지 1태양년의 일수는 장법의 숫자 19와 관련이 있다.

분력〉이래로 '19'라는 숫자는 1태양년의 일수를 결정하는 기본 상수常數로 간주되어 왔습니다. 천문학적으로는 거의 의미가 없지만, 오랫동안 시행되어 왔기 때문에 불변의 전통으로 굳어졌던 것입니다. 그러나 관측기술이 향상되면서 더 정확하게 1태양년과 1삭망월의 일수를 구할 수 있게 되자, 치윤법을 개혁할 필요성이 제기되었습니다. 파장법의 선구자는 북량北凉(397~439)*의 자오 페이(조비趙歐)인데, 그는 600년마다 윤달을 221번 삽입해야한다고 주장했습니다. 쭈 총즈는 자오 페이의 파장법을 계승해 더욱 발전시켰습니다.

쭈 총즈는 장법에 대해 "윤달이 지나치게 많아서 200년이 지날 때마다 1일의 오차가 생긴다"고 지적했습니다. 이러한 오류를 바로 잡으려면 '19'라는 숫자에 얽매이지 않고 천상에 입각해 역법의 상수를 정할 수밖에 없었는데, 그것은 곧 장법의 폐기를 의미했습니다. 쭈 총즈는 391년마다 윤달을 144번 삽입하자고 주장했습니다. 그리고 1태양년의 일수를 365.2428일로, 1삭망월의 일수를 29.53059일로 정했는데, 기존의 역법에 비해 훨씬 정확했습니다. 오늘날의 관측치와 비교하더

역대 역법의 천문 상수 (태초력~대명력)

역법	1태양년의 일수	1삭망월의 일수
태초력	$365\frac{385}{1539}$ (=365.2502)	$29\frac{43}{81}$ (=29.53086)
사분력	$365\frac{1}{4}$ (=365.2500)	$29\frac{499}{940}$ (=29.53085)
건상력	$365\frac{145}{589}$ (=365.2462)	$29\frac{773}{1457}$ (=29.53085)
경초력	$365\frac{455}{1843}$ (=365.2469)	$29\frac{2419}{4559}$ (=29.53060)
원가력	$365\frac{75}{304}$ (=365.2467)	$29\frac{399}{752}$ (=29.53058)
대명력	$365\frac{9589}{39491}$ (=365.2428)	$29\frac{2090}{3939}$ (=29.53059)
현재	365.2422	29.53059

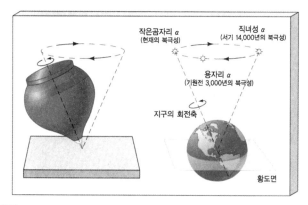

세차 운동

세차 운동은 지구의 자전축이 적도면을 흔들리게 하면서 회전하기 때문에 발생한다. 세차 운동은 태양의 운행과는 직접적인 관련이 없다.

라도 1태양년의 일수는 50초, 1삭망월의 일수는 1초밖에 차이 나지 않는 대단히 정밀한 수치였던 것입니다.

 '세차歲差'란 천구 위에서 태양(혹은 황도)의 위치가 항상 이동해 가는 현상입니다. 달리 표현하면, 황도면과 적도면의 교차점에 위치한 춘분점이 서쪽으로 아주 서서히 이동해 2만 6천년을 주기로 완전히 한 바퀴 도는 현상입니다. 그 때문에 천구 상에서의 별의 위치가 변화하게 되고, 시간이 지남에 따라 역법과 천상이 일치하지 않게 됩니다. 중국에서 세차를 처음 발견한 사람은 동진東晉의 천문학자 위 시(우희虞喜, 281~356)였지만, 세차를 역법에 처음 도입한 사람은 쭈 총즈였습니다.

 쭈 총즈는 과거의 기록을 검토해서 동지의 위치가 조금씩 이동해왔다는 사실을 증명했습니다. 그리고 기존의 역법에서는 동지의 위치를 고정시켰기 때문에 세월이 조금만 흘러도 천상과 어긋날 수밖에 없었다고 비판했습니다. 정확한 역법을 만들려면 어떻게 해야 할까요? 역법 상에서 동지의 위치를 세차운동에 따라 인위적으로 옮겨준다면, 오랜 세월이 흘러도 천상과 어긋나지 않는 이상적인 역법을 만들 수 있다는 것이 쭈 총즈의 주장이었습니다.

양 무제
양 무제(재위 503~549)는 쭈 충즈의 아들 쭈 쉬앤(祖暅祖暅)의 건의를 받아들여 쭈 충즈의 역법을 시행했다. 우주론에 대해서는 개천설을 채용했다. 그러나 불교행사에 국력을 탕진시키고 결국 나라를 망하게 한 황제로 더 유명하다.

쭈 충즈의 이론은 황제의 총신寵臣 따이 화싱(대법홍戴法興)의 격렬한 반대에 부딪쳐 시행되지 못했습니다. 따오 화싱은 쭈 충즈의 새로운 연구 성과를 선혀 이해하지 못했으면서도 오히려 과거의 기록과 기존의 역법에 털끝만큼의 오류도 없다는 궤변을 늘어놓았습니다. 그럼에도 불구하고 쭈 충즈의 이론이 채택되지 못한 것은, 따오 화싱의 권력이 막강했기 때문이었습니다. 쭈 충즈의 역법은 그가 죽은 지 10년이 지나서야, 그것도 왕조가 송에서 양梁으로 바뀐 뒤에야 시행될 수 있었는데, 처음 제안할 당시의 연호를 따서 〈대명력大明曆〉이라고 합니다. 〈대명력〉은 양梁·진陳 두 왕조에 걸쳐 약 80년간 시행되었습니다(510~589).

태양의 운행 속도도 일정하지 않다 ─ 〈황극력〉

북조
북위北魏, 북제北齊, 북주北周의 세 왕조를 가리킨다. 북위(386~535)가 동위東魏(534~550)와 서위西魏(535~556)로 분열되었다가, 동위는 북제(550~577)로, 서위는 북주(557~581)로 교체되었다.

도참
정치적 사건을 예언하는 기호나 문자

오행설
왕조의 교체가 오행의 순환에 따라 이루어진다는 이론. 예를 들어, 북위에서는 자신의 왕조가 수덕水德을 받았다고 생각해 다음과 같이 오행을 각 왕조에 배당했다. 물론 천문학적으로 전혀 의미가 없다.

개력이 두 차례만 실시되었던 남조와는 달리 북조北朝[*]에서는 개력을 무려 5차례나 실시했습니다. 그렇지만 북조의 역법들은 도참圖讖[*]과 오행설[*]에 부회해 지엽적인 문제를 가지고 기교만 부렸기 때문에 〈원가력〉과 〈대명력〉에 필적할 만큼 뛰어나지 못했습니다. 그런 와중에서도 뛰어난 연구 성과를 남긴 주목할 만한 천문학자가 있었으니, 바로 장 쯔신(장자신張子信)입니다. 장 쯔신은 북위北魏 말기에서 북제北齊에 걸친 시대에 살았는데, 전란을 피해 바다 한가운데 있는 섬에 숨어서 30년 동안 해·달·다섯별을 관측했습니다. 그 결과 태양의 운행 속도가 일정하지 않다는 것을 발견할 수 있었습니다.

오행과 왕조교체

오행	목木	화火	토土	금金	수水
왕조	주周	한漢	위魏	진晉	북위

장 쯔신 이전의 역법에서는 태양이 원운동을 하며 공전 궤도 상의 모든 구간에서 1일에 1도씩 똑같은 속도로 운행한다고 생각했습니다. 그 때문에 24절기에 대해서도 1태양년의 일수를 24등분한 '평기平氣'가 사용되었습니다. 그러나 태양의 겉보기 운동은 타원운동을 하며 각 구간마다 속도에 차이가 있어서 근일점近日點에서 가장 빠릅니다. 따라서 하루의 길이도 매일 달라질 수밖에 없습니다. 장 쯔신은 직접 역법을 편찬하지는 않았으나, 그가 발견한 '태양 겉보기 운동의 불균등성'*은 수隋나라의 리우 주어(유작劉焯, 544~610)*의 역법에 반영되었습니다.

남북조를 통일한 수隋나라는 37년 만에 망했지만(581~618), 그 사이에 두 차례나 개력을 시행했습니다. 수나라 최초의 역법인 〈개황력開皇曆〉은 수 문제文帝(재위 581~604)의 총신 장 삔(장빈張賓)이 만든 것입니다. 장 삔은 원래 역산에 정통한 인물이 아니었습니다. 장 삔은 양

태양 겉보기 운동의 불균등성
태양의 겉보기 운동의 불균등 현상은 지구가 태양 둘레를 돌면서 타원 운동을 하기 때문에 발생한다.

리우 주어
수나라 때의 유학자 · 천문학자 · 수학자

수 문제

수 양제

옌 리뻔(염립본閻立本)의 〈제왕도권帝王圖卷〉에 실린 그림. 보스톤 박물관 소장
수 문제는 황제에 즉위한 지 4년 만에 북주의 역법을 폐지하고 〈개황력〉을 시행했다. 중국 역사상 가장 근검절약한 황제로 유명하다. 그러나 자식 복은 없어서 황태자 양 꾸앙(양광楊廣, 569~618)에게 시해당한 비운의 황제이기도 했다. 양 꾸앙은 바로 폭군의 대명사 수 양제煬帝(재위 604~618)다.

지엔(양견楊堅, 541~604)이 제위를 찬탈하기 전부터 그의 야망을 간파하고 신하의 상相이 아니라는 등 아부성이 강한 예언을 했습니다. 그 예언에 효험이 있었는지, 어쨌든 양 지엔은 황제가 되었고 그에 대한 보답으로 장 삔이 만든 역법을 채택해 주었습니다.

〈개황력〉이 시행되자(584~596), 당대 최고의 유학자이자 천문학자인 리우 주어는 〈개황력〉의 결점을 지적하고 개력을 주장했습니다. 그러나 장 삔은 황제의 총애를 이용해서 리우 주어의 주장을 배척했습니다. 장 삔이 죽은 후에 장 저우쉬앤(장주현張冑玄)이 나타나 리우 주어와 경쟁을 벌였는데, 그는 자신의 역법이 채택되도록 만드는 데 성공했습니다. 이 역법은 〈대업력大業曆〉이라고 하며 수나라 망할 때까지 사용되었습니다(597~618). 리우 주어의 〈황극력皇極曆〉은 〈개황력〉이나 〈대업력〉에 비해 훨씬 뛰어난 역법이었으나 시운에 편승하지 못해 끝내 채택되지 못했습니다. 그러나 〈황극력〉은 이후 역법사에 지대한 영향을 끼쳤습니다.

〈황극력〉은 남북조 천문학의 최신 연구 성과들을 두루 반영한 역법이었습니다. 첫째, 파장법을 채용해 676년마다 윤달을 249번 삽입했습니다. 둘째, 세차운동을 반영해 동지 때의 태양의 위치를 76년마다 1도 이동시켰습니다. 이것은 오늘날의 관측치에 근접한 것으로 위 시의 50년, 쭈 총즈의 40년에 비해 훨씬 정확한 값입니다. 셋째, 달의 부등속不等速 운동을 반영해 정삭법을 채용했습니다. 넷째, 태양의 부등속 운동을 반영해 정기법定氣法을 제창했습니다. 정기법이란 적경赤經을 24등분하고 해가 각 간격을 통과하는 일수에 차이를 두는 방법입니다.

〈황극력〉은 역계산 방면에서도 획기적인 성과를 거두었는데, 그 중 하나가 '보간법補間法'입니다. 보간법이란 어떤 천체의 위치가 띄엄띄엄 관측치로서 주어질 때, 그 중간의 임의의 시간에서의 위치를 추정할 때 사용되는 계산법입니다. 종래의 역법 계산에서는 중간치를 산출할 때 산술평균을 취함으로써 만족했었는데, 황극력에서는 보간법의 발명으로 천체의 위치를 더 정확하게 산출할 수 있게 되었습니다.

〈황극력〉은 남북조 역법의 정수를 모은 것으로 당나라 역법의 선구가 되었습니다. 그러나 정기법은 계산이 복잡하기 때문에 오랫동안 채용되지 않다가 청나라의 시헌력에서 채용되었습니다. 이것은 새로운 과학 이론이 채택되는 데에는 오랜 시간과 노력을 필요로 한다는 사실을 단적으로 보여 줍니다.

전통 역법의 완성─〈수시력〉

당·송 시대에는 개력이 빈번하게 행해졌으나, 역법의 근본적인 개혁은 일어나지 않았습니다. 그런데 원나라 초기에 제작된 〈수시력授時曆〉은 명明나라가 망할 때까지 두 왕조에 걸쳐 무려 360여 년 동안 (1281~1644) 시행되었습니다. 그것은 〈수시력〉이 대단히 뛰어난 역법이었기 때문이었고, 다른 한편으로는 명나라 때 〈수시력〉을 능가할만한 역법을 제작하지 못했기 때문이기도 했습니다.

원나라 세조世祖 후빌라이Khubilai(1215~1294)는 남송을 멸망시킨 직후(1276년)에 왕 쉰(왕순王恂, 1235~1281)과 꾸어 서우징(곽수경郭守敬, 1231~1316) 등에게 개력을 명령했습니다. 왕 쉰은 계산에 뛰어났고 꾸어 서우징은 기계 제작에 능통했습니다. 요샛말로 하자면, 수학 박사와 공학 박사가 한 팀을 구성해서 프로젝트를 맡았던 것입니다. 꾸어 서우징은 새로운 관측기계를 설계·제작하고 관측을 담당했으며, 왕 쉰은 꾸어 서우징의 관측을 토대로 해서 새로운 계산법을 창안하고 역법에 적용시켰습니다.

1276년, 개력의 칙명을 받은 꾸어 서우징은 정확한 역법을 만들기 위해서 천문기계를 개조하고 발명했습니다. 그는 기존의 복잡하게 구성된 혼의를 두 개의 간단한 장치로 개조했는데, 이를 '간의簡儀'라고 불렀습니다. 간의는 사용하기 간편할 뿐만 아니라, 설계가 정밀해서

원나라 세조 후빌라이

칭기스한의 손자인 후빌라이는 몽골 귀족들의 반대를 무릅쓰고 중국의 제도와 문화를 적극 수용해 몽골의 국가를 중국적인 국가로 개조시켰다. 중국식 연호를 최초로 사용하고 중국식 역법을 채용한 것도 중국화 정책의 일부였다.

꾸어 서우징

원나라 때의 천문학자·기계공학자. 꾸어 서우징은 당대 최고의 천문학자일 뿐만 아니라 수리水체 사업 전문가였다.

간의

꾸어 서우징이 제작한 간의의 모조품. 난징南京 쯔진산紫金山 천문대 전시.
현존하는 간의는 명나라 때(1439) 모방해서 만든 모조품이다.

규표

해 그림자를 재는 기구

양천척

수평으로 눈금이 새겨진 돌로 된 자

관측 결과도 혼천의에 비해 훨씬 정확했습니다. 또 규표圭表[*]를 개혁해 12미터 높이의 표表와 36.5미터 길이의 양천척量天尺[*]을 갖춘 거대한 '관성대觀星臺'를 세워 1태양년의 길이나 황도경사黃道傾斜 등을 정확하게 측정했습니다.

1276년, 꾸어 서우징은 대대적으로 항성의 위치에 대한 관측을 실시했습니다. 그는 이전시기까지 알려졌던 항성의 위치를 계산하고 측량하는 것 외에도, 아직 명명되지 않은 항성 1,000여 개에 대해서도 관측했습니다. 그리고 기록한 항성의 숫자를 1,464개에서 2,500개로 증가시켰습니다. 참고적으로 말하면, 14세기 이전의 유럽에서 관측한 별의 수는 1,022개에 불과했습니다. 꾸어 서우징이 실시한 측지測地 사업도 이전에 유례를 찾아볼 수 없을 정도로 큰 규모였습니다. 전국 27개 지점에 관측소를 세워서 해당 지역의 위도를 측량하고, 위도 10도마다 관측대를 설치해 하지 때 해 그림자의 길이와 밤낮의 길이를 측량했습니다.

꾸어 서우징의 관성대

꾸어 서우징이 주도한 천문기계의 제작과 관측의 실시는 역법의 제작을 위해서, 이전 시대 어느 역법과 비교하더라도, 훨씬 유리한 조건을 마련할 수 있었습니다. 꾸어 서우징과 왕 쉰 등은 정밀한 관측 데이터를 가지고 역대 역법을 연구해 그중 가장 뛰어난 점만 흡수할 수 있었고, 그 결과 중국 역법사에서 가장 우수한 역법인 〈수시력授時曆〉을 만들어낼 수 있었습니다(1280).

〈수시력〉의 특징에 대해서 소개하면 다음과 같습니다. 첫째, 충실하게 관측을 실시했습니다. 관측을 제대로 하지 않고 천문 상수를 약간 수정했던 당·송 시대 역법의 결함을 개혁한 것입니다. 둘째, 새로운 천문기계를 많이 제작해 관측의 정밀도를 높였습니다. 셋째, 새로운 관측과 과거의 기록을 검토해서 역법 계산의 기준이 되는 천문 상수의 수치를 매우 정확하게 구했습니다. 예를 들어, 1태양년의 일수를 365.2425일로 정했는데, 이것은 현행 태양력의 값과 거의 일치합니다. 그리고 세차운동 때문에 1태양년의 길이가 서서히 짧아지는 현상을 역법에 도입해 세실소장법歲實消長法*을 채택했습니다. 넷째, 1태양년의 분모로 1만이라는 수를 취해 천문상수를 소수로 표기했습니다. 다섯째, 먼 과거의 어느 시점을 역원으로 취하는 방법을 폐지하고 역법이 시행된 그 해 1281년을 역원으로 삼았습니다. 여섯째, 초차법招差法*과 호시할원술弧矢割圓術 등 새로운 계산법을 고안해냈습니다.

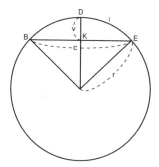

세실소장법

1태양년의 길이가 짧아지는 이유는, 지구가 달과 태양의 인력을 받아 생기는 마찰에 의해 지구의 자전 속도가 느려지는 데 있다. 이 때문에 1일의 길이는 100년에 0.002초의 비율로 증가하며, 상대적으로 1년의 길이는 짧아지게 된다. 이와 같이 1태양년의 길이가 짧아지는 현상을 역의 계산에 도입한 것이 '세실소장법歲實消長法'이다. '세실歲實'이란 1태양년의 길이를 의미한다. 수시력에서는 역원인 1281년 이전에는 100년마다 1분씩 세실이 길어지고[長], 1281년 이후에는 1분이 짧아지도록[消] 계산했다.

초차법

초차법이란 리우 주어의 보간법補間法을 발전시킨 계산법으로, 주로 해와 달과 다섯별의 운행 계산에 이용되었다.

호시할원술

호시할원술은 현弦과 시矢 등의 선분으로써 원호圓弧의 길이를 계산하는 방법으로, 주로 황도상의 태양의 위치를 적도상의 좌표로 변환한 다음, 태양의 적위를 계산하는 데 사용되었다. 그림에서 BE가 현(c), DK가 시(v), BDE가 호(l)다.

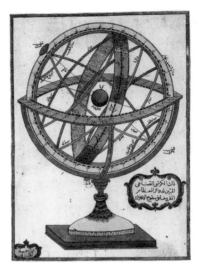

이슬람 세계의 혼천의

무스타파 이븐 압둘라Mustafa Ibn Abdullah(1609~1657)지음, '투르크의 혼천의', 『세계의 거울 : 화려한 지리책』(1732), 스웨덴, 스톡홀름, 왕립도서관 소장. 가장 바깥 부분의 장미색을 띤 것은 원 모양의 지평선으로서 천구의 회전축과 비스듬하게 만나고 있다. 노란색 원은 자오선을 나타내며, 황도대를 넓은 칸으로 구분한 황도 테는 천구의 적도를 비스듬히 나눈다. 황도를 기준으로 한다는 점에서 중국의 혼천의와 다르다.

이밖에도 과거의 인습을 타파한 여러 가지 개혁들이 실행되었습니다.

〈수시력〉은 관측기술과 역법의 구성, 계산법 등에서 인습적인 관행을 타파하고 많은 개혁을 성취한 역법이었습니다. 그렇지만 그것은 종래 중국 역법을 기초로 해서 제작된 것으로서 전통으로부터 멀리 이탈한 것은 아니었습니다. 새로 고안된 천문기계의 일부는 이슬람의 영향*을 받아 제작되었지만, 역법 그 자체에는 서방의 영향을 전혀 찾아 볼 수 없습니다. 한마디로 〈수시력〉은 중국 전통 역법을 완성한 역법이라고 할 수 있습니다. 〈수시력〉은 역대 가장 우수한 역법으로 인정받았으며, 조선의 〈칠정산七政算〉과 일본의 〈죠오쿄오력貞享曆〉에도 지대한 영향을 끼쳤습니다.

명나라 때에는 〈수시력〉을 조금 개정하고 〈대통력大統曆〉으로 이름

을 바꾸었을 뿐 그대로 답습했습니다. 하지만 아무리
뛰어난 〈수시력〉이라도 오랫동안 사용됨에 따라 차
츰 천상과 일치하지 않게 된 것은 필연적인 것이었
고, 그 결과 개력의 필요성이 제기되었습니다. 그러
나 명나라 때에는 개력을 추진할 수 있을 정도로 실
력있는 천문학자가 나타나지 않았습니다. 따라서 이
슬람의 역법인 〈회회력回回曆〉을 보조적으로 이용하
는 것으로, 겨우 〈대통력〉이 유지되고 있었습니다.

　〈대통력〉으로 이름을 바꾼 지 216년이 지난 만력
萬曆 12년(1584) 11월 초하루에 대해서 〈대통력〉에
서는 일식이 발생할 것이라고 예보했으나, 〈회회력〉
에서는 일식이 일어나지 않을 것으로 예보했는데,
〈대통력〉의 예보가 빗나가고 〈회회력〉의 예보가 적
중했습니다. 〈대통력〉을 신뢰할 수 없었기 때문에 이
후 일·월식의 예보에 대해서는 오직 〈회회력〉에만
의존하게 되었습니다. 사실상 〈대통력〉은 그 권위를
상실하게 된 것입니다. 그로부터 26년 후, 1610년에
발생한 일식에 대해서 대통력이 또 예보에 실패하자
국가적 차원에서 본격적으로 개력을 추진하게 되었
는데, 새로운 역법은 서양 천문학의 영향을 강하게 받
은 것이었습니다.

아스트롤라베

무함마드 이븐 앗 사파르Muhammad Ibn al-Safar가 제작
한 아스트롤라베astrolabe, 놋쇠, 11세기, 독일, 베를린 국
립도서관 소장. 현존하는 아스트롤라베 중 가장 오래된 것
이다. 아스트롤라베는 가원전 3세기에 그리스인들이 처음
발명한 것을 이슬람 세계의 과학자와 장인들이 발전시킨
천문기계로서, 12세기 이후에는 서유럽에도 전파되었다.
페르시아의 천문학자 자말 앗 딘Jamal al-Din이 후빌라이
에게 바친 7종의 천문기계 중에 아스트롤라베도 포함되었
다. 아스트롤라베는 이슬람과 유럽 세계에서 별의 위치나
시각, 경·위도를 관측하는데 널리 사용되었다.

역법과 정치

　지금까지 중국 역법의 역사를 과학의 발전이라는 측면에서 소개했
습니다. 그러나 역법의 개정은 천상天象과의 불일치 해결이라고 하는
이른바 '과학적인' 목적에 의해서 추진된 것만은 아니었습니다. 왕조

가 바뀌면 제도를 개혁해 백성들에게 왕조 교체를 알린다고 하는 이른바 '수명개제受命改制'의 정치사상도 역법 개정을 추진한 중요한 요인이었습니다. 기원전 104년, 태초개력太初改曆에 참여했던 한 관리는 황제의 질문에 대해 다음과 같이 답변했습니다. "제왕이 반드시 역법을 고치고 복색을 바꾸는 것은 천명天命을 받은 것을 명확하게 하기 위해서입니다. 창업할 적에는 제도를 새롭게 하고 옛 제도를 그대로 답습하지 않는 것이 원칙입니다." 도대체 천명과 역법은 어떤 관계가 있는 걸까요?

전근대시대 중국인들은 천체 운행의 규칙성이 인간 사회의 질서를 유지하는 데 바람직한 모델을 제공해 준다고 생각했습니다. 만약 해와 달 혹은 뭇 별들이 자기 궤도를 이탈해서 제멋대로 돌아다닌다고 생각해 보십시오. 아니면 계절이 제멋대로 순서를 바꾼다고 생각해 보십시오. 상상조차 할 수 없는 엄청난 재앙이 발생할 것입니다. 그러나 그러한 일은 일어나지 않습니다. 천체들이 일정한 규칙에 따라 운행하고 있기 때문입니다. 규칙이 존재하기 때문에 인간 사회가 평화를 누리며 오래토록 유지될 수 있었던 것입니다.

그러나 인간 사회는 혼란스럽습니다. 분쟁과 갈등이 없는 평화로운 세상을 만들려면 어떻게 해야 할까요? 모든 인간에게 보편적으로 적용될 수 있는 이상적인 법과 질서를 만들어 시행해야 할 것입니다. 법과 질서는 천체 운행의 규칙성을 닮을수록 더욱 바람직하게 될 것입니다. 그렇다면 천체 운행의 법칙을 정확하게 파악할 필요가 있습니다. 바로 그러한 목적에서 역법이 제작된 것입니다.

전설상의 제왕인 요堯는 다음과 같이 신하들에게 명령하고 있습니다. "삼가 천체 운행의 원리를 파악해, 해와 달과 뭇별의 운행을 계산하고 관측하도록 하라. 그리고 경건히 백성들에게 시간을 알리도록 하라[欽若昊天, 曆象日月星辰, 敬授人時]." 이 구절이 의미하는 바는, 역법의 제작이 통치자의 가장 중요한 의무 중에 하나이며, 소홀히 다루어져서

짐은 …'역법'! 너만 믿는다~해!

역법

나! … 역법은 천자의 권력을 상징♪

요 임금
태평성대의 대명사 '요순堯舜시대'의 주인공

는 안 된다는 것입니다. 이 문장은 유교 경전 중에 하나인 『서경書經』*에 실렸기 때문에 유교를 통치 이념으로 삼았던 역대 왕조에 큰 영향력을 행사할 수 있었습니다.

그런데 역법을 제작할 수 있는 권한은 천자天子에게만 있었습니다. 유교 정치사상에서 천자란 하늘로부터 백성을 통치하라는 명령, 즉 '천명天命'을 받은 사람입니다. 천자는 하늘을 대신해서 지상을 통치하는 존재이기 때문에, 하늘의 운행을 정확히 파악해서 역법을 제작하고 그것을 백성들에게 반포할 의무가 있습니다. 그리고 그것은 천자만의 권리이기도 합니다. 왜냐하면 역법은 하늘과 지상의 중재자인 천자의 권력을 상징하기 때문입니다. 따라서 국가에서는 백성들이 국가의 허락 없이 역법을 제작하는 것을 금했습니다.

천명은 아무한테나 오지 않습니다. 백성을 다스릴만한 덕德을 갖춘 사람에게만 옵니다. 일단 천명을 받았더라도 꾸준히 덕을 닦아서 천자로서의 의무를 다해야 합니다. 만약 제대로 덕을 닦지 않고 포악한 정치를 행하면 천명이 떠나가게 됩니다. 그리고 덕을 갖춘 사람이 새롭게 천명을 받고서 기존의 왕조를 타도하고 새로운 왕조를 세우는데, 이것을 '혁명革命'이라고 합니다. 만약 군주가 정확한 역법을 제작하지 않거나 천상과의 불일치를 방치해 둔다면 그것은 천명이 떠나가게 되는 조건에 해당합니다. 따라서 중국 역대 왕조에서 역법의 제작과 개정에 대해 지대한 관심을 쏟았던 것은 지극히 당연합니다. 천명을 붙들어 매기 위해서, 혁명을 당하지 않기 위해서 말이죠.

수명개제의 사상은 태초개력 이후 중국 역법사에 큰 영향을 주었습니다. 한나라가 망하고 삼국이 정립했을 때, 위나라와 오나라는 개력을 추진해 새로운 역법을 채용했지만, 촉蜀나라는 한나라의 후예임을 자처했기 때문에 여전히 한나라의 역법을 사용했습니다. 위나라의 역법인 〈경초력〉은 위나라가 망한 후 동진東晉 때까지 무려 200여 년간 사용되었습니다. 서진西晉은 선양禪讓*에 의해, 즉 평화적인 방법으로 위

서경

요堯·순舜·하夏·은殷·주周 등 고대 제왕과 신하들의 사적을 기록한 경전. 『서경』은 유교적 이상 정치의 모델을 제공하는 책으로 간주되어 전근대 동아시아 정치사상에 큰 영향을 끼쳤다.

위 문제

차오 피(조비曹丕, 187~226)는 '선양禪讓'을 통해 한나라를 멸망시키고 새로운 왕조를 세웠다(220). 문제文帝(재위 220~226) 생전에 이미 개력을 시행하자는 주장이 제기되었으나, 문제가 일찍 사망하는 바람에 실시하지 못했다. 개력은 명제明帝(재위 227~239) 때 가서야 시행되었다(237).

선양

제왕이 제왕의 지위를 자기 자식에게 물려주지 않고 자발적으로 넘겨주는 일. 전설에 의하면, 요임금은 순임금에게, 순임금은 우임금에게 선양했다고 한다. 그러나 실제로는 쿠데타에 의한 왕조 교체를 정당화하기 위해 '선양'의 형식을 빈 경우가 대부분이다.

촉 소열제
『삼국지연의』의 주인공 리우 뻬이(유비
劉備, 161~223)

진 무제
진 무제武帝(재위 265~290) 당시에 개
력에 관한 논의가 있었지만, 선양의
경우에는 개력할 필요가 없다는 주장
이 우세해, 위나라의 경초력을 그대로
사용하되 이름만 〈태시력泰始曆〉으로
바꾸었다.

안사의 난
안 루산(안록산安祿山)과 쓰 쓰밍(사사명
史思明)이 일으킨 반란(755~763)

역주
역주는 이미 한나라 때부터 시행되었
지만, 당나라 때 페르시아 천문학이
수입되면서 더욱 유행했다.

토번
7세기 초에서 9세기 중엽까지 활동한
티베트인의 국가

나라로부터 제위를 넘겨 받아서 위나라의 역법을 계승했고, 동진은 왕
조 자체가 바뀌지 않았기 때문에 서진의 역법을 그대로 채용했습니다.
수명개제의 사상은 후대로 갈수록 점차 약화되어, 당나라 때에는 8회,
송나라 때에는 18회의 개력이 시행되었습니다.

그러나 역법이 한 왕조의 상징이라고 하는 정치사상이 완전히 소멸
된 것은 아니었습니다. 가장 정확한 역법으로 칭송받는 〈수시력授時
曆〉조차도 이름은 바로 앞에서 소개한 『서경』의 문장, 즉 "경건하게
백성들에게 시간을 알린다"는 "경수인시敬授人時"에서 '수授' 자와
'시時' 자를 따온 것입니다.

역법을 사용한다는 것은 역법의 제정 주체인 천자의 권위를 수용한
다는 것을 의미했습니다. 그것은 중국의 백성뿐만 아니라 중국으로부
터 역법을 수입해서 사용하는 모든 이민족 국가에게도 적용되는 것이
었습니다. 중국이 분열된 경우에는 나라마다 각기 다른 역법을 사용하
기도 했습니다.

국운이 쇠퇴한 경우에는 정부가 발행한 관력 외에도 민간에서 제작
한 위력僞曆이 크게 유행하기도 했습니다. 특히 당나라 때 안사安史의
난*이 가져온 엄청난 재난 때문에, 천자의 권위가 실추되고 민심이 흉
흉해지자, 귀족에서 서민에 이르기까지 미신이 크게 유행했습니다. 이
때 유행한 것이 '역주曆注*'입니다. '역주'란 달력에 길흉을 점치는 내
용을 표기한 것을 말합니다. 달력에 기재된 역주를 보고서 그날그날의
길흉을 알 수 있었던 것입니다. 그렇다면 뚠후앙(돈황敦煌)에서 출토된
'887년의 달력'을 한번 보겠습니다.

뚠후앙이라고 하면 중국의 서쪽 변경 지역입니다. 당나라 말기에 뚠
후앙은 토번吐蕃*의 지배를 받기도 하고, 지방 독립 정권의 지배를 받
기도 했기 때문에 관력이 유통되지 못한 지역이었습니다. '877년의
달력'은 뚠후앙 지방에서만 통용되던 달력이었습니다. 그래서 〈뚠후
앙력敦煌曆〉이라고 부릅니다.

'877년의 달력' 은 현존하는 가장 오래된 목판인쇄물 중에 하나입니다. 윗부분에는 달의 대소와 날짜, 절기가 인쇄되어 있고, 중간 이하에는 길흉·금기 등의 역주가 인쇄되어 있습니다. 이렇게 역주를 붙인 달력을 '구주력具注曆'이라고 하죠. 길흉에 대한 관심이 높았던 것을 생각하면, 길일과 흉일에 관한 정보가 인쇄된 달력들이 인쇄술의 발달과 함께 일찍이 상품화되었다는 사실은 어쩌면 너무나 당연한 일일 것입니다.

미신적인 역주가 중시되면서 이전과는 비교가 안 될 정도로 달력에 대한 수요가 늘어나게 되었습니다. 관력만으로는 그러한 수요를 충족시킬 수 없었고, 그 때문에 '위력'*이 등장했습니다.

당나라 초기에는 인쇄술이 발달하지 않았기 때문에, 달력은 주로 관리들에게만 유포되었습니다. 그 당시에는 중앙정부의 권위가 확고했기 때문에, 국내 도처에서 관력이 시행될 수 있었습니다. 그런데 안사의 난 이후에는 지방 세력의 힘이 강화되면서, 중앙정부의 힘이 미치지 못하는 지방이 늘어나게 되었습니다. 그 때문에 위력이 중앙정부의 간섭을 덜 받고 발행될 수 있었습니다.

위력의 존재는 곧 왕조의 권위를 부정하는 것이기 때문에, 중앙정부에서는 위력을 금지하려고 노력했습니다. 그러나 왕조의 권위 자체가 흔들리는 한 위력은 근절되지 않았으며, 특히 제지술과 인쇄술의 발달

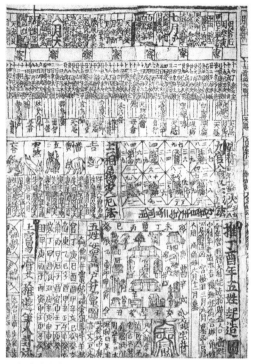

뚠후앙에서 출토된 877년의 달력
영국, 런던, 대영박물관 소장. 1907년에 영국의 탐험가 스타인Mark Aurel Stein(1862~1943)이 뚠후앙 석굴에서 영국으로 반출한 '뚠후앙 문서' 중 하나. 서기 877년은 당나라 희종僖宗 건부乾符 4년에 해당되기 때문에, '건부 4년의 달력'이라고도 한다.

위력
개인 혹은 지방 세력이 국가의 허락을 받지 않고 제멋대로 발행한 달력

둔후앙에서 출토된 877년의 달력 일부(7월 19일~8월 5일)

다음은 877년 달력의 윗부분(두 번째 칸~다섯 번째 칸)을 표로 작성한 것이다.

			밀蜜									밀蜜				
5	4	3	2	1	29	28	27	26	25	24	23	22	21	20	19	**날짜**
갑진	계묘	임인	신축	경자	기해	무술	정유	병신	을미	갑오	계사	임진	기축	무자	정해	**간지**
화	금	금	토	토	목	목	화	화	금	금	수	수	목	목	화	**오행**
개開	납納	성成	위危	정定	평平	만滿	제除	건建	폐閉	개開	납納	성成	위危	정定	평平	**12직**
처서					한선명					백로강					입추	**절기**
7월중	천은天恩				寒蟬鳴	이병理病				白露降	천은天恩				7월절	**길흉**

날짜는 삭망월에 따른 것이고, 절기는 태양년에 따른 것이다. 양력의 달과 음력의 달이 반드시 일치하는 것은 아니다. 예를 들어, 음력의 8월 5일은 양력으로 7월 중기中氣에 해당한다. '12직'은 날짜에 따라 길흉을 점치는 것이다. '입추'와 '처서'는 24절기이고, '백로강'과 '한선명'은 72절후節候다. '백로강'은 7월의 중후中候로서 이슬이 진하게 내린다는 뜻이고, '한선명'은 7월 말후末候로서 쓰르라미가 운다는 뜻이다. '천은'은 하늘(혹은 임금)이 은혜를 내린다는 뜻이고, '이병'은 병을 고친다는 뜻이다.

은 위력의 유통을 촉진시켰습니다. 위력은 시장에서 버젓이 판매되기도 했습니다. 여러 종류의 위력이 발행되다 보니 달력마다 날짜가 달라서 백성들 사이에 소송이 벌어진 적도 있었습니다. 출판 문화가 발달한 송나라 때에는 정부가 관력과 함께 위력도 발행했으며 상인들에게 달력의 판매를 위탁하기에 이르렀습니다.

역법사 비판

지금까지 살펴왔듯이, 중국 역법사에는 진보와 개혁의 순간도 있었지만, 퇴보와 정체의 순간도 있었습니다. 천문학자들이 역법을 제작하고 개정하는 과정을 간단히 도식화하면 다음과 같습니다.

① 과거의 관측 기록을 수집하고 거기에 관측을 실행해 데이터를 증가시킨다.
② 그 데이터에 부합하도록 해와 달의 운행에 관련된 역법의 기본 상수를 작성한다.
③ 역법의 기본 상수를 조합해 장래의 일식을 예보한다.
④ 예보를 확인하기 위해 일식을 관측한다.
⑤ 예보가 적중하면 그 역법을 관력으로 채택한다. (기존의 역법의 경우는 계속 사용한다.)
예보가 틀리면 그 역법을 폐기하고 ①의 단계로 돌아간다. 새로 관측된 일식은 ①의 단계에 추가된다.

여기에서 역법의 정확도를 결정짓는 단계는 ①과 ②입니다. ①·②의 단계가 부실하면 역법은 정체되거나 퇴보할 수밖에 없습니다. 역법사에서의 개혁이란 ①·②의 개혁이라고 할 수 있습니다. 중국역법사는 이러한 단계를 반복하는 과정에서 더 정확한 역법을 만들어냈던 것입니다.

전반적으로 보아 중국역법사는 완만한 진보의 역사라고 평가할 수 있을 것입니다. 그러나 이러한 과정이 제도로서 장기간 고착되어 버리면, 과학자들은 주어진 문제만 해결하려고 들지 새로운 문제를 탐구하려 들지 않게 됩니다. 중국의 경우, 천문학자들은 정확한 역법을 제작해야 한다는 기존의 목표 밖으로 한 발자국도 나가지 않았던 것입니다. 이것은 부분적으로 역법을 왕조 국가의 대원칙으로 간주했던 전통 중국의 정치적·문화적 풍토와도 관련이 있습니다. 과학은 그 과학을 낳은 사회의 요구에 일정부분 따르지 않을 수 없기 때문입니다.

03 중국인들은 별자리 그림을 어떻게 그렸을까?─중국의 천문

천문이란 무엇인가?

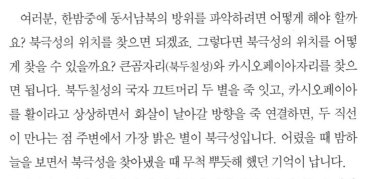

여러분, 한밤중에 동서남북의 방위를 파악하려면 어떻게 해야 할까요? 북극성의 위치를 찾으면 되겠죠. 그렇다면 북극성의 위치를 어떻게 찾을 수 있을까요? 큰곰자리(북두칠성)와 카시오페이아자리를 찾으면 됩니다. 북두칠성의 국자 끄트머리 두 별을 죽 잇고, 카시오페이아를 활이라고 상상하면서 화살이 날아갈 방향을 죽 연결하면, 두 직선이 만나는 점 주변에서 가장 밝은 별이 북극성입니다. 어렸을 때 밤하늘을 보면서 북극성을 찾아냈을 때 무척 뿌듯해 했던 기억이 납니다.

여러분 중에서도 저처럼 몇 시간 동안 내내 북극성과 밤하늘을 관찰한 적이 있는 분이 분명히 계실 겁니다. 시골의 밤하늘은 어떤가요? 크고 작은 별들이 하늘을 빽빽하게 채우고 있지 않습니까? 그런데 무수히 많은 별 중에서도 눈에 잘 띄는 별들이 있습니다. 그리고 이러한 별들을 연결하다보면 멋진 그림, 별자리가 만들어집니다. 별자리에 얽힌

거문고자리

아르크투루스

백조자리

용자리

서쪽

작은곰자리

동쪽

큰곰자리

북극성

카시오페이아자리

북쪽

별들을 차례로 연결시키면서 상상의 선을 그어보자

전설을 생각하면서 별자리 책에 따라 별들을 연결시키는 일은 대단히 즐겁고 낭만적입니다.

동아시아 고전에서 '천문天文' 이란 문자 그대로 하늘[天]의 무늬[文]입니다. 별들이 만드는 멋진 그림을 생각하면 됩니다. 그러나 동아시아의 천문에는 낭만적이라기보다는 대단히 정치적인 의미가 담겨 있습니다.

천문이란 하늘이 정치적 의미를 담아 통치자에게 보여 주는 상징입니다. 통치자는 그 상징을 정확하게 해석해서 정치에 반영해야 합니다. 천상天象이 왕조의 운명과 밀접한 관계가 있다고 생각했기 때문이죠. 하늘에 이변이 발생하면, 천문을 담당한 관리는 곧바로 그 의미를 해독하고 길흉을 판단해 군주에게 보고해야 했습니다.

학문의 한 분야로서의 '천문' 이란 천문 현상을 관측해 체계적으로 기록하고 그 의미를 정확하게 해독하고 길흉을 판단하는 학문입니다.

천문에는 관측과 점성술이라는 두 가지 영역이 있는데, 먼저 관측천문학의 역사를 소개하고 점성술 이야기로 마무리 짓겠습니다.

극과 적도를 중심으로 관측하다

앞에서 우리가 살펴보았듯이, 중국 역법사가 꾸준히 진보할 수 있었던 이유 중에 하나는 새로운 관측 성과를 적극적으로 수용했기 때문입니다. 중국 천문학사에서 달 운동의 부등 현상은 1세기에, 세차 현상은 4세기에, 태양의 부등속 운동은 6세기에 발견되었습니다. 그런데 이러한 현상은 이미 기원 전 2세기에 그리스의 히파르코스Hipparchos(기원전 190?~기원전 125?)에 의해 발견되었습니다. 세계 최초로 일식과 월식에 대한 기록을 남긴 것은 분명 기원전 14세기의 은나라 사람들이지만, 태양과 달의 운동에 대한 이해 정도는 그리스인들이 훨씬 앞섰던 것입니다.

태양과 달의 운동에 대한 이해에서 중국인들이 유럽인들보다 뒤쳐진 이유는 어디에 있었을까요? 중국의 천문학이 전반적으로 서양의 천문학보다 수준이 낮았기 때문에 그러했던 것은 결코 아니었습니다. 관측에 대해서는 중국이 훨씬 이른 시기에 서양보다 압도적으로 많은 데

히파르코스

프톨레마이오스와 함께 헬레니즘 시대 최고의 천문학자. 히파르코스는 서양에서는 최초로 1,080개의 별을 관측했고 그 중 850개 의 위치를 위도와 경도로 표시해 항성표를 완성했다. 그는 항성표를 작성하는 과정에서 자신이 실시한 관측 자료와 고대의 관측 기록을 비교했고, 그 결과 춘분점의 위치가 황도를 따라 서서히 이동한다는 사실을 알게 되었다. 지구중심설을 지지했던 히파르코스는 세차가 천구의 회전축이 느리게 움직이기 때문에 발생한다고 생각했다. 히파르코스는 사계절의 길이가 똑같지 않다는 사실을 발견했고, 이것에 기초해 그는 태양의 궤도가 완전한 원이 아니라고 생각했다. 마찬가지로 달의 궤도도 완전한 원이 아니라고 생각했다.

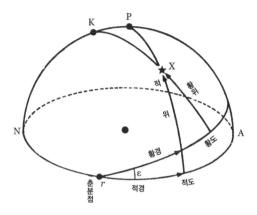

황도좌표계
천구 상에서 황도를 기준으로 해서 천체의 위치를 나타내는 데 사용되는 좌표계. 적도좌표계를 23.5도 기울인 것과 같다. 황도 좌표계에서는 황도면과 황도·적도의 교점인 춘분점春分點을 기 준으로 해서 황경黃經·황위黃緯로 좌표를 나타낸다.

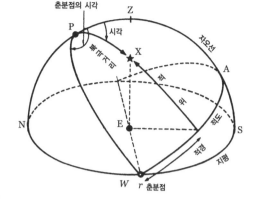

적도좌표계
천구 상에서 적도를 기준으로 해서 적경과 적위로 천체의 위치 를 나타내는 데 사용되는 좌표계

이터를 축적하고 있었으니까요. 게다가 중국은 유럽보다 훨 씬 더 정확한 역법을 만들어 사용했습니다. 17세기 이전까지 는 일식의 예보에서 중국 측이 더 뛰어났습니다. 그렇다면 중 국과 서양 천문학의 고유한 특징에서 그 원인을 찾아야 합니다.

그리스 이래 서양 천문학은 관찰 대상을 태양과 달 및 다섯별의 운동 에 집중시켰는데, 이들은 모두 황도 근처에서 관측되었습니다. 서양에 서는 황도좌표계를 사용했고, 따라서 황도 부근의 천체 운동에 대해서 는 서양 천문학 쪽이 유리할 수밖에 없었습니다. 그러나 중국에서는 적도좌표계를 사용했기 때문에 세차의 발견이 늦을 수밖에 없었습니 다. 반면에 황도면에서 멀리 떨어진 천체에 대해서는 적도좌표계를 채 택한 중국 쪽이 훨씬 유리했습니다.

중국의 천문학자들은 항상 지평선 위에 있는 주극성週極星*과 극에 관심을 두었습니다. 그들의 체계는 자오선과 밀접한 관련이 있습니다.

주극성
하늘의 극 주위에 있으면서 밤새 내내 보이는 별. 북반구의 경우, 하늘의 북 극과 북쪽의 지평선과의 각거리를 반 지름으로 한 작은 원을 천구 상에 그 렸을 때, 이 속에 들어가는 항성 전부 가 주극성이다.

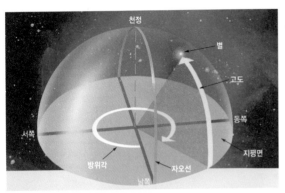

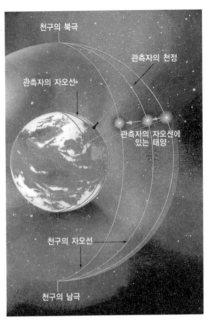

자오선

관측자는 항상 천구를 절반으로 똑같이 나누는 지평선이라는 거대한 쟁반 한가운데 있는 느낌이 들 것이다. 한편 별이 총총한 반구형의 둥근 천장이 하늘을 덮고 있는 것처럼 보일 것이다. 관측자의 머리 바로 위에 있는 것이 천정天頂이고, 그 반대편에 있는 것이 천저天底이다. 천정과 천저를 연결하는 가상의 선이 수직권垂直圈이고, 그 중에서도 북쪽과 남쪽을 연결하는 선이 자오선이다.
천체가 남중南中할 때, 천체의 고도가 가장 높을 때, 천체는 천정과 천구의 양극을 통과하는 가상의 선인 자오선을 통과한다. 천구에서 자오선은 지구 경선의 연장선상에 있다.

'자오선子午線'이란 천정을 지나며 하늘의 북극과 남극을 지나는 가상의 선을 말합니다. 천체가 자오선을 통과하는 시각은 시간권의 개념으로 사용할 수 있습니다. '시간권時間圈'이란 천구의 북극과 천체를 지나는 가상의 선이 적도에서 만나는 선입니다. 시간권은 우산살처럼 극에서부터 적도로 뻗어 나갑니다. 기원전 첫 번째 천년 동안 중국인들은 시간권이 적도를 나누는 점에 의해서 정의되는 적도좌표계를 만들었습니다. 적도좌표계에서 시간권이 적도와 만나는 곳에 위치한 별자리가 바로 28수宿입니다. 중국인들은 28수에 따라 하늘을 28개의 부분으로 분할했습니다.

중국의 천문학자들은 28수를 주극성과 대응시켰습니다. 예를 들어, 우수牛宿(염소

큰곰자리

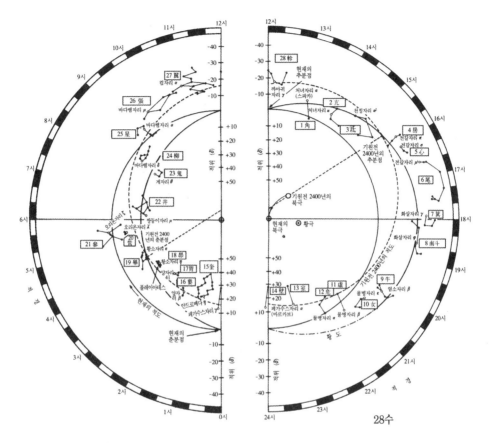

28수

자리 β)는 자오선이 큰곰자리 알파 α와 베타 β의 아래쪽과 거문고자리
알파 α와 베타 β의 위쪽을 통과하는 것을 보고 그 위치를 파악할 수 있
습니다. 따라서 28수가 지평선 아래에 있어서 보이지 않을 때에도 대
응하는 주극성이 자오선을 통과하는 것을 보고 그 위치를 정확하게 파
악할 수 있었던 것입니다. 28수의 위치를 정확하게 알 수 있으면 별의
위치를 정확하게 표시할 수 있게 됩니다. 그렇다면 별의 위치를 어떻
게 표시했을까요?

오늘날의 적도좌표계에서는 가로 좌표인 적경赤經과 세로 좌표인
적위赤緯로 별의 위치를 표시합니다. 전근대시대 중국에서는 적경과

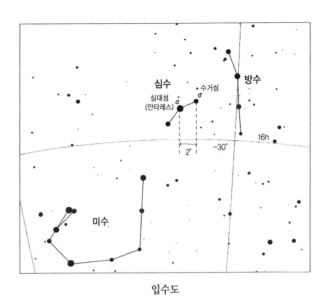

입수도

적위라는 개념 대신에 각각 입수도와 거극도라는 개념을 사용했습니다. '입수도入宿度'란 28수의 기준이 되는 수거성宿距星에서 별까지 수평으로 잰 각 거리입니다. 어렵게 표현하면 별과 수거성의 적경차赤經差라고 할 수 있겠습니다. '거극도去極度'란 북극에서 별까지 수직으로 잰 각거리로서, 90도에서 거극도를 빼면 적위가 나옵니다.

28수 중 하나로서 세 개의 별로 구성된 심수心宿를 예로 들어보겠습니다. 심수의 수거성은 서양 별자리로는 전갈자리 시그마σ별이고, 그 옆에 있는 심대성心大星은 전갈자리 알파α별인 안타레스입니다. 심대성의 위치는 "심수의 수거성과 2도 떨어져있다[入心二度]", "북극과 108도 반 떨어져있다[去極一百八度半]"라고 표시되는데, 여기서 말하는 '2도'는 심대성의 입수도이고, '108도 반'은 거극도입니다.

중국의 별자리

황도좌표계가 주로 해와 달, 다섯별의 운행을 관측하기 위한 것인데 반해, 적도좌표계는 천구 상의 북극을 중심으로 한 바퀴 도는 항성을 관측하기 위한 좌표계입니다. 북극은 하늘의 중심에 있으면서 거의 움직이지 않습니다. 그리고 모든 별들이 북극을 중심으로 회전을 합니다. 일찍이 공자孔子(기원전 551~기원전 479)는 군주의 정치를 북극에 비유했습니다. "덕으로 정치를 행하는 것은 비유하자면, 북극이 제자리에 머물러있으면 뭇별들이 그에게로 향하는 것과 같다." 황제를 정점으로 하는 중앙집권 국가를 건설했던 중국인들이 북극을 천자의 자리에 비유했던 것은 대단히 자연스러운 일이었을 것입니다. 그렇다면 나머지 별들은 천자를 떠받드는 신하나 관료 기구에 비유될 수밖에 없습니다. 중국의 별자리 체계에서 궁전이나 관료기구에 대응하는 이름을 가진 별들이 많은 것은 그 때문입니다.

모든 별들은 북극성 주위를 도는 것처럼 보인다

중국의 별자리 체계는 먼저 28수를 동·서·남·북 각 7수씩 정리하고, 거기에 속하지 않는 별자리는 자미원紫薇垣·태미원太微垣·천시원天市垣의 세 영역으로 구분합니다. 자미원은 황제가 거주하는 궁전, 태미원과 천시원은 앞뜰과 기타 궁전, 28수는 궁전을 둘러싼 성벽입니다. '원垣'이라고 불리는 세 개의 영역 중에서도 북극을 중심으로 72도 이내의 별자리를 포괄하는 것이 자미원입니다.

이제 직접 중국의 별자리를 감상해보도록 하겠습니다. 서양의 별자리와 어떻게 다른지 비교해 보는 것도 재미있을 것입니다. 지면 관계상 자미원과 28수를 중심으로 소개하겠습니다.

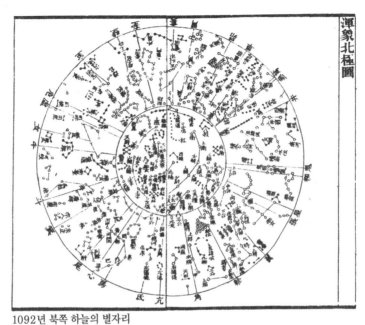

1092년 북쪽 하늘의 별자리

북송 때, 쑤 송(소송蘇頌, 1020~1101)의 『신의상법요新儀象法要』(1092)에 실린 그림

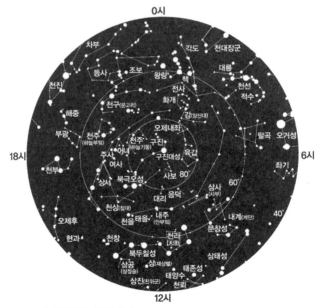

2000년 북쪽 하늘의 별자리

'자미궁紫微宮'은 하늘의 황제, 즉 상제上帝가 사는 궁전입니다. 그리고 자미궁을 둘러싼 담이 '자미원'입니다. 자미원 안에는 황제와 그의 가족들 그리고 신하에 해당하는 별자리와 궁중에 해당하는 별자리가 있습니다.

북극오성北極五星은 상제와 그 가족들이 모여 있는 별자리입니다. 첫째별은 달을 주관하는 태자太子, 둘째별은 가장 밝은 별이며 해를 주관하는 상제[帝], 셋째별은 다섯별을 주관하는 서자庶子, 넷째별은 후궁後宮, 다섯째별은 북극北極입니다. 북극은 하늘의 회전축을 의미하는 천추天樞라고도 불립니다. 그런데 오늘날의 북극은 '천추'가 아니라 구진육성句陳六星 중 하나인 구진대성句陳大星입니다. 당·송 시대에는 북극이 천추였으나, 천 년이 지나면서 세차운동으로 인해 북극의 위치가 바뀐 것입니다.

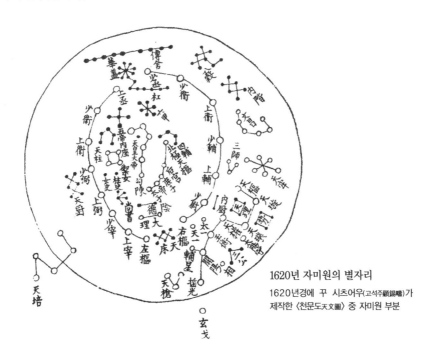

1620년 자미원의 별자리
1620년경에 꾸 시츠어우(고석주顧錫疇)가
제작한 〈천문도天文圖〉 중 자미원 부분

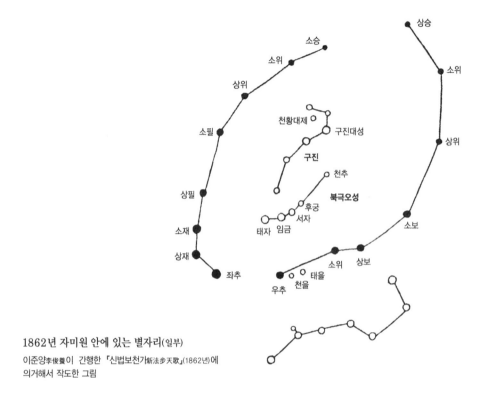

상승
소위
상위
소보
상보

소승
소위
상위
소필
상필
소재
상재
좌추

천황대제
구진대성
구진
천추
북극오성
후궁
서자
태자 임금
소위
우추 천을 태을

1862년 자미원 안에 있는 별자리(일부)

이준양李俊養이 간행한 『신법보천가新法步天歌』(1862년)에
의거해서 작도한 그림

　　그 외에도 자미원 안에는 각 부部의 장관인 상서尚書, 황제를 보좌하
는 대신인 사보四輔, 형벌과 감옥을 담당하는 대리大理, 황제를 모시는
궁녀인 어녀御女, 궁중에서 기록을 담당하는 여사女史, 황제에게 씌우
는 일산日傘인 화개華蓋와 그 받침대에 해당하는 강杠, 황제의 침대인
천상天牀, 황제가 덕을 베푸는 수단인 음덕陰德, 황제를 도와 음양을
관장하는 육갑六甲 등이 있습니다.

　　중국의 별자리 체계 중에서 가장 특징적인 것 중에 하나는 '28수宿'
의 존재입니다. 28수란 천구 상의 적도 근처에 있는 28개의 별자리를
말합니다. 달은 날마다 하늘에 나타나는 위치가 달라지다가 28일쯤 지
나면 다시 제자리로 돌아옵니다. 그래서 중국인들은 대략 달의 위치를

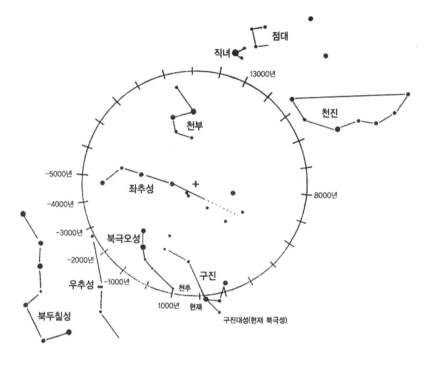

점대

직녀

13000년

천진

천부

-5000년

좌추성

+

8000년

-4000년

-3000년

북극오성

-2000년

구진

우추성

-1000년

천추

북두칠성

1000년 현재

구진대성(현재 북극성)

세차운동으로 인한 북극성의 위치 변화

세차운동 때문에 천구 상의 북극은 25,800년을 주기로 황도의 축을 중심으로 한 바퀴 돈다. 그러나 대단히 느린 속도로 해마다 약 50초씩 이동하기 때문에, 세차현상을 알았던 학자들도 북극성을 하늘의 중심에 있으면서 움직이지 않는 별로 설명하는 데 전혀 주저하지 않았다.

기준으로 별자리를 28개로 나누어 28수라고 했습니다.

중국인들은 28수를 일곱 개씩 넷으로 나누어 동·서·남·북에 배정했습니다. 네 방위의 별자리를 모아 동방칠수東方七宿·남방칠수南方七宿·서방칠수西方七宿·북방칠수北方七宿라고 이름을 지었으며, 그 모습은 각 방위를 지키는 사신四神을 본떴는데, 동방칠수는 청룡靑龍, 남방칠수는 주작朱雀, 서방칠수는 백호白虎, 북방칠수는 현무玄武를 본떴습니다.

28수는 천문학자뿐만 아니라 일반 백성들에게도 대단히 친숙한 별자리였습니다. 28수는 판소리 〈적벽가赤壁歌〉에도 나옵니다. 한 구절 읊어보도록 할 터이니, 여러분도 한번 따라해 보세요. 28수의 이름이 저절로 외워질 것입니다.

28수 별자리

별자리		의미	수거성(서양 별자리)
동방칠수 (청룡)	각角	청룡의 뿔	처녀자리 α
	항亢	청룡의 목	처녀자리 κ
	저氐	청룡의 가슴	천칭자리 β
	방房	청룡의 배	전갈자리 π
	심心	청룡의 심장	전갈자리 σ
	미尾	청룡의 꼬리	전갈자리 μ
	기箕	청룡의 항문	궁수자리 ?
북방칠수 (현무)	남두南斗	거북의 머리	궁수자리 ψ
	견우牽牛	뱀의 몸	염소자리 β
	수녀須女	거북	물병자리 ε
	허虛	거북의 몸	물병자리 β
	위危	뱀	물병자리 α
	영실營室	반룡蟠龍	페가수스자리 α
	동벽東壁	규룡虯龍	페가수스자리 β
서방칠수 (백호)	규奎	백호의 꼬리	안드로메다자리 ξ
	루婁	백호의 몸	양자리 β
	위胃	백호의 몸	양자리 35
	묘昴	백호의 몸	황소자리 17
	필畢	백호의 몸	오리온자리 ε
	자觜	백호의 머리	오리온자리 φ
	삼參	백호의 앞발	오리온자리 δ
남방칠수 (주작)	동정東井	주작의 벼슬	쌍둥이자리 μ
	여귀輿鬼	주작의 눈	게자리 θ
	류柳	주작의 부리	큰물뱀자리 δ
	칠성七星	주작의 목, 심장	큰물뱀자리 α
	장張	주작의 모이 주머니	큰물뱀자리 υ
	익翼	주작의 날개	컵자리 α
	진軫	주작의 꼬리	컵자리 γ

28수 별자리

노숙과 한가지로 지세를 살핀 후에, 동남방 적토 파서 단 하나 묻었
으되,

방원은 이십사 장丈 높기는 삼층인데, 일 층 높이가 삼 척尺이라.

하下 일층에 꽂은 기는 이십팔수 응했으니,

동방 칠면 꽂은 청기靑旗, 각·항·저·방·심·미·기, 창룡지형
蒼龍之形 펴 있고,

북방 칠면 꽂은 흑기黑旗, 두·우·녀·허·위·실·벽, 현무지세
玄武之勢 지어 있고,

서방 칠면 꽂은 백기白旗, 규·루·위·묘·필·자·삼, 백호지위
白虎之威 걸앉았고,

남방 칠면 꽂은 홍기紅旗, 정·귀·류·성·장·익·진, 주작지상
朱雀之狀 이루었고,

『삼국지연의』의 팬이라면 위의 노래가 어떤 장면에 해당하는지 당연히 알고 계실 겁니다. 츠으삐(적벽赤壁) 전투에서 주꺼 리앙(제갈량諸葛亮, 181~234)이 동남풍을 부르기 위해 제단을 쌓고 천지신명에게 기도드리는 장면이죠. 제단의 아래층에 서있는 병사들이 들고 있던 깃발에 그려져 있던 것이 바로 28수였던 것입니다.

중국의 별자리 그림

이번에는 별자리 그림에 대해서 소개하도록 하겠습니다. 오늘날까지 전해지는 중국의 별자리 그림 중에 가장 오래된 것 중에 하나는 기원전 5세기 전국시대 묘지에서 출토된 칠기에 그려진 28수 그림입니다.

그림에서 왼쪽이 서쪽, 오른쪽이 동쪽, 위쪽이 남쪽, 아래쪽이 북쪽입니다. 가운데에 씨름꾼이 한 발 높이 들고 있는 것처럼 보이는 무늬는 당시의 글씨체로 '두斗' 자로서 북두칠성을 상징합니다. 북두칠성을 각수角宿로 시작되는 28수가 빙 두르고 있는 그림이죠.

칠기상자(위)에 그려진 28수의 그림(아래)

당나라 때(8세기) 청동거울

9세기 이전의 청동거울이나 무덤의 천장에서도 다소 거칠지만 별자리 그림이 발견되었습니다. 당나라 때 제작된 청동거울을 한번 감상해 보실까요?

거울의 중앙에는 시계방향으로 우주의 네 방위를 상징하는 청룡(동)·주작(남)·백호(서)·현무(북)가 배치되어 있고, 그 주위를 둘러싸고 있는 것은 12지支입니다. 그 첫 번째 동물인 쥐[子]는 북쪽에 있고, 거기서부터 역시 시계방향으로 돌아가면서 하늘의 각 부분을 상징하는 열두 동물이 새겨져 있습니다. 그 다음 칸에는 팔괘八卦가 새겨져 있고, 그 바깥에 새겨진 것이 바로 28수입니다.

12지(支)에 쥐가
첫번째로 들어 가는데
난! 뭐야

당나라
청동거울

쥐!.. 안 잡는다 해

뚠후앙敦煌에서 발견된 필사본 별자리 그림은 당나라 때(940)에 제작된 것으로 추정되는데, 이것은 이전시기에 새겨진 조각이나 벽화들을 제외한다면, 전 문명을 통틀어 현존하는 가장 오래된 별자리 그림임이 거의 확실합니다.

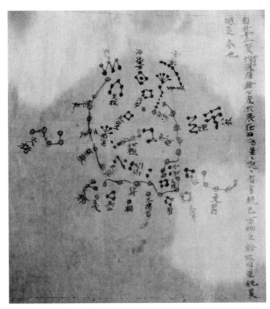

뚠후앙 별자리 그림 갑본甲本 중 자미원 부분

뚠후앙 별자리 그림 갑본은 원래 깐수성甘肅省 뚠후앙 막고굴莫高窟에 있었는데, 1907에 영국의 고고학자 스타인Mark Aurel Stein(1862~1943)에 의해 약탈당했다. 현재 대영박물관에 소장되어 있다. 뚠후앙 별자리 그림은 갑본甲本과 을본乙本의 2가지 종류가 있다. 갑본은 모두 13폭인데, 그 중 한 폭이 자미원 별자리다.

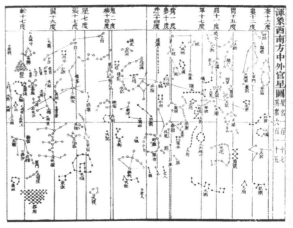

1092년 남서쪽 하늘의 별자리 그림

「신의상법요」에 실려 있다.

　　왼쪽의 '1092년 남서쪽 하늘의 별자리 그림'은 94쪽에 있는 '1092
년 북쪽 하늘의 별자리' 그림과 함께 북송 때(1092) 제작된 것으로, 현
존하는 가장 오래된 인쇄본 천문도입니다. '인쇄본'이라고 했으니 인
쇄된 책에 수록된 별자리 그림입니다. 1087년, 송나라의 쑤 송(소송蘇
頌, 1020~1101)*은 황제의 명을 받아 5년에 걸쳐 물의 힘으로 움직이는
거대한 천문관측시계탑을 제작했습니다. 천체를 관측하는 혼천의와
천체의 운행을 시각적으로 재현해 주는 혼상과 기계시계를 한데 합쳐
놓은 이 희대의 발명품은 '수운의상대水運儀象臺'라는 멋진 이름을 가
지고 있습니다. 수운의상대를 완성한 후에 쑤 송은 제작에 관련된 모
든 사항을 정리한 보고서를 작성했는데, 이 보고서가 『신의상법요新
儀象法要』입니다. 이 책에는 혼상 제작에 관련된 부분이 있는데, 이 혼
상의 표면을 구성하는 별자리 그림이 5점 실려 있습니다. 이 별자리

쑤 송
북송시대의 정치가·학자. 쑤 송은
1087년에 조직된 수운의상대 제작위
원회의 총재가 되어 제작 전반을 지
휘·감독했다.

수운의상대 혼천의 복원 모형
중국역사박물관 전시. 물의 힘으로 천체의 운행을
재현하면서 천체를 관측할 수 있는 기계

수운의상대 혼상 복원 모형
중국역사박물관 전시. 물의 힘으로 천체의 운행을
시각적으로 재현하는 기계

수운의상대 복원도

높이 11미터의 거대한 탑은 기계 시계가 장착된 1층과 혼상이 장착된 2층, 혼천의가 설치된 옥상으로 구성되어 있다. '수운의상대'란 말 그대로 물의 힘으로 움직이는 혼의·혼상을 실은 높은 건물이라는 뜻이다.

그림은 11세기 당시 북송의 천문 관측 성과를 반영한 귀중한 자료입니다.

당시에 관찰할 수 있었던 모든 별들을 한 폭의 그림 안에 담은 최초의 사람은 4세기 경 오나라의 천문학자 츠언 주어(진탁陳卓)입니다. 츠언 주어의 천문도는 284개의 별자리와 1,464개의 별을 수록하고 있다고 합니다. 비록 전해지고 있지는 않지만 이후 동아시아 천문도의 역사에 큰 영향을 끼쳤습니다.

뭐니 뭐니 해도 중국의 별자리 그림 중에서 가장 유명한 것은 1193년에 제작된 '순우천문도淳祐天文圖'입니다. 순우천문도는 1247년에 돌에 새겨졌는데, 오늘날 지앙쑤 성(강소성江蘇省) 쑤저우(소주蘇州)의

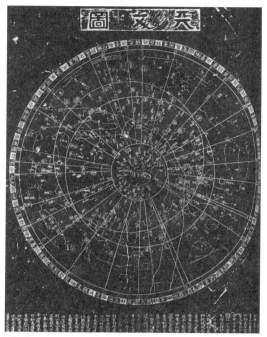

쑤저우 석각 천문도

이 천문도는 남송 1193년에 후앙 창(황상黃裳, 1147~1195)이 만들었고, 1247년에 왕 즈위앤(왕치원王致遠)이 석판에 새겼다. 북송 원풍년간元豊年間(1078~1085)의 실제 관측 결과에 근거해 작성되었다. 전체 높이는 2.5미터며, 천문도 자체는 지름이 91.5센티미터다. 1,440여개의 별들이 새겨졌다.

공자묘에 돌비석으로 남아있습니다. 그 때문에 '쑤저우 석각 천문도'라고 부릅니다. '석각石刻'이란 돌에 새겼다는 뜻입니다.

전체 그림은 북극을 중심으로 하고 있으며, 3개의 동심원이 그려져 있는데, 큰 원은 북위 35도(쑤저우의 위도)에서 볼 수 있는 범위를, 중간 원은 적도를, 작은 원은 북극 주변에서 항상 볼 수 있는 범위를 표시하고 있습니다. 이와 별도로 적도와 교차하는 중간 원은 황도를 표시하고 있습니다. 13세기 이후의 중국의 별자리 그림은 17세기에 서양 천문학의 영향을 받기 전까지 대체로 쑤저우 천문도의 틀에서 크게 벗어나지 않았습니다.

유럽에서는 르네상스 이전까지 중국의 별자리 그림 제작 전통에 견줄 만한 것은 거의 찾아볼 수 없습니다. 아래에 있는 그림은 18세기에 프랑스에서 제작된 별자리 그림입니다. 동아시아와 서양의 별자리 그림이 어떻게 다른가 한번 비교해 보세요.

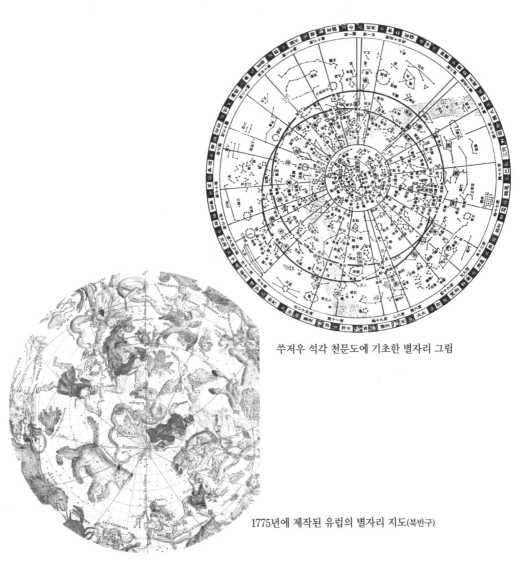

쑤저우 석각 천문도에 기초한 별자리 그림

1775년에 제작된 유럽의 별자리 지도(북반구)

다섯별

이제 중국인들이 다섯별의 운동에 대해서 어떻게 파악했는지 살펴보도록 하겠습니다. 다섯별은 행성 중에서도 육안으로도 볼 수 있는 수성·금성·화성·목성·토성을 가리킵니다. 지구에서 멀리 떨어져 있어서 무척 희미하게 보이는 천왕성·해왕성·명왕성은 성능 좋은 천체망원경이 발명된 18세기 후반에 이르러서야 제대로 관측될 수 있었습니다. 따라서 근대 천문학이 들어오기 이전에 중국인들이 알고 있었던 행성은 수성부터 토성까지 5개 밖에 없었고, 그 때문에 '다섯별[五星]'이라는 이름이 붙었습니다.

지구에서 발견된 행성들의 운동은 태양의 운동과 비슷해 보입니다. 해처럼 행성들도 별들 사이를 이동합니다. 행성들은 천구에 고정되어 있지 않고, 제각기 지구 주위로 거대한 원을 그리는 것처럼 보입니다. 그래서 천구에 고정되어 있지 않고 움직이는 별이란 의미에서 '행성行星[*]'이란 이름이 붙은 것이죠. 이에 반해 천구에 고정되어 항상 천구와 함께 움직이는 별들은 '항성恒性(붙박이별)'이라고 부릅니다. 행성들의 겉보기운동은 황도대를 따라 이루어진, 별이 총총 박힌 하나의 띠 같은 곳 안쪽을 순환합니다.

행성의 겉보기운동은 모두 동쪽으로 약간 '갈지[之]' 자를 그리며 운행합니다. 행성들은 아주 정상적으로 운행하다가 갑자기 멈춥니다. 그리고 거기서 반 바퀴를 돌아 뒤로 갑니다. 그러다가 다시 멈추고 다시 반 바퀴를

행성
떠돌이별. '혹성惑星'이라고도 불린다.

황도대

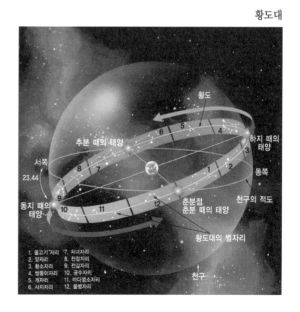

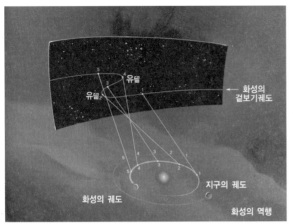

화성의 역행

역행이란 행성이 동에서 서쪽으로 운행하는 것처럼 보이는 현상이다. 화성의 궤도가 갈지자를 그리는 것처럼 보이는 것은 화성과 지구의 운동 속도가 다르기 때문에 나타나는 현상이다. 외행성外行星(지구의 궤도보다 밖에 있는 행성)인 화성은 지구의 운행 속도보다 느려서 1.88년마다 궤도를 한 바퀴 돈다.

돈 다음 정상적인 운동을 계속합니다. 이렇게 행성이 거꾸로(서쪽으로) 운행하는 것처럼 보이는 현상을 '역행逆行'이라고 합니다.

행성들 역시 지구와 마찬가지로 타원운동을 합니다. 따라서 행성에서 지구까지의 거리는 때에 따라 가까워지기도 하고 멀어지기도 합니다. 그 때문에 행성이 밝게 보였다가 희미하게 보이기도 하고, 행성의 겉보기지름이 크게 보였다가 작게 보였다가를 반복하게 됩니다. 그리고 지극히 당연하게도 행성들은 겉보기궤도를 같은 속도로 운행하지 않습니다.

다섯별은 지구에 가까이 있어서 다른 별들에 비해 상대적으로 매우 밝고 관찰하기 쉽습니다. 이 때문에 중국인들은 일찍이 다섯별에 대해 주목해 많은 기록을 남겼습니다. 1세기 말에는 공전주기에 대한 추정치가 실제 값에 거의 접근할 정도가 되었습니다. 이보다 100여년이 더 지나서야 유럽에서도 그 정도의 정확한 값을 얻을 수 있었습니다.

이 정도로 관측이 정밀했음에도 불구하고, 다섯별의 운동에 관한 중국의 연구결과는 순전히 수치적인 것에 머물렀습니다. 행성의 운동에 대한 기하학적 모델은 전혀 추구하지 않았습니다. 프톨레마이오스Klaudios Ptolemaeos(85?~165?)*와 코페르니쿠스Nicolaus Copernicus(1473~1543)의 머리에 쥐가 나게 만들었던 문제, 즉 역행 현상을 구조적으로 어떻게 설명할 것인가에 대한 고민은 거의 하지 않았던 것입니다.

한편 다섯별은 역행이나 밝기와 크기의 변화 등 유별난 데가 많기 때문에 일찍이 점성술의 중요한 대상이 되었습니다. 그렇다면 다섯별로

프톨레마이오스
헬레니즘 시대 이집트의 천문학자

코페르니쿠스

다섯별

특히 다섯별은 '다섯[五]'이라는 숫자가 가지는 상징성 때문에 오행설五行說과 긴밀하게 연결되었다.

다섯별五星	목성	화성	토성	금성	수성
	세성歲星	형혹熒惑	전성塡星	태백太白	진성辰星
오행五行	목木	화火	토土	금金	수水
방위	동	남	중앙	서	북
계절	봄	여름	늦여름季夏	가을	겨울

어떻게 점을 쳤을까요? 『진서』「천문지」에 실린 화성의 예를 들어보도록 하겠습니다.

형혹熒惑(화성)이 출현하면 전쟁이 일어나고, 사라지면 전쟁도 끝난다. … 난리가 일어나거나 도적이 나타나거나, 질병이 발생하거나 사람이 죽는 일이 생기거나, 기근이 일어나거나 전쟁이 일어나거나 해, 형혹이 머무는 나라는 재앙을 맞이한다.

빙빙 돌거나 갈지[之]자로 나아가기도 하며, 빛의 끄트머리가 흔들리거나 색이 변하기도 하며, 앞에 있을까 생각하면 뒤에 가 있고, 왼쪽에 있을까 생각하면 오른쪽에 있거나 할 때, 재앙이 한층 심해진다. …

또한 "형혹이 움직이지 않으면 군대가 싸우지 않기 때문에 장군이 주살誅殺 당하게 될 것이다. 형혹이 나타날 때 성난 것처럼 붉은 색을 띠거나 역행해 갈지[之]자로 나아가면, 전투에 불리해 적에게 포위당한다. 형혹이 갈지자로 운행할 때 빛의 끄트머리가 칼날처럼 예리하다면, 군주는 궁궐에서 나오지 않으면 안 된다. 복병이 있기 때문이다. 빛의 끄트머리가 커지면 민중이 분노하게 된다"라고 말하는 사람도 있다.

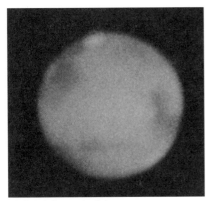
천체망원경으로 본 화성

화성이 약간 음산한 느낌을 주는 붉은 빛을 띠고 있기 때문인지, 화성을 대단히 불길한 별로 인식했던 모양입니다. 난리, 도적, 질병, 기근, 전쟁 등 무엇 하나 긍정적인 내용이 하나도 없네요. 특히나 역행에 대해서는 더욱 경계심을 가졌던 것 같습니다. 아마도 역행이 발생하는 원인에 대해서 정확하게 알지 못했기 때문일 것입니다.

달과 다섯별이 서로 접근하거나 다섯별끼리 서로 접근하는 현상에 대해서도 다음과 같은 원리에 입각해서 점을 쳤습니다. 역시 화성의 예를 들어볼까요.

합
두 개의 별이 가까이 있는 상태

화성이 금성과 합合*에 있으면, 금속이 녹는다는 것을 의미해 사람이 죽는 일이 발생하니, 큰일을 하거나 군대를 출동시켜서는 안 된다. 형혹이 군대(태백의 상징)를 따른다고 하는 것은 군대에 우환(형혹의 상징)이 생긴다는 의미이고, 형혹이 태백太白(금성)으로부터 멀어지면 군대가 퇴각한다. … 토성과 합에 있으면 근심을 의미하니 재난을 주관한다. 수성과 합에 있으면 군대의 패배를 의미하니, 군대를 동원하거나 큰일을 하면 크게 실패한다.

그렇다면 과연 이러한 점이 잘 들어맞았을까요? 『진서』 「천문지」에서는 역사적 사례를 예로 들면서 점성술의 원칙을 증명해 보이고 있습니다. 금성이 목성에 접근하는 현상과 달이 금성에 접근하는 현상에 대한 기사를 소개하겠습니다.

위나라 명제明帝(재위 226~239) 태화太和 4년(230) 7월 임술일壬戌日에 태백이 세성歲星(목성)을 침범했다. 점占에 의하면, "태백이 다섯별을 침범하면 대규모 전쟁이 발생한다"라고 했다. 5년 3월에 주꺼 리앙(제갈량諸葛亮)이 대군을 이끌고 티엔쉐이(천수天水)를 침략했

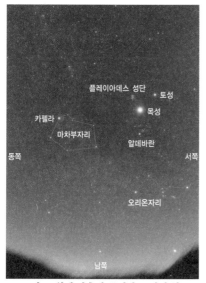

2000년 12월에 관측된 목성과 토성의 합   달과 금성의 합
『진서』「천문지」에는 "토성이 목성과 합에 있으면
나라에 기근이 발생한다"고 기록되어 있다.

다. 그때 선제宣帝가 대장군이 되어 침략을 막아 물리쳤다.

> 청룡(靑龍) 2년(234) 10월 … 무인일(戊寅日)에 달이 태백을 침범
> 했다. 점에 의하면, "군주가 사망하고 병란이 일어난다"라고 했다.
> 경초원년景初元年(237) 7월에 꿍쑨 위앤(공손연公孫淵, ?~238)이 반란
> 을 일으켰다. 2년 정월에 선제를 파견해 토벌하게 했다. 3년 정월에
> 천자가 죽었다.

정말로 점이 정확하게 맞아떨어진 것일까요? 아니면 단순히 우연에
불과한 것일까요? 점성술에 대해서는 뒤에서 자세히 소개하도록 하겠
습니다. 여기에서는 단지 장기간에 걸친 면밀한 관측이 점성술의 발전
을 위한 토대가 된다는 점을 지적해 두고 싶습니다.

쓰마 이
『진서』에 등장하는 '선제'는 주꺼 리
앙의 라이벌이자 진나라 무제의 할아
버지인 쓰마 이(사마의司馬懿, 179~251)
를 가리킨다. 쓰마 이 자신이 황제가
된 것은 아니었지만, 그 손자가 위나
라를 타도하고 황제가 되었기 때문에,
'고조선제高祖宣帝'로 추존된 것이다.

일식과 월식

일식이 발생했을 때 일어난 소란

오랜 옛날부터 인류는 해와 달에 각별한 의미를 부여했습니다. 해는 약동하는 생명의 원천으로서 만물을 낳고 기르는 존재로, 달은 어두컴컴한 밤에 만물을 비추는 가장 밝은 존재로 간주되었습니다. 그러다 돌연 낮에 해가 가려지거나 밤에 달이 가려져서 하늘이 일시적으로 어두워지는 현상이 발생하기도 하는데, 그때마다 사람들은 공포에 떨었습니다. 일식과 월식이 발생하는 원리를 잘 몰랐기 때문이었죠.

옛날 사람들은 이러한 현상이, 용이 해나 달을 먹어버렸기 때문에 일어난다고 생각했습니다. 갑골문에서는 이러한 현상을 '먹을식[食]' 자로 표현했습니다. 옆에 '벌레충[虫]' 자가 붙어서 '식蝕'이라는 한자가 만들어진 것은 한나라 때 이후의 일입니다.

중국에서 최초로 식을 관찰해 기록한 것은 지금으로부터 3,200~3,300년 이전의 일입니다. 그러나 발생 연도를 정확하게 알 수 있으며 검증할 수도 있는 세계 최초의 기록은 『시경詩經』에 실린 일식으로서, 기원전 734년에 일어난 것으로 추정됩니다. 유교 경전 중의 하나인 『시경』은 원래 기원전 1,100년경부터 기원전 600년경 사이에 지어진 가요를 모아 엮은 책이었는데, 그 중에는 자연현상에 대해 노래한 시가들도 많이 포함되어 있습니다. 일식과 관련해 「시월 초하루十月之交」라는 시를 읊어보도록 하겠습니다.

일식을 기록한 갑골문

시월 해와 달이 만나는 초하루 신묘일辛卯日에
일식이 일어나니 매우 나쁜 징조라네.

저번엔 월식이 일어나더니, 이번엔 일식이 일어나니,
지금 우리 백성들은 참으로 가엾구나.

해와 달이 흉함을 알리려고 자기 길로 다니지 않으니,
온 나라 정치가 어지러워 인재를 쓰지 않기 때문이라.
저번 월식은 보통 있는 일이라 하지만,
이번 일식은 어찌 이리도 불길한가?

여기에서 월식이 '보통 있는 일'로 여겨지는 데 반해, 일식은 '매우 나쁜 징조'로 해석되는 점이 흥미롭습니다. 전자는 대체로 예측이 가능한데 후자는 그렇지 않았다는 것을 의미하기 때문입니다. 예측할 수 있는 현상보다는 예측할 수 없는 불가사의한 현상에 대해서 공포감을 느끼기 마련이니까요.

일식은 달이 지구와 해 사이에 끼어있을 때 일어나고, 월식은 지구가 달과 해 사이에 끼어있을 때 일어납니다. 일식의 경우, 달이 원추형 그림자를 지구로 투영하고 이 그림자가 지구 표면으로 드리워질 때, 그림자와 접하는 지역의 모든 사람들에게 해가 보이지 않게 되는 것이죠. 일식은 초하룻날에, 월식은 보름날에 일어납니다. 그러나 모든 초

일식과 월식의 예측

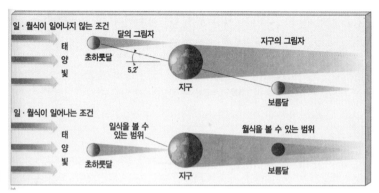

일 · 월식이 일어나는 조건 (1)

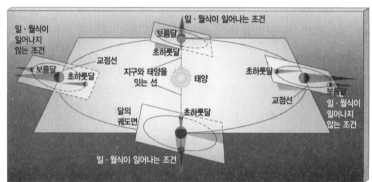

일 · 월식이 일어나는 조건 (2)

일 · 월식이 일어나는 조건 (3)

왼쪽 그림은 일식이 일어났을 때 생
기는 달그림자를 지구의 표면에 투사
시킨 것이다. 오른쪽 사진은 1991년
11월 7월 캘리포니아 반도에서 개기
일식이 일어났을 때 지표면을 기상
위성이 촬영한 것이다.

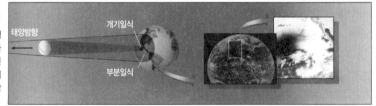

하룻날과 보름날에 일 · 월식이 일어나는 것은 아닙니다. 그것은 달의
궤도가 정확하게 황도를 따르고 있지 않기 때문입니다. 따라서 달의
그림자가 지구에 바로 드리워지기 위해서는 달이 황도에서 너무 높지
도 너무 낮지도 않아야 합니다. 마찬가지로 지구와 태양을 잇는 선을
중심으로 달이 너무 오른쪽으로도 너무 왼쪽으로도 치우치지 않아야

합니다. 물론 이것만으로는 충분하지 않습니다. 관찰자가 달그림자의 매우 가느다란 끝 부분이 닿을 지역에 있어야 되기 때문입니다. 게다가 매우 다양한 섭동 때문에, 일식과 월식은 불규칙적으로 일어납니다. 따라서 좀더 간단하게 식을 예측하고 싶어도, 식은 규칙적으로 일어나지 않았습니다.

중국인들은 유럽의 어느 누구보다도 먼저 식 현상을 관측했지만, 해와 달에 대한 이해의 정도는 그리스인들보다 뒤졌습니다. 기원전 4세

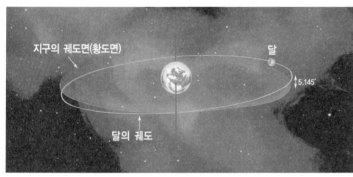

달의 운동
섭동이란 어떤 천체의 궤도가 다른 천체들이 가진 인력의 영향을 받아 교란되는 현상이다. 달의 궤도는 지구뿐만 아니라 태양의 인력에 의해 크게 영향을 받는다.

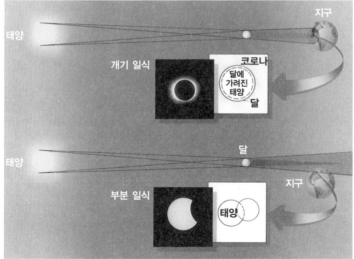

개기일식과 부분일식

기의 천문학자 스선(석신石申)은 분명히 일식이 달과 관련이 있다는 것을 알고 있었습니다. 그러나 달이 해와 지구 사이에 위치하기 때문에 일식이 일어난다고는 생각하지 못했던 것 같습니다. 그는 일식이 달에서 나오는 음기陰氣가 해로부터 나오는 양기陽氣를 이기기 때문에 나타나는 현상이라고 생각했습니다. 그러나 한나라 때가 되면, 달이 해를 가리기 때문에 일식이 발생한다는 견해가 널리 수용되었습니다.

중국의 천문학자들은 전 시대를 통틀어서 식의 예측에 관심을 쏟았습니다. 바빌로니아에서는 '사로스saros 주기'로 알려진 223삭망월(18년 11일) 주기가 있었는데, 이것은 동일한 식이 다시 나타나는 주기이며, 동시에 달의 궤도와 황도가 만나는 교점의 순환주기이기도 합니다. 그러나 이러한 주기 역시 결정하기 쉽지 않습니다. 그것은 일식이 지구상의 좁은 구역에서만 일어나는 현상이므로, 지구상의 한 지점에서의 관측만으로는 전 지구상의 일식을 파악할 수 없기 때문입니다. 그리스인들은 54년 33일 주기를 고안했으나 식을 완벽하게 예측할 수는 없었습니다.

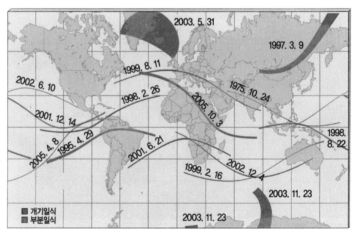

일 · 월식이 일어나는 범위

1995년과 2005년 사이에 일식이 일어나는 지역의 범위를 보여주는 그림. 빨간 띠는 개기일식total eclipse, 파란 띠는 부분일식annular eclipse을 나타낸다. 각각의 띠들은 일식이 진행되는 동안 달그림자가 지표면 위를 지나가는 경로를 가리킨다.

중국에서는 전한 말 135삭망월의 식 주기를 고안해냈는데, 이것은 리우 신(유흠劉歆)의 〈삼통력〉에 채용되었습니다. 서기 3세기 초가 되면서 달의 궤도는 좀더 명확하게 분석되기 시작했습니다. 리우 홍(유홍劉洪)은 〈건상력〉에서 달의 궤도와 황도의 교점과 사이 각이 약 6도(서양의 각으로는 5도54분)인 것을 이용해 식을 예보했습니다. 같은 세기에 양 웨이(양위楊偉)*는 일식 때 달의 경계부가 해와 접하는 처음과 끝의 정확한 위치를 예측할 수 있었습니다. 이것은 다음 세기에 지앙 지(강급姜岌)*에 의해서 더욱 정확해졌는데, 그는 부분일식에서의 정확한 식분蝕分*을 예측하는 데 성공했고, 이어서 일식을 관측할 수 있는 지리적 경로까지 예측할 수 있었습니다. 송나라 때에는 식의 예보를 담당하는 관청과 식을 관측하는 관청을 따로 두었습니다. 그러나 명나라 때 이르러서는 높은 수준의 예보 수준이 퇴보했고, 오히려 이전의 방법이 잊혀지게 되었습니다. 그 때문에 예수회 선교사들이 중국에 왔을 때, 그들은 중국인 천문학자들보다 더 정확하게 식을 예보함으로써 황제로부터 신뢰를 얻을 수 있었던 것입니다.

지극히 당연하게도 식은 점성술의 좋은 소재였습니다. 해는 군주의 상징, 달은 신하의 상징으로 간주되었기 때문에, 일식은 신하가 군주의 밝은 덕을 가리는 것으로 해석되었습니다. 일식이 군주의 죽음이나 왕조의 멸망을 초래한다고 말해도 전혀 이상할 것이 없는 셈이죠. 한번 『진서』「천문지」의 기사를 읽어보겠습니다.

고귀향공高貴鄉公 감로甘露 5년(260) 정월 을유乙酉 초하룻날에 일식이 일어났다. 징 황(경방京房)의 『역점易占』에 의하면, "을유일에 일식이 일어나면 군주가 약해지고 신하가 강해진다. 사마司馬가 병사들을 이끌고 도리어 그의 왕을 토벌할 것이다"라고 했다. 5월에 츠엉 지(성제成濟)가 쓰마 자오(사마소司馬昭, 211~265)의 사주를 받고 고귀향공을 죽였다.

양 웨이
위나라의 천문학자로 〈경초력〉을 제작했다.

지앙 지
5호 16국 중 후진後秦의 천문학자로 〈삼기갑자원력三紀甲子元曆〉을 제작했다.

식분
일식이나 월식에서 천체가 가려지는 부분의 비율

고귀향공 차오 마오(조모曹髦, 241~260)는 차오 피曹조의 손자로서 위나라의 네 번째 군주입니다. 권력이 이미 쓰마 씨司馬氏 일족에게 넘어간 상황에서 위 황실의 부흥을 위해 쓰마 자오를 타도하려다 도리어 제거당하고 맙니다. 일식이 일어나니 군주가 신하에게 시해 당한다는 점占이 바로 맞아떨어진 셈입니다.

그렇다면 이러한 최악의 사태에서 벗어날 방법은 없을까요? 당연히 있습니다. 그래야 천문학자들이 황제로부터 봉록을 타먹고 살 수 있을 테니까요. 천인상응론에 의하면, 비정상적인 자연 현상[災異]은 군주의 정치에 대한 하늘의 경고이며, 군주의 활동은 자연 현상에 영향을 미칠 수 있습니다. 따라서 군주가 덕을 닦고 선정을 베푼다면 재앙을 사전에 예방할 수 있다는 논리가 성립됩니다. 그런가하면 일식은 신하가 군주의 덕을 가리는 사태에 대한 하늘의 경고이므로, 군주 자리를 넘볼 만한 대신을 벌주거나 쫓아냄으로써 문제를 해결할 수 있다는 방법이 제시되기도 했습니다. 다시 한 번『진서』「천문지」의 기사를 읽어 보도록 하겠습니다.

태위
사마司馬라고도 한다. 후한~삼국시대에 사도司徒·사공司空과 함께 삼공三公의 하나로서 국가의 중대사를 결정하는 최고 관직이었다.

위나라 문제文帝 황초黃初 2년(221) 6월 무진戊辰 그믐날에 일식이 일어났다. 담당 관리가 태위太尉*를 파직시킬 것을 상주上奏했다. 여기에 대해 황제는 다음과 같이 답변했다. "재이가 일어나는 것은 원수元首를 책망하기 위해서이다. 따라서 신하에게 허물을 돌리는 것이, 어찌 우禹임금과 탕湯임금이 자신을 처벌한 도리에 부합하는 것이겠는가? 백관들에게 명령을 내려 각자 자신의 직분에 충실하도록 하라. 앞으로 재이災異가 발생하더라도 다시는 삼공三公을 탄핵하지 말라."

차오 피曹조가 한 말을 찬찬히 음미해 보세요. 비록 천인상응론에 입각해 있긴 하지만 대단히 합리적이지 않습니까? 이러한 합리적인 사고

방식은 후대에 발전적으로 계승되었습니다. 이번엔 『구당서』「천문지」를 읽어보도록 할까요. 808년 7월 어느 날에 일식이 발생하자, 황제가 대신들에게 자문을 구했는데, 재상 리 지후(이길보李吉甫, 758~814)는 다음과 같이 답변했습니다.

해와 달의 운행 속도는 일정하지 않습니다. 해는 하늘을 한 바퀴 도는 데 약 365일 정도 걸립니다. 해가 1도 운행할 때 달은 약 13도 정도 운행하며, 대략 29일 반 만에 달이 해와 만납니다. 또한 달의 운행에는 남북으로 왕래하면서 각기 다른 코스로 운행하는 9개의 궤도가 있습니다. 초하루와 그믐에 해와 달이 만날 때, 그리고 남북으로 왕래하는 달 궤도가 태양의 궤도(황도)와 만날 때, 해가 달에 가려지게 되니, 그 때문에 이름을 '박식薄蝕'*이라고 하는 것입니다.

박식
빛이 약해져서 먹힘

그러나 비록 자연의 법칙은 계산할 수 있다고 하더라도, 해는 양陽의 정기精氣이고 군주의 이미지입니다. 만약 군주의 행동에 완급緩急의 차이가 있으면 해의 운행 속도에도 차이가 생깁니다. 해의 운행이 조금이라도 정해진 궤도를 벗어나게 되면, 해가 달에 가려지게 되니, 음陰이 양을 침식한 것입니다. 이 때문에 오히려 군주의 행실이 균형을 상실하게 되기도 하니, 이것은 하늘과 인간이 서로 작용을 가하고 반응을 보인 결과입니다. …

군주는 백성과 만물의 위에 있기 때문에 교만해지기 쉽습니다. 그러므로 성인聖人은 예를 제정할 적에 힘써 부지런히 공경하고 삼가 두려워하면서 하늘을 받들었습니다. … 폐하께서 공손히 자세를 갖추어서 밝은 쪽을 향하되 매일 삼가고 또 삼가며 하늘의 책망을 돌아보고 근심하신다면, 성덕聖德이 더욱 견고해질 것이니, 태평성대가 어찌 멀리 있겠습니까? 밝은 뜻을 길이 보존하시어 경사가 끊임없이 이어지기를 엎드려 바라옵나이다.

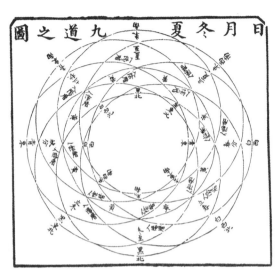

달의 9개의 궤도

한나라 때 이후로 중국인들은 달의 운행에는 9개의 궤도가 있다고 생각했다. 봄에는 달이 황도의 동쪽에 있는 청도靑道 2개를, 여름에는 황도의 남쪽에 있는 적도赤道 2개를, 가을에는 황도의 서쪽에 있는 백도白道 2개를, 겨울에는 황도의 북쪽에 있는 흑도黑道 2개를 각각 운행한다는 것이다. 여기에 기준이 되는 중도中道를 합쳐 '구도九道'라고 한다. 중국의 천문학자들은 달의 궤도가 가상의 궤도인 중도中道를 끼고서 한 바퀴 돈다고 생각했다. 예를 들어, 동짓날 낮에는 달이 해의 고도보다 높고 북쪽에 있는데, 이것을 '황도의 북쪽에 있다'고 표현한 것이다. 달의 궤도는 원래 하나의 선으로 연결되어야 하지만, 9개의 분리된 선으로 그린 것은 한나라 때 이래로 오랜 전통이었다. 달 궤도의 근지점이 1년에 약 3도씩 움직이면서 8~9년 후에 다시 원래의 위치로 돌아오기 때문에, 달의 궤도를 9개로 그린 것이다.

　　천문역산학을 전공하지 않은, 인문학적 소양을 닦은 지식인으로서 자연 현상에 대해 이정도로 체계적으로 설명할 수 있다는 사실이 매우 놀랍기만 합니다. 그렇지만 일식의 발생 원인에 대해 정확하게 인식하고 있음에도 불구하고 천인상응의 논리를 끝까지 포기하지 않고 있다는 사실이 더욱 흥미롭습니다. 과학의 논리와 점술의 논리가 어떻게 공존할 수 있었을까요? 그 문제에 대한 해답은 점성술을 다룬 부분에서 제시하려고 합니다.

신성과 초신성 그리고 혜성

우리가 맨 눈으로 볼 수 있는 별의 개수는 일정하지 않으며, 어떤 별들은 밝기가 변하기도 합니다. 때로 지금까지는 무척 어둡거나 거의 보이지 않던 별의 밝기가 수백만 배나 밝아지는 경우도 있습니다. 이렇게 별의 폭발에 의해 밝게 보이는 것을 '신성新星' 이라고 하는데, 그 폭발이 훨씬 큰 경우에는 '초신성超新星' 이라고 부릅니다. 이들에 대한 과거의 기록은 현대 천문학 연구에서 아주 귀중한 자료가 됩니다.

신성에 대해 지금까지 전해지는 가장 오래된 자료는 기원전 1,300년 경의 갑골문의 기록일 것입니다. 여기에는 "이달 7일, 기사일己巳日에 거대한 신성이 대화성大火星(안타레스)와 함께 나타났다"고 새겨져 있었습니다. 신성이라는 용어는 한나라 때까지 전해져오다가 좀더 알려진 용어인 '객성客星' 으로 바뀌게 되었습니다.

거대한 별이 폭발하면 초신성이 되는데, 우리 은하에서 일어난 초신성에 관한 기록은 모두 세 가지밖에 안됩니다. 하나는 1572년에 관측된 티코 브라헤Tycho Brahe(1546~1601)의 신성이고, 다른 하나는 그의

갑골문에 새겨진 신성의 기록

헤라클레스 신성
(a)는 1935년 3월에 (b)는 같은 해 5월에 촬영한 것이다.

찬란하게 빛나는 안타레스
전갈자리의 안타레스는 중국 별자리에서 대화성
大火星 혹은 심대성心大星이라고 불린다.

티코 브라헤

프라이스F. R. Friis의 『티코 브라헤Tyge Brage』(1871)에 실린 초상화. 그림 밑 부분에 티코 브라헤 자신의 사인 "Tyge Brage" 가 있다. 티코 브라헤는 1572년의 초신성을 면밀히 관측하고 그 별의 실제 거리를 추정한 가설 때문에 상당한 명성을 얻었다. 그는 방대한 분량의 관측 자료를 남김으로써 케플러가 태양중심설을 발전시킬 수 있는 기반을 마련했다.

케플러

태양 숭배자였던 케플러는 추한 지구보다는 해가 우주의 중심에 자리하는 것이 당연하다고 생각했다. 그는 우주가 우연히 만들어진 것이 아니라 신이 수학적 원리에 따라 계획한 것이라고 생각했다. 따라서 모든 행성의 궤도는 반드시 수학적이어야 했다. 그는 브라헤가 남긴 관측 자료를 활용해 행성운동의 법칙을 완성할 수 있었다.

조수였던 케플러Johannes Kepler(1571~1630)가 1604년에 발견했습니다. 마지막 하나는 중국과 고려, 일본의 기록에만 남아있는 것으로 유명한 1054년의 초신성으로, 오늘날 게성운의 기원입니다.

게성운의 사진을 보면 특별한 모양 없이 흩어진 모습을 한 밝은 성운이지만, 망원경을 통해 자세히 보면 바닷게의 모양과 비슷합니다. 이 성운은 지금도 중앙에 있는 별로부터 팽창하고 있습니다. 중국의 기록에 이 객성의 최대 겉보기 밝기가 금성과 비슷했다고 전하고 있는 것으로 보아, 이 별이 폭발했을 당시에는 우리 태양계의 해보다 수억 배 밝았다는 것을 계산할 수 있습니다. 현대 천문학에서 중국 기록의 진가는 1054년의 초신성의 기록처럼 별의 일생을 추적할 수 있게 해 준다는 점에 있습니다.

그렇다면 왜 1054년의 초신성이 중국을 비롯한 동아시아에서만 기

게성운
게성운은 어떤 별이 폭발할 때 생긴 잔재다.

록되고 유럽에서는 기록되지 않았을까요? 중세 유럽인들이 그와 같은 현상을 인식할 수 없었던 것은, 그것을 관찰할 만한 능력이 없어서가 아니라, 하늘의 완전성과 불변성에 대한 근거 없는 신념을 가졌기 때문이었습니다. 그러나 중국인들은 땅 위의 모든 현상을 천문현상으로 인식했으며 하늘의 불변성에 대한 선입견이 없었기 때문에 다양한 천문현상들을 기록으로 남길 수 있었습니다.

혜성彗星에 대한 관측은 고대와 중세 유럽에서도 빈번하게 행해졌습니다. 그렇지만 가장 완전한 기록을 남긴 것은 중국을 비롯한 동아시아 세계였습니다. 따라서 현대 천문학에서도 1500년 이전에 나타난 혜성의 궤도에 대한 계산은 전적으로 중국 측의 기록에 의존하고 있습니다. 신성의 경우와 마찬가지로 혜성에 대한 최초의 기록은 역시 중국인에 의해서 정사에 기록되었습니다. 중국의 천문학자들이 혜성에 대해 얼마나 주의 깊게 관찰했는지, 『명사明史』「천문지」의 기록을 읽어보도록 하겠습니다.

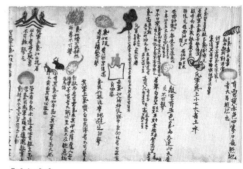

『점운기서』
뚠후앙 석굴에서 출토된 『점운기서占雲氣書』는 당나라 때 그려진 것이다.

혜성
1997년 4월, 거대한 헤일밥 혜성이 지구 근처를 지나갈 때의 모습

성화成化 7년(1472) 12월 갑술일甲戌日에 혜성이 천전天田(처녀자리 σ, η)에 나타났다. 혜성은 서쪽을 가리키고 있다가 갑자기 북쪽을 향해 움직였는데, 우섭제右攝提(목동자리 η, ι, τ)를 침범하고 태미원太微垣의 상장上將(머리털자리 ω)·행신幸臣(머리털자리 2629번)·태자太子(사자자리 E)·종관從官(사자자리 2567번)을 쓸고 지나갔다. 그 꼬리는 서쪽을 가리키고 있었다. 혜성은 태미원의 낭위郎位(머리털자리 α~κ)를 휩쓸고 지나갔다. 기묘일己卯日에는 혜성의 꼬리가 매우 길어졌다. 그것은 하늘을 가로질러 동에서 서로 이동했다.

이처럼 면밀한 기록 덕분에 오늘날에도 당시 혜성의 경로를 쉽게 추적할 수 있습니다. 신성은 종종 혜성과 혼동되는데, 왜냐하면 혜성이

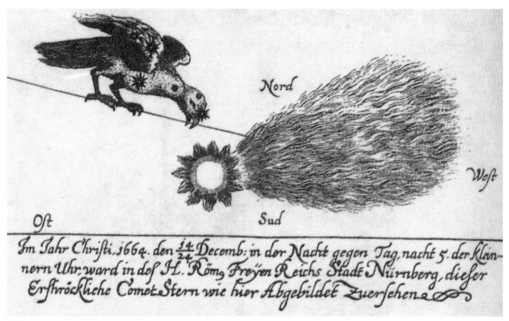

혜성
1664년 12월 24일 뉘른베르크의 하늘 위를 번개처럼 지나간 혜성에게서 받은 인상을 묘사한 그림. 1705년 영국의 천문학자 핼리에 의해 혜성의 운행이 주기성을 띤다는 사실이 밝혀지기 전까지 사람들은 혜성을 이상 현상으로 간주해 불길한 징조로 해석했다.

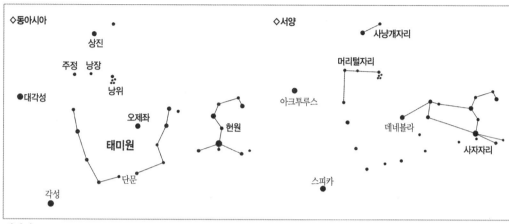

태미원

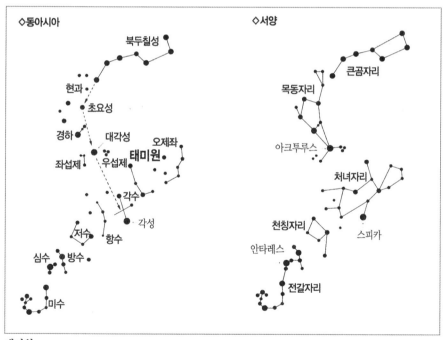

태미원

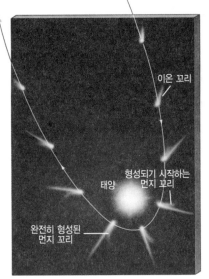

혜성의 꼬리는 태양의 반대쪽을 향한다

이온 꼬리

형성되기 시작하는
먼지 꼬리

태양

완전히 형성된
먼지 꼬리

헬리

영국의 천문학자. 헬리는 1705년에 당시 뉴턴이 발표한 만유인력의 이론에 따라서 기록에 있는 24개의 혜성의 궤도를 계산해서 1531년, 1607년, 1682년에 출현한 혜성이 같은 궤도를 돌고 있음을 발견했다. 그리고 거의 같은 간격으로 나타나는 점에서, 이것들은 동일한 혜성이 태양의 주위를 76년의 주기로 돌고 있다고 결론짓고, 이 혜성은 다음에는 1758년에 또 나타날 것이라고 예언했다.

항상 꼬리를 동반하지는 않기 때문입니다. 혜성이 지구와 해의 연장선상에 있으면, 꼬리는 더 이상 보이지 않고 성운처럼 보입니다. 중국인들은 혜성이 지구와 태양 사이에 있을 때에는 꼬리 없는 혜성인 '패성字星' 이라는 용어를 사용해 신성과 분명하게 구분했습니다. 그리고 중국인들은 혜성의 꼬리가 항상 해의 반대쪽으로 향한다는 것을 처음으로 발견했습니다.

혜성 중에서 가장 유명한 것은 핼리 혜성일 것입니다. 핼리 혜성은 그 주기가 계산된 최초의 혜성이고, 2000년이 넘는 동안 혜성 출현의 역사를 정확히 추적할 수 있게 해주기 때문입니다. 핼리Edmund Halley(1656~1742)는 1682년에 이 혜성을 관측했습니다. 그는 이 혜성이 1531년과 1607년에 관측된 것과 같은 것임을 알아냈고, 다시 돌아올 것이라고 예측했는데, 실제로 1758년에 이 혜성이 다시 나타났습니다. 핼리 혜성으로 추정되는 중국 최초의 관측은 기원전 467년의 것이지만, 이 자료는 확실하지 않습니다. 그러나 기원전 240년의 것은 핼리 혜성임이 틀림없습니다. 이후 76년마다 혜성이 나타나는 주기가 중국 기록에 남아있습니다.

신성이나 혜성의 출현이 점성술에서 중시되었던 것은 지극히 당연합니다. 둘 다 평범한 별은 결코 아니니까요. 갑자기 나타나서 강한 빛을

**1986년 3월 14일에
관측된 핼리 혜성**

발산하는 모습은 관찰자들에게 강렬한 인상을 심어주기에 충분했을 것입니다. 전쟁이나 군주의 죽음과 관련해서 해석되었다는 점도 흥미롭습니다. 그럼, 이번에도 『진서』「천문지」를 읽어보도록 하겠습니다.

위나라 문제 황초 3년(222) 9월 갑진일甲辰日에 객성이 태미원의 좌액문左掖門 안에 나타났다. 점에 의하면, "객성이 태미원에 나타나면 나라에서 군사를 잃는다."라고 한다. 10월에 황제가 남쪽에 있는 쑨 취앤(손권孫權, 182~252)을 정벌했다. 이후에도 종종 정벌이 시행되었다.

명제 청룡 4년(236) 10월 갑신일甲申日에 대진大辰에 패성이 나타났는데, 길이가 3척이었다. … 11월 기해일己亥日에 혜성이 나타나 환자宦者와 천기성天紀星을 침범했다. 점에 의하면, "대진은 천왕天王을 상징하는데, 대진에 패성이 나타나면 천하에 사람이 죽는 일이 일어난다."라고 한다. 리우 시앙(유향劉向, 기원전 77~기원전 6)*의 『오기론五紀論』에 의하면, "… 환자는 천시원天市垣에 있는 별인데, 혜성이 환자를 침범하면 나라 안팎에서 전쟁이 일어난다. 혜성이 천기성을 침범하면 지진이 일어난다. 패성과 혜성은 전쟁과 사람이 죽는 일을 지배한다"라고 한다. 경초 원년(237) 6월에 지진이 일어났다. 9월에 오나라 장수 주 르안(주연朱然)이 지앙시아(강하江夏)를 포위했다. 황후 마오 씨(모씨毛氏)가 죽었다. 2년 정월에 꽁쑨 위앤을 토벌했다. 3년 정월에 명제가 죽었다.

외적의 침입과 신하의 반란, 전쟁과 지진으로 인한 백성들의 죽음, 그리고 군주의 사망, 이 모두 국가에 타격을 가하는 치명적인 재난입니다. 객성이나 혜성이 출현하면 이러한 재난에 꼼짝없이 당하고만 있어야 할까요? 물론 재앙을 회피할 수 있는 방법은 있습니다. 이번엔

리우 시앙
전한 말의 유학자·과학자·서지학자書誌學者. 리우 신의 아버지. 아들 리우 신과 함께 황실 도서관에 소장된 고전들을 교정·정리했다. 리우 신은 이러한 작업을 토대로 중국 역사상 최초로 도서 분류 체계를 창안했다.

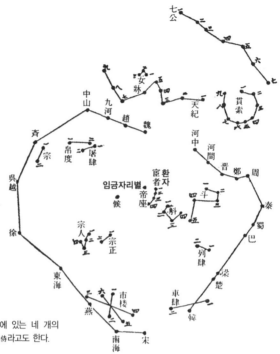

천시원

환자宦者는 제좌帝座(임금자리별)의 바로 동쪽 옆에 있는 네 개의 별을 가진 별자리다. 환자는 환관宦官, 혹은 내시內侍라고도 한다.

위 스난

당 태종의 신임을 받아 홍문관학사弘文館學士·비서감秘書監 등을 지냈다. 왕 시즈(왕희지王羲之, 307~365)의 서법을 익혀, 어우양 쉰(구양순歐陽詢, 557~641), 츠우 쒜이리양(저수량褚遂良, 596~658)과 함께 초당初唐 3대 서예가로 불리며, 특히 해서楷書의 1인자로 알려져 있다.

『구당서』「천문지」를 읽어보겠습니다.

　정관貞觀 9년(635) 8월 23일에 패성이 허수虛宿와 위수危宿에 출현해 현효玄枵를 지나갔는데 11일이 지나서야 사라졌다. 태종太宗이 좌우의 신하들에게 물었다. "이것은 어떠한 재앙인가?" 위 스난(우세남虞世南, 558~638)이 대답했다. "… 신臣이 듣기로, 만약 군주가 정치에 임해 덕을 닦지 않는다면, 기린이나 봉황이 자주 나타나더라도 그 군주를 도울 방법이 없다고 합니다. 만약 정치에 허물이 없다면, 비록 비정상적인 자연 현상이 나타나더라도 어찌 시국에 부정적인 영향을 끼치겠습니까? 엎드려 바라옵건대, 폐하께서는

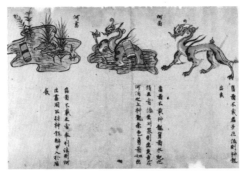

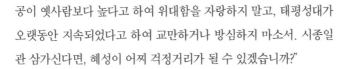

태평성대에 출현하는 상서로운 동물들
뚠후앙 석굴에서 발견된 『서응도瑞應圖』, 파리 국립박물관 소장

당 태종
재위 626~649

공이 옛사람보다 높다고 하여 위대함을 자랑하지 말고, 태평성대가
오랫동안 지속되었다고 하여 교만하거나 방심하지 마소서. 시종일
관 삼가신다면, 혜성이 어찌 걱정거리가 될 수 있겠습니까?"

리 지후와 마찬가지로 위 스난 역시 천인상응론에 입각해서 군주에
게 어진 정치를 베풀 것을 간언하고 있습니다. 천문 현상은 군주에게
끊임없이 재앙을 경고하고 있고, 천문 현상을 정확하게 해석해 정치에
반영하는 것은 재앙을 회피하는 가장 확실한 방법입니다. 어진 정치를
베풀어 태평성대를 실현하는 데 기여하는 것, 이것이야말로 점성술,
더 나아가 '천문역산학'의 최종 목표입니다.

점성술

여러분 중에 점성술을 진지하게 믿는 분은 아마도 거의 없을 것입니다. 근대 과학의 세례를 받은 현대인들은 일반적으로 점성술을 미신이라고 생각합니다. 그렇지만 점성술은 일정 수준 이상의 과학 문명이 발전한 곳이 아니면 출현하지 않습니다. 점성술은 관측천문학의 발전을 전제로 하기 때문입니다. 점성술은 과학과 미신 사이에 자리 잡고 있는 셈입니다.

역사상에 등장했던 점성술은 크게 두 부류로 나눌 수 있습니다. 하

황도대의 상징들

『베리 공작의 행복한 시간』에 수록된 15세기 초의 세밀화. 서양의 숙명점성술에서 행성들은 모두 띠 모양의 12개의 별자리로 이루어진 '황도 12궁'을 통과한다. 가장 간단한 형태의 점성술의 예를 들어보자. 개똥이가 '양자리 생'이라고 한다면, 그것은 개똥이가 태어난 날에 해가 양자리에 있었다는 뜻이다. 그리고 개똥이가 양자리의 성질과 운명을 일생 동안 지니게 된다는 것을 의미한다.

나는 국가의 운수를 점치는 '천변점성술天變占星術'이고, 또 하나는 개인의 운수를 점치는 '숙명점성술宿命占星術'입니다. '천변天變'이란 일식이나 혜성과 같이 당시에 비정상적인 것으로 간주된 천문 현상을 가리킵니다. 천변은 특정 개인에게만 발생하는 것이 아니라 넓은 지역에 걸쳐 어디서나 발생하는 현상입니다. 즉 국가적인 현상입니다. 천변점성술은 고대 바빌로니아나 동아시아에서 발전했습니다. 이에 반해 숙명점성술은 일정한 시각에서의 천체의 위치나 배치에 따라 개인의 운세를 점치는 점성술로, 헬레니즘 시대 이후의 서양에서 발전했습니다. 이 책에서는 동아시아의 천문학을 다루고 있기 때문에 천변점성술을 중심으로 서술하겠습니다.

천변점성술은 어떻게 생겨났을까요? 일식이 일어났다고 생각해봅시다. 일식에 대한 과학적 지식이 없었던 고대의 관찰자들은 이것을 천변으로 인식하고 기록으로 남겼을 것입니다. 때마침 외적이 쳐들어왔다고 가정해 봅시다. 천재天災와 인재人災를 구별하지 못했던 고대인들은 일식이 외적을 끌어들이는 것은 아닌가 생각했을 것입니다. 그러므로 다음에 일식이 일어나면 외적이 쳐들어오지 않을까 걱정하게 됩니다. 물론 지상에서의 외적의 침입도 문자로 기록됩니다.

이리하여 천변의 기록과 지상의 정치적 사건의 기록이 대대로 오랜 세월에 걸쳐 쌓입니다. 기록이 쌓이는 동안 하늘과 땅 사이의 관계에서 경험적인 법칙을 발견할 수 있으리라는 확신이 천문학자들 사이에서 생겨나고, 그 법칙들은 점의 형태로 정리됩니다. 앞에서 여러 차례 인용했던 『진서』나 『구당서』의 「천문지」는 바로 그러한 점들을 체계적으로 정리한 기록입니다. 만약 어떤 천변이 발생하면, 천문학자들은 역대 정사의 천문지 등을 들추어 보고 이 천변이 지상에 어떠한 영향을 줄 것이라고 판단하게 됩니다.

천변점성술의 전통이 가장 오랫동안 지속된 문명은 동아시아였습니다. 중국과 한국·일본에서 점성술은 관료제 안에 정착했기 때문에 국가적 차원에서 보호받고 지원받을 수 있었습니다. 그 때문에 세계 사상 유례 없는 장기간에 걸친 풍부한 관측 기록을 남길 수 있었던 것입니다.

그러나 과학의 입장에서 본다면, 점성술은 결코 정확하다고 볼 수 없습니다. 경험적 자료를 쌓아 놓는 것만으로는 충분하지 않으며, 경험적 자료들을 체계적으로 설명할 수 있는 이론이 있어야 비로소 과학이 성립하기 때문입니다. 과학 이론은 경험적 증거에 뒷받침되어야 하며, 이론과 일치하지 않는 경험적 증거가 발견되면 그 이론은 수정되거나 폐기되어야 합니다. 그러나 점성술은 어떠한 경우에도 자신의 이론을 포기하지 않습니다. 점성술의 체계 자체가 자신의 이론과 일치하지 않는 증거들을 철저히 배제하고서 성립되었기 때문입니다. 그 때문에 역대 천문지에 실린 점성술 기사는 하나같이 점이 적중한 내용만 싣고 있는 것입니다. 분명 혜성이 나타나도 아무런 말썽도 일어나지 않았던 경우가 많이 있었을 것입니다. 그렇지만 그 부분에 대해서 점성술은 어떠한 해명도 하지 못합니다. 천문 현상과 지상의 정치적 사건 사이의 관계를 완벽하게 이론화한다는 것은 사실상 불가능에 가깝기 때문입니다.

게다가 과학이 발달함에 따라, 일식의 발생원인을 정확하게 이해하고 그 발생 일자까지 예보하게 되었으며 혜성의 주기성도 인식하게 되자 '천변' 의 의미는 점차 약화될 수밖에 없었습니다. 그러한 경향은 역대 정사의 천문지에도 반영되어, 『구당서』에서부터는 천문 현상에 대해서만 기록하고 점성술적인 해석은 완전히 사라지게 됩니다. 후대의 천문지에서는 무미건조하게 천문 현상만 나열하기에 이릅니다. 그럼에도 불구하고 동아시아의 천문학자들이 천인상응론에 입각한 정치적 관심을 결코 포기하지 않은 것은 어째서일까요?

동아시아에서 천변점성술의 주제는 대부분 군주의 사망이나 전쟁·반란과 같은 인재人災, 그리고 가뭄·기근·홍수·질병과 같은 자연

우리 대한민국의 "천변점성술" 좀 봐 주세요!…

이놈이 누굴 약올리나

占

재해입니다. 전쟁이나 자연재해는 단순히 많은 사람들을 죽게 할 뿐만 아니라 왕조 정권 자체를 붕괴시킬만한 강력한 위력을 가지고 있습니다. 특히 중국에서는 왕조 말기에 대동란이 일어나 전체 인구의 절반 이상을 소멸시킨 참극이 종종 발생했습니다. 이러한 대동란은 보통 민중 봉기에서 시작해서 대규모 전란으로 발전하는데, 그 과정에서 기근과 질병 등을 수반하기 때문에 더욱 끔찍한 결과를 낳습니다. 전국이 전쟁터로 변한 상황에서 기존의 왕권이 유명무실하게 되면서, 수많은 군웅들이 나타나 진룡천자眞龍天子를 자처하며 치열한 패권 다툼을 벌이게 되는데, 이 소용돌이 속에서 생산기반과 과학문명은 철저하게 파괴됩니다.

"천 리를 가도 인적을 찾을 수 없다"거나 "열에 한 명도 살아남지 못했다"고 한 기사는 대동란기를 기록한 역사서에서 늘 등장하는 상투적

대기근의 참상
1780년대 일본의 아이즈會津에서 발생한 기근의 참상을 묘사한 그림. 굶주림에 지친 사람들이 시체를 먹고 있다.

인 표현입니다. 가장 끔찍한 것은 굶주림을 면하기 위해 사람을 잡아
먹은 이야기입니다. 수나라 말기 대동란의 참상에 대한 『구당서』의 기
록을 소개하면 다음과 같습니다.

　　주 찬朱粲*은 함락시킨 주州·현縣마다 모두 저장된 곡식을 꺼내
어 식량으로 충당했으며, 수시로 이동해 물러갈 때마다 번번이 가
지고 갈 수 없는 나머지 재화를 불태워버리고 성곽을 허물어버렸으
며, 농사에 힘쓰지 않고 약탈을 일삼았다. 이 때문에 백성들이 극도
로 굶주리게 되어, 굶어죽은 시체가 쌓였고, 서로 잡아먹는 사람들
이 많았다. 군중에 양식이 떨어지고 노략질할 곳도 없게 되자, …
여자와 어린아이를 약탈해 모조리 삶아서 군사들에게 식량으로 나
누어 주었다.

농민 봉기군의 수도 입성
881년 후앙 차오(황소黃巢, ?~884)가 이끄는 농민 봉기군이 츠앙안(장안長安)에 입성했을 때, 도성의 백성들은 농민군을 열렬히 환영했다. 그러나
관군이 츠앙안을 완전히 봉쇄해 성안에 식량 공급이 끊기자, 극심한 식량 부족으로 성안은 생지옥이 되었다. 농민군은 관군으로부터 사람을 사서
식량으로 삼았고, 관군은 살아 있는 사람을 잡아다가 농민군에게 팔았다.

이러한 생지옥은 새로운 통일 왕조가 등장해 정치를 안정시킬 때까지 중국 대륙 전반에 걸쳐 장기간 지속됩니다. "어떻게 하면 죽음의 세계인 난세를 사전에 막을 수 있을까?" 이는 중국의 모든 지식인들이 공통적으로 품고 있던 숙제였습니다. 전근대시대 동아시아에서 천문역산학은 바로 그러한 문제의식을 기본적으로 깔고 있습니다. 비록 점이 적중하지 않는 경우가 더 많더라도, 비정상적인 자연 현상으로 인식되었던 것이 설명할 수 있고 예측할 수 있는 자연 현상으로 밝혀지더라도, 난세를 미연에 방지해야 한다는 강렬한 문제의식 때문에, 그리고 난세의 예방을 위해 과학 연구를 지원하는 국가의 요구 때문에, 천문학자들은 점성술을 결코 포기할 수 없었던 것입니다. 특히 유교적 교양을 갖춘 관료들은 군주가 올바른 정치를 시행하도록 유도하기 위해 천문역산학에 의존하기도 했습니다.

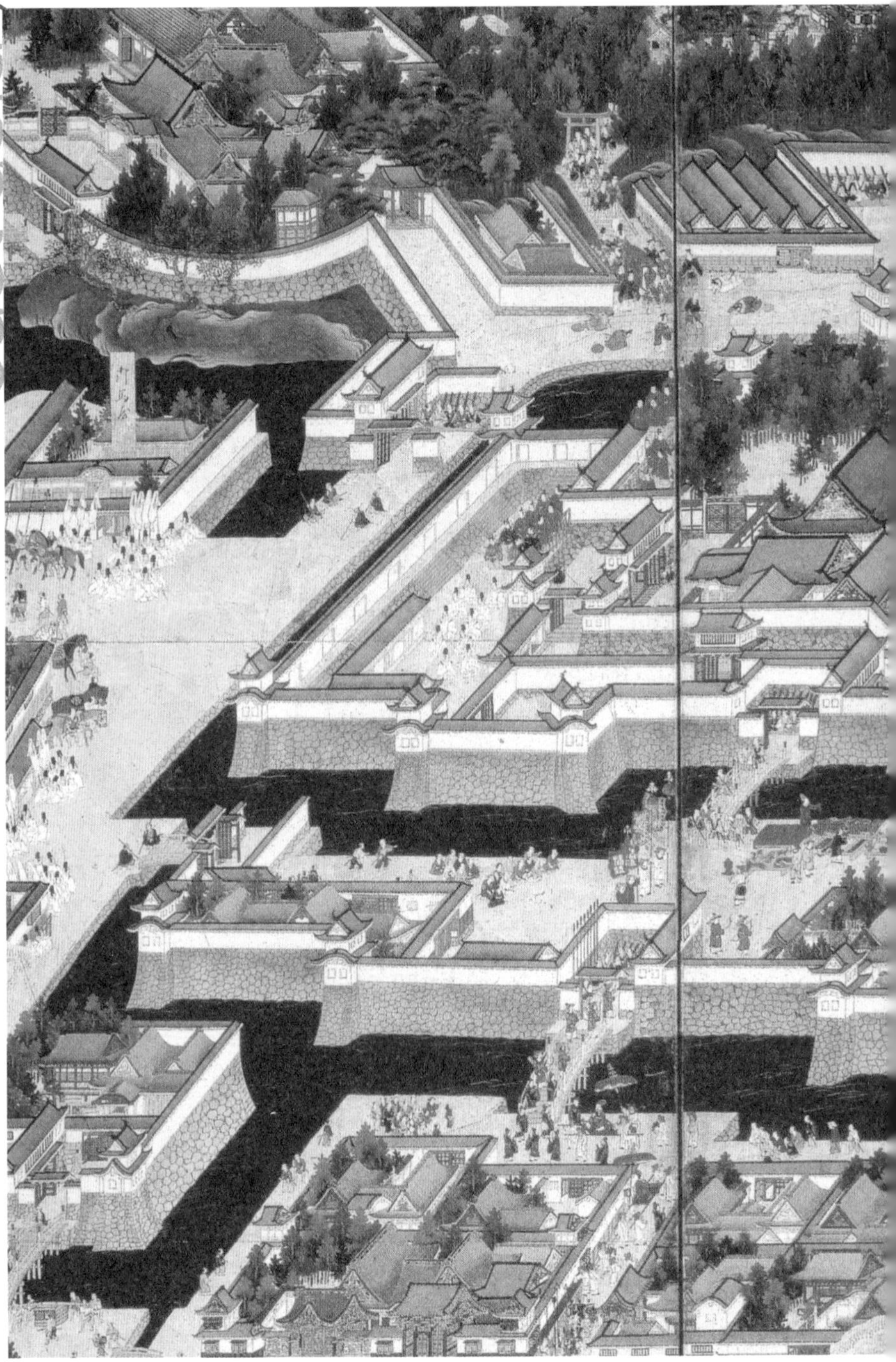

3부_동아시아 과학 문명의 형성

〈천상열차분야지도〉에 새긴 별자리

여러분, 광화문 옆에 있는 국립고궁박물관에 가본 적이 있으신지요? 그 첫 번째 전시실의 한가운데에 희미한 조명을 받으면서 서있는 큰 돌판 기억나십니까? 그 돌판의 정체가 무엇인지 아시나요? 바로 국보 제228호로 지정된 〈천상열차분야지도天象列次分野之圖〉입니다. 지금으로부터 약 600년 전에, 즉 태조太祖(재위 1392~1398) 4년(1395)에 왕명을 받들어 천문학자들이 정리한 별자리 그림을 석공들이 돌에다 새긴 것입니다. 너무 마모가 심해서 알아볼 수 없다고요? 그렇다면 후대에 태조 때의 석각천문도를 본떠서 만든 별자리 그림을 소개하도록 하겠습니다.

태조 때 돌에 새긴 〈천상열차분야지도〉
가로 122.8센티미터, 세로 200.9센티미터, 두께 11.8센티미터.
국립고궁박물관 소장. 사진에서 보는 면을 앞면이라고 한다.

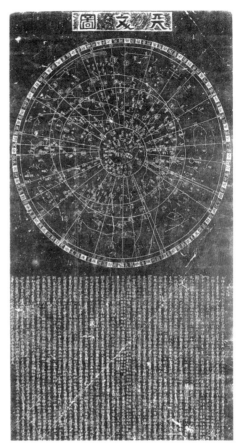

영조 때 목판본 〈천상열차분야지도〉

영조 때(1770)의 목판본 〈천상열차분야지도〉. 가로 88센티미터, 세로 141센티미터, 종이, 서울대학교 규장각 소장. 숙종 때 새긴 〈천상열차분야지도〉를 탁본해 목판에 옮긴 것이다. 처음 〈천상열차분야지도〉를 새긴 이후 300여 년이 지나면서 비바람에 닳아서 알아볼 수 없게 되자 숙종 때(1687)에 태조 때의 〈천상열차분야지도〉에 의거해서 새로운 돌에 다시 새겼다.

쑤저우 석각천문도

이것은 숙종肅宗 때 새긴 〈천상열차분야지도〉(1687)의 탁본을 영조 英祖(재위 1724~1776) 때(1770) 목판에 새기고 종이에 찍은 그림입니다. 숙종 때의 〈천상열차분야지도〉 역시 태조 때의 것을 본뜬 것이니, 태조 때의 석각천문도의 위용을 감상하기에 부족함이 없습니다. 무려

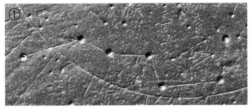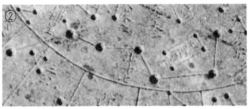

〈천상열차분야지도〉의 북두칠성 부분

①은 태조 때 새긴 〈천상열차분야지도〉(1395), ②는 숙종 때 새긴 〈천상열차분야지도〉(1687).
밝은 별은 크게 구멍을 냈고, 어두운 별은 작게 구멍을 팠다.

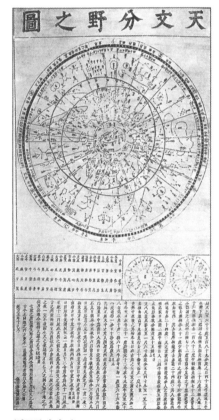

〈천문분야지도〉

가로 55.1센티미터, 세로 108.8센티미터. 목판본.
오오사카大阪 시립과학관 소장

290개의 별자리에 1,467개의 별과 2,932개의 글자를 새겨 만든 걸작입니다. 그런데 그림을 잘 들여다보시기 바랍니다. 앞에서 이와 비슷한 그림을 본 것 기억나십니까? 쑤저우의 석각천문도입니다.

물론 200여 년 이후에 제작되었던 것만큼 〈천상열차분야지도〉 쪽이 더 진보한 부분이 있습니다. 예를 들어, 쑤저우 천문도에서는 별의 밝기를 구별하지 않고 모두 똑같은 크기로 새겼지만, 〈천상열차분야지도〉에서는 별의 밝기에 따라 별의 크기를 다르게 새겼습니다. 그리고 별자리의 연결 방법이나 은하수의 모양과 위치도 다릅니다. 서울보다 훨씬 남쪽에 있는 쑤저우가 아니라 서울의 하늘을 기준으로 관찰했기 때문에 차이가 있는 것은 당연합니다.

그렇지만 분명히 쑤저우 천문도의 영향을 찾아 볼 수 있습니다. 전체적인 별자리 모양도 그러하지만, 큰 원과 작은 원, 적도권과 황도권으로 별자리 그림에 체계를 부여하고 있다는 점에서 〈천상열차분야지도〉는 쑤저우 석각천문도의 참다운 후계자라고 할 수 있습니다.

〈천상열차분야지도〉는 일본에도 전해졌습니다. 시부카와 하루미澁川春海(1639~1715)*가 1677년에 제작한 〈천문분야지도天文分野之圖〉는 바로 조선의 천문도에 바탕을 두고 만든 것입니다. '천문분야지도'라는 이름이나 별자리 그림 내용을 보면, 조선의 석각천문도의 영향을 받아 만들어졌다는 것을 알 수 있습니다.

〈천상열차분야지도〉와 〈천문분야지도〉, 이것은 대륙의 선진 과학 문명을 수용하려고 했던 조선과 일본의 부단한 노력을 웅변하는 기념비적인 상징물입니다. 그리고 오늘날 한국과 일본의 자랑스러운 문화유산이기도 합니다. 그러나 조상들을 자랑스럽게 이야기하기 전에 조상들이 어떻게 중국의 과학 문명을 흡수하고 소화시켰는지 정직하게 바라보아야 합니다. 중국의 전통 과학을 모르고는 우리의 전통 과학을 제대로 이해할 수 없기 때문입니다. 우리의 과학 전통이 중국의 그것과 너무나도 많이 '닮았다'는 것은 결코 부정할 수 없는 사실입니다. 중국의 것과 '닮았다'고 해서 부끄러워할 필요는 전혀 없습니다. '모방은 창조의 어머니'라는 말은 제대로 된 모방만이 새로운 창조를 낳는다는 뜻입니다. 그 때문에 이 책에서는 전근대 중국의 과학적 성과에 대해서 상당히 많은 양을 할애했습니다.

그리고 이웃 나라들의 뛰어난 과학적 성취에 대해서는 아낌없이 칭찬할 줄 아는 여유와 겸손을 갖추어야 합니다. 주변 나라들과의 교류 속에서 과학 문명이 더욱 찬란하게 빛을 발하기 때문입니다. 일본의 전통 과학이 중국, 혹은 우리를 모방했다고 해서 절대로 깔보아서는 안 됩니다. 일본의 전통 과학에 대해서도 적극적으로 관심을 갖고 정당하게 평가해주는 열린 자세가 필요합니다. 그 때문에 이 책에서는 전근대 일본의 과학적 성취에 대해서도 지면을 아끼지 않았습니다.

동아시아 과학사란 바로 한국·중국·일본의 전통 과학이 서로 영향을 주고받으면서 함께 일구어낸 역사입니다. 그것은 세 나라의 과학 유산이 서로 매우 많이 '닮았다'는 역사적 사실에 토대를 두고 있습니다.

시부카와 하루미
에도시대 일본의 천문학자. 〈죠오쿄오력貞享曆〉을 제작했다.

연호로 보는 동아시아 국제관계

서기

서력 이후는 '서기', '기원후', 혹은 라틴어 약자로 'AD', 즉 하느님의 해 Anno Domini로 표시하고, 서력 이전은 '기원전', 혹은 영어 약자로 'BC', 즉 그리스도 이전Before Christ으로 표시한다.

예수 탄생 연도

실제로 예수가 태어난 해는 기원전 4년 전후다. 4년이라는 오차가 생긴 이유는 소小 디오니시우스Dionysius Exiguus(500?~560?)가 서력 기원을 처음 제정할 때 예수 탄생 연도를 잘못 계산했기 때문이다.

1948년 대한민국 정부수립 후에는 단군기원을 연호로 제정해 서기 1948년을 단기 4281년으로 사용했다. 1961년에는 국제 조류에 따라 서력기원을 연호로 사용하게 되었다.

'서기西紀'*란 '서력기원西曆紀元'의 줄임말입니다. 서양 달력에서 햇수를 표시하는 기준이란 뜻입니다. 서양 달력이란 어떤 역법을 의미할까요? 그레고리력입니다. 그렇다면 그레고리력에서 햇수를 표시하는 기준은 무엇일까요? 바로 예수의 탄생 연도*입니다. 따라서 서기 2007년이란 예수 탄생으로부터 2007년 째 되는 해가 됩니다. 이렇게 과거의 특정 연대를 기준으로 해 햇수를 헤아리는 방법을 '기년법紀年法'이라고 합니다.

우리 역사에서 서력기원, 즉 서양의 기년법을 처음 도입한 것은 1945년 미군정 때부터입니다. 그로부터 4년 후 중국에서도 중화인민공화국이 성립하면서 서력기원을 사용하게 되었습니다. 그렇다면 근대 이전에 동아시아에서는 어떠한 기년법을 사용했을까요? 이제 지금으로부터 200여 년 전에 조선에서 간행된 달력을 감상하도록 하겠습니다.

달력의 왼쪽에 큰 글자로 표기된 한자를 읽어보겠습니다. "대청건륭오십륙년세차신해시헌서大淸乾隆五十六年歲次辛亥時憲書' '대청건

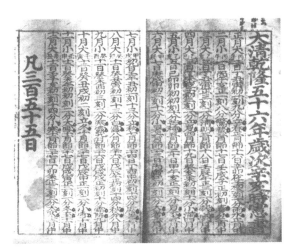

정조 15년(1791)에 간행된 달력

룽 56년'이란 '청나라 황제 건륭제乾隆帝(재위 1735~1795)가 즉위한 지 56년째 되는 해'란 뜻입니다. '세차신해'에서 '신해辛亥'는 간지干支 이고 '세차歲次'는 '간지에 따라 정한 해의 차례'를 가리킵니다. '시 헌서'*는 청나라의 달력 이름입니다.

시헌서
시헌서는 〈시헌력〉에 입각해 간행된 달력이다.

여기에서 우리는 전근대시대 동아시아에서 사용되었던 기년법에 두 가지 종류가 있다는 것을 알 수 있습니다. 첫째는 연호年號요, 둘째는 간지기년법干支紀年法입니다. 연호란 군주의 치적을 과시하거나 하늘 의 축복을 기원하거나 정치적 포부를 상징하는 특별한 이름을 사용함 으로써 치세가 시작된 해부터 햇수를 매기는 방식입니다. 예를 들어, '건륭'은 건륭제의 연호로서 '하늘처럼 존귀하고 위대함'을 뜻하는 특별한 이름입니다. 황제로서 뛰어난 정치를 펼치겠다고 하는 의욕과 포부를 드러낸 것이죠. 건륭제가 처음 즉위한 해는 '건륭원년乾隆元 年'이라고 표기했습니다. 원년에서 56년째 되는 해가 '건륭 56년'입 니다.

간지기년법은 10간과 12지를 조합해 만든 60갑자로 햇수를 표기하 는 방식입니다. 갑자년甲子年에서 다음 갑자년으로 돌아오는 데 60년 이 걸립니다. 그 때문에 나이 60세를 '환갑還甲'이라고 부릅니다.

건륭제
정치적으로 안정되고 문화적으로도 난숙한 청나라 전성기를 이룩한 황제

우리의 관심을 끄는 것은 전자, 즉 연호입니다. 왜 조선은 독자적인 연호를 사용하지 않고 중국의 연호를 사용했을까요? 그리고 중국의 연 호를 사용한다는 것은 무엇을 의미하는 걸까요?

중국을 중심으로 하는 전근대 동아시아 세계에서는 '책봉'과 '조 공'을 매개로 해서 국제 관계가 성립했습니다. '책봉册封'이란 중국의 황제가 주변 국가 군주에게 관작官爵을 주어 신하로 삼는 행위를 말합 니다. 예를 들어, 정조는 즉위하던 해에 청나라 황제로부터 '조선국왕 朝鮮國王'이라는 관작을 받았습니다. 이렇게 중국의 황제와 주변 나라 의 군주들 사이에 성립된 정치적·외교적 관계를 '책봉조공관계'라고 합니다.

책봉조공관계는 '사대관계事大關係' 의 구체적인 표현입니다. '사대事大' 란 약소국이 강대국을 군주로 받들고 섬긴다는 뜻이죠. '사대' 란 표현에서 잘 나타나듯이, 책봉조공관계는 분명히 불평등한 관계입니다. 조선 국왕이 청나라 황제로부터 책봉을 받고 조공을 바친다는 것은, 조선 국왕이 청나라 황제의 권위에 복종한다는 것을 의미합니다. 그러나 이러한 불평등이 곧바로 지배—예속 관계를 뜻하는 것은 아닙니다. 사대라고 해도 어디까지나 상대방의 내정에 간섭하지 않는 독립국가 사이의 관계였습니다.

책봉조공관계는 국가의 문서 행정에도 그대로 반영되었습니다. 즉 중국의 역법을 수용해 달력을 간행하고, 중국의 연호를 사용해 각종 공문서에 연도를 표기했던 것입니다. '이념적' 차원에서 중국의 황제는 하늘을 대신해서 천하를 다스리는 존재였습니다. '천자天子' 는 천명의 대행자로서 중국 황제의 지위를 잘 보여 주는 용어입니다. 중국 황제가 제정한 역법을 수용하고 중국 황제의 연호가 표기된 달력을 간행한다는 것은 곧 천명의 대행자로서의 중국 황제의 권위를 인정한 것입니다. 연호는 전근대시대 동아시아의 국제질서를 상징하는 동아시아 고유의 기년법입니다.

동아시아 문화권 속에서의 과학 문화 교류

중국과 한반도 그리고 일본 열도는 일찍이 커뮤니케이션의 수단으로 한자를 공유하고 그것을 매개로 유교 · 율령 · 역법과 같이 중국에서 비롯된 문화를 수용했습니다. 중국을 중심으로 공통의 문화 전통을 공유하는 이들 지역을 '동아시아 문화권' 이라고 합니다.

동아시아 문화권은 책봉조공관계를 토대로 형성되었습니다. 책봉을 받은 나라는 조공을 목적으로 파견한 사신과 유학생들을 통해, 혹은 중국에서 파견된 사신과 지식인들을 통해 중국 문화를 수용할 수 있었

7세기 초의 동아시아 지도

던 것입니다. 천문역산학과 의학을 비롯한 과학 문화 역시 중국과의 정치적·외교적 관계를 통해 수용될 수 있었습니다.

전근대시대 한국과 일본의 관료기구 안에는 당연히 천문역산을 담당하는 관료들이 있었습니다. 이들은 중국의 천문역산학을 열심히 학습했으며, 그러한 성과를 토대로 달력을 편찬하고 천문을 관측하고 천문기계를 제작했습니다.

동아시아 문화권을 설정하는 이유는 우리 역사를 중국이나 동아시아의 역사 속에 매몰시키기 위해서가 아닙니다. 동아시아 문화권에 속하는 나라들에서 중국을 중심으로 하는 공통의 문화적 성격이 나타나는 것은, 바로 중국 문화를 수용한 민족들의 독자적인 변용을 전제로 하면서도, 그 변용이나 독자성이 중국 문명과의 관계 속에서 모습을 드러내기 때문입니다. 즉 중국 문명이라는 공통의 모태를 인식함으로써 각 나라가 가진 독자성을 한층 더 구체적으로 파악할 수 있기 때문입니다. 예를 들어, 우리 역사에서 민족문화를 찬란하게 꽃피웠다고

〈양직공도〉의 백제국 사신   〈양직공도〉의 왜국 사신

난징박물관 소장. 〈직공도職貢圖〉는 양나라 원제元帝(재위 552~554) 샤오 이(소역蕭繹, 505~554)가 제위에 오르기 전에 편찬한 책이다. 각국에서 온 사신의 모습을 샤오 이가 직접 그리고 해설을 붙였다. 일반적으로 〈양직공도梁職貢圖〉라고 부르는 것은 1077년에 푸 장츠(부장차傅張次)가 〈직공도〉를 보고 똑같이 그린 것이다. 당초 원본은 35국 사신도를 그렸다고 추정되지만, 현재는 이 가운데 백제국과 왜국 등 12국 사신도만 남아있다. '백제국 사신' 그림에서 흰 테두리가 쳐진 부분은 진晉나라 때부터 중국과 백제 간의 교류가 끊임없이 지속되었다는 사실을 기록하고 있다.

칭송 받는 세종 때의 과학적 업적은 중국 천문역산학의 영향 없이는 도저히 설명할 길이 없습니다.

그런데 동아시아 문화권에서의 과학 문화의 교류는 반드시 중국과의 관계를 통해서만 이루어진 것은 아니었습니다. 주변 나라들과의 끊임없는 교섭을 통해 과학 문화가 전파되고 수용되기도 했던 것입니다. 예를 들어, 왜는 백제와 신라를 통해서 선진 과학 문명을 수용할 수 있었습니다. 6세기 이전의 신라는 아마도 고구려나 백제를 통해 선진 과학 문명을 흡수했을 것입니다.

그리고 중국 과학 문명의 수용은 주변 나라의 주체적 요구에 의해서 이루어졌습니다. 고구려·백제·신라, 그리고 왜 모두 중앙집권국가

진파리 4호분의 별자리 그림

평양 진파리 4호분(6세기)의 천장 그림에는 136개 이상의 별들이 크고 작은 원들로 그려져 있는데, 북극 주변의 별자리들을 별의 밝기에 따라 크기를 달리해 그린 것으로 추정된다.

를 건설하는 과정에서 과학을 필요로 했습니다. 특히 천문역산학은 국왕의 권위를 강화하는 데 매우 필수적인 학문이었습니다. 예를 들어, 고구려 고분벽화에 그려진 천문도는 고구려 국왕을 중심으로 하는 독자적인 세계관을 잘 보여 줍니다.

게다가 중국 주변의 나라들이 중국의 과학적 성취를 원형 그대로 받아들인 것은 아니었습니다. 각 나라들의 환경이나 풍토에 어울리는 과학을 발전시키려고 노력했습니다. 예를 들어, 동양에서 가장 오래된 천문대인 첨성대瞻星臺는 중국에서도 그 유래를 찾아볼 수 없는 독창적인 과학 문화 유산입니다.

요컨대 동아시아의 여러 나라들은 중국 천문역산학을 적극적으로 수용하면서도 자신의 환경과 필요에 따라 적절히 변형시킨 과학 문화를 가꾸어 나갔습니다.

02 동아시아의 천문역산학

17세기 이전의 동아시아 역법사

독자적인 역법을 제작하기 위해서는 일정 수준 이상의 관측기술과 계산법이 필요합니다. 특히나 천체력인 중국의 역법은 더욱 높은 수준의 기술과 지식을 필요로 했습니다. 그러나 그러한 기술과 지식을 완벽하게 이해하는 것은 대단히 어려운 일이었습니다. 따라서 15세기에 조선에서 〈칠정산七政算〉이 제작되고 17세기에 일본에서 〈죠오쿄오력貞享曆〉이 제작되기 이전에는 역법의 원리를 완벽하게 이해하는 자가 없었기 때문에 중국으로부터 달력을 받아 그대로 사용할 수밖에 없었습니다. 게다가 독자적인 역법을 사용하는 것은 정치적으로 중국을 자극할 수 있는 대단히 민감한 문제였습니다.

삼국과 통일신라, 그리고 고려의 역법

삼국 중에서 가장 먼저 중국으로부터 역법을 도입한 것은 백제였던 것 같습니다. 백제가 어떤 역법을 사용했으며, 어느 정도 역법을 이해했는지 속 시원하게 알려 주는 자료는 없습니다. 그러나 554년에 왜의 조정에 파견된 백제의 전문가 중에 역박사曆博士가 있었으며, 602년에 백제의 승려 관륵觀勒이 역서曆書를 가지고 왜의 조정에 파견된 것으로 미루어 보아, 적어도 6세기경에는 백제에 역법 계산에 능통한 전문가들이 존재했다는 것을 알 수 있습니다.

그렇다면 백제는 어떤 역법을 사용했을까요? 1971년에 충남 공주에서 무령왕릉武寧王陵이 발굴되었을 때, 그 안에서 출토된 지석誌石에 새겨진 날짜를 조사한 결과 허 츠엉티엔의 〈원가력〉이 사용되었다는 사실이 밝혀졌습니다. 〈원가력〉이 중국에서 사용된 시기는 445년에서 509년 사이입니다. 그런데 무령왕이 왕릉에 안치된 해는 525년입니다. 그러니까 백제는 중국에서는 이미 폐기된 〈원가력〉을 16년이 지나도록 여전히 사용하고 있었던 것입니다. 아마도 당시 백제의 역박사들이 쭈 총즈의 〈대명력〉을 충분히 익히지 못했기 때문에 개력을 단행하지 못했던 것 같습니다. 그 이후에 백제가 어떤 역법을 사용했는지는 자세히 알 길이 없습니다. 다만 수나라의 역사를 기록한 『수서隋書』 「동이전東夷傳」에 백제가 〈원가력〉을 사용했다는 기록이 있는 것으로 보아, 7세기 초까지 〈원가력〉을 사용했을 가능성이 높습니다.

무령왕릉의 널방 내부

무령왕릉에서 나온 왕의 지석

"영동대장군寧東大將軍 백제 사마왕斯麻王이 62세 되는 계묘년癸卯年(523) 5월 병술丙戌 초7일 임진일壬辰日에 돌아가시니, 을사년乙巳年(525) 8월 12일에 대묘에 안장하고 다음과 같이 문서를 작성한다."
무령왕릉에서는 무령왕武寧王(재위 501~523)과 왕비의 지석 2매가 발견되었다. 이 지석은 우리나라에서 가장 오래된 지석일 뿐만 아니라 삼국시대 왕릉 중에서 묻힌 사람이 누군지 알 수 있는 유일한 무덤이다. 지석은 무덤을 만든 때를 분명히 나타내주기 때문에, 왕릉과 그 안에서 출토된 유물의 연대를 알 수 있게 해주는 귀중한 자료다.

『고려사高麗史』「역지曆志」에 실린 〈선명력〉

신라가 정확하게 언제부터 중국의 어떤 달력을 받아썼는지는 알 수 없습니다. 삼국통일 직후, 당나라와 한창 전쟁을 벌이던 674년에 당나라의 〈인덕력麟德曆〉을 채용했다는 기록이 있을 뿐입니다. 통일신라시대에는 당나라의 〈선명력宣明曆〉을 사용한 것으로 알려져 있으나 언제부터 사용했는지 정확하게 알 수 없습니다.

고려가 국초부터 사용한 역법도 〈선명력〉이었습니다. 고려 태조가 왕조를 개창할 당시(918)에 이미 〈선명력〉은 처음 제정된 지 96년이 지났고 폐지된 지 26년이 지난 후였습니다. 그 후로도 중국에서는 22회나 개력을 시행했지만, 고려에서는 1291년에 원나라를 통해 〈수시력〉이 도입될 때까지 373년 동안 줄곧 〈선명력〉을 사용한 것입니다. 이것은 〈선명력〉이 우수해서라기보다는 고려의 천문학자들이 역법계산에 미숙했기 때문이었습니다. 그 때문에 최신 역법을 그 때그때 수용할 수 없었던 것입니다.

고려는 오랫동안 당나라의 〈선명력〉에 따라 일 · 월식을 계산하면서도 송나라로부터 달력을 받아와서 사용했습니다. 송나라에서 수입한 달력과 〈선명력〉에 의한 계산 사이에 차이가 생기는 것은 당연했습니다. 그리고 〈선명력〉이 처음 제정된 지 수백 년이 지났을 뿐만 아니라, 고려의 수도 개경이 〈선명력〉 제정 당시 중국의 수도였던 츠앙안(장안長安)과 경 · 위도 상으로 차이가 있기 때문에 달력에 기재된 내용과 실제 천체 현상 사이에 차이가 생길 수밖에 없었습니다. 게다가 역법 계산마저 미숙했기 때문에 일 · 월식 예보에 종종 착오가 생겼습니다.

일본의 역법

백제와 신라의 경우 역사서를 편찬하기는 했지만, 그 역사서가 오늘날 전해지고 있지 않기 때문에 당시의 역사를 연구하는 데 어려움이 많습니다. 고려는 그보다 사정이 약간 나은 정도입니다. 이와 달리 일본은 8세기 이후에 편찬된 역사서*가 지금까지도 전해지고 있을 뿐만 아니라 그 보다 이른 시기에 제작된 달력*의 단편도 남아있어서 당시 역법을 이해하는 데 도움이 됩니다.

554년 백제에서 왜의 조정에 파견된 전문가 집단에는 역易박사와 의醫박사와 함께 역曆박사가 포함되어 있었습니다. 또한 602년에는 백제의 승려 관륵이 역서를 포함해 천문 · 지리 · 둔갑방술遁甲方術 등에 관한 책들을 가지고 왜에 건너가서 왜의 조정에서 선발된 네 사람에게 각각 역산 · 천문 · 지리 · 방술 등을 가르쳤습니다. 이 때 관륵이 어떤 역법을 가르쳐 주었는지 정확하게 알 수 없습니다. 다만 당시 백제가 〈원가력〉을 사용했다고 한다면, 관륵이 전해준 역법은 〈원가력〉이었을 가능성이 높습니다.

일본의 역사서
일본에서 가장 오래된 역사서인 『일본서기日本書紀』는 720년에 토네리 친왕舍人親王(676~735)과 오오노 야스마로太安萬呂(?~723)에 의해 편찬되었다. 중국 역사서를 모방해 편년체編年體로 서술되었으며, 신들의 시대부터 지토오 천황(7세기 말)까지를 다루었다. 『일본서기』를 비롯해 『속일본기續日本紀』(797), 『일본후기日本後紀』(840), 『속일본후기續日本後紀』(869), 『일본문덕천황실록日本文德天皇實錄』(879), 『일본삼대실록日本三代實錄』(901)을 통틀어 육국사六國史라고 한다. 모두 국가에서 편찬한 역사서로서 오늘날까지 전해지고 있다.

(일본에서 가장 오래된)달력
현존하는 일본에서 가장 오래된 달력은 2002년 아스카 촌 이시노카미石神 유적에서 출토된, 689년의 역일曆日 일부가 기록된 목간木簡이다.

우리나라의 역사책 중에 현존하는 가장 오래된 역사서는 『삼국사기』로서 1145년에 편찬되었다. 『삼국사기』는 삼국시대에 관한 거의 유일한 문헌자료다. 고려시대를 다룬 역사서도 그 당시에 편찬된 책 중에 지금까지 전해지는 것은 없다. 조선시대에 편찬된 『고려사高麗史』(1451)와 『고려사절요高麗史節要』(1452)가 거의 유일하다.

690년에 이르러서야 일본 정부는 〈원가력〉과 〈의봉력儀鳳曆〉의 시행을 공식적으로 선포했습니다. 두 역법을 동시에 사용했는지의 여부는 알 수 없으나, 처음에는 〈원가력〉을 사용했다가 몇 년이 지난 후에는 〈의봉력〉을 사용했던 것 같습니다. 일본에서는 당나라의 〈인덕력〉*을 〈의봉력〉이라고 불렀습니다. 아마도 당나라가 아니라 신라를 통해서 〈인덕력〉을 배워 왔던 것 같습니다.

동아시아 각국에서 역법이 시행된 기간

	중국(당)	한국(신라~고려)	일본
인덕력	665~728	674~?	690~762
대연력	729~761	×	763~856
오기력	762~783	×	857~860
선명력	822~892	?~1291	861~1683

'천황'이라고 기록된 가장 오래된 목간

7세기 후반의 것으로 추정된다. 나라 현奈良絃 아스카촌飛鳥村 아스카이케飛鳥池 유적에서 출토. 텐무·지토오 천황 이전에 야마토大和 지방에서 성장해 중앙집권 국가로 발전한 이 나라의 지배자들은 자신들의 나라를 '일본日本'이 아니라 '왜倭'라고 불렀고, 자신들의 왕을 '천황天皇(텐노오)'이 아니라 '대왕大王(오오키미)'이라고 불렀으며, 자신들을 일본인日本人이 아니라 '왜인(와진倭시)'이라고 불렀다.

〈원가력〉과 〈의봉력〉을 관력으로 선포한 때는 지토오 천황持統天皇(재위 687~697)이 다스리던 시기였습니다. 지토오 천황의 남편 텐무 천황天武天皇(재위 673~686)은 왕권을 강화함으로써 중앙집권적 율령체제를 정비한 인물입니다. 텐무 천황이 죽은 후 지토오 천황은 남편의 정책을 계승해 일본 최초의 법령인 『아스카키요미하라 령飛鳥淨御原令』을 시행하고 전국적으로 호적을 작성하고 토지제도를 제정했습니다. 법령에 의거해 공식적으로 나라 이름을 '일본日本'이라고 부르고 최고 지배자의 이름을 '천황天皇'이라고 부르기 시작한 것도 바로 이때부터입니다. 그리고 최초의 본격적인 도성인 후지와라쿄오藤原京도 이 시기에 건설되었습니다. 역법 역시 지토오의 중앙집권 강화정책의 일부였습니다. 대륙의 문화인 역법은 율령과 함께 '제도'로서 일본에 이식된 것입니다. 요컨대 일본국과 천황의 탄생과 거의 동시에 역법이 시행되었다고 할 수 있습니다.

후지와라쿄오의 복원도

694년에 건설되었으며 710년까지 16년 동안 일본의 수도였던 후지와라쿄오는 동서 5.3킬로미터, 남북 4.8킬로미터의 규모이며, 그 가운데에 동서 925미터, 남북 907미터의 후지와라궁藤原宮이 배치되어 있다.

그 후에 일본은 견당사遣唐使를 통해 중국의 역법을 수입했습니다. 735년에는 〈대연력大衍曆〉이, 780년에는 〈오기력五紀曆〉이 수입되었습니다. 그런데 〈대연력〉이 관력으로 채용된 것은 처음 수입한 지 28년이 지난 763년이었습니다. 그때는 이미 중국에서 〈대연력〉이 폐지되고 〈오기력〉이 시행되고 있었습니다. 그리고 〈오기력〉으로 개력을 실시한 것도 〈대연력〉을 처음 시행한 지 무려 94년이 지난 857년의 일이었습니다. 그때는 이미 중국에서 〈오기력〉이 폐지된 지 74년이 지난 뒤였습니다. 이렇게 새로운 역법의 채택이 늦어진 것은 어째서일까요? 이것은 당시 일본의 천문학자들이 역법 그 자체에 대한 이해가 부족했기 때문입니다. 당시 천문학자들은 역법에 대한 과학적 분석보다는 달력에 표기된 날짜의 길흉을 따지는 데 더 관심이 있었습니다. 그 때문에 최신 역법을 수입하고 배우는 데 적극적이지 않았습니다.

〈선명력〉이 수입된 것은 견당사가 아니라 859년에 일본에 왔던 발해국 대사 마효신馬孝愼을 통해서였습니다. 861년에 관력으로 채택된 〈선명력〉은 1684년에 〈죠오쿄오력〉으로 개력하기 전까지 무려 820여 년 동안 사용되었습니다.

견당사선 복원 모형

견당사란 당나라에 파견된 조공사절을 가리킨다. 일본은 견당사를 630년부터 834년까지 13차례 파견했다. 견당사는 당의 제도와 문화를 일본에 전하는 임무를 수행했다. 견당사선은 길이 약 30미터, 폭 약 9미터, 배수량 약 300톤으로 추정된다. 견당사는 외교관과 유학생·유학승 등 100~250명 정도로 구성되었으며 견당사선 2~4척에 나누어 탔다.

역박사, 그들은 누구인가?

일본의 율령체제 안에서 역법을 담당한 것은 역曆박사였습니다. 일본의 율령은 당나라의 율령을 모방해 국립천문대 조직으로 음양료陰陽寮를 두었습니다. 음양료의 장관은 음양두陰陽頭이며, 그 밑에는 역박사를 비롯해서 천문박사·누각박사·음양박사를 두었습니다. 점성술을 다루는 천문박사와 기타 잡점雜占을 취급하는 음양박사가 궁중에서 비교적 융숭한 대접을 받았던 데 반해, 역박사는 상대적으로 낮은 대우를 받았던 모양입니다.

어쨌든 역박사는 매년 각 관청에 배포될 달력을 만드는 다소 틀에 박힌 업무를 수행했습니다. 배를 타고 당나라로 가는 일은 대단히 위험했기 때문에, 매 년 중국의 달력을 수입하는 것은 불가능한 일이었습니다. 달력의 수입이 늦어지거나 단절된 경우에 역박사는 독자적으로 역일曆日(달력의 날짜)을 계산해 달력을 제작해야 했을 것입니다.

역박사는 중국 역법의 방식대로 계산해 달의 대·소를 정하고, 10월 중에 다음 해의 달력을 제작해 11월 초하루에 천황에게 제출했습니다. 그러한 과정을 거친 후에 여러 관청에 다음 해의 달력이 배부되었고,

폭풍우로 난파된 지엔전 일행

〈감진화상동정회전鑑眞和尚東征繪傳〉. 당나라의 승려 지엔전(감진鑑眞, 688~763)은 742년에 일본인 유학승의 요청으로 계율을 펼치기 위해 일본으로 건너가려고 했으나 폭풍을 만나 실패하고 시력을 잃었다. 그로부터 11년이 지난 753년에야 견당사선을 타고 일본에 무사히 건너갈 수 있었다. 지엔전은 일본 율종律宗의 시조가 되었다.

그 달력에 따라 각 관청들의 다음 해 사업들이 결정되었습니다. 요컨대 달력의 제작은 국가의 연중행사 중 하나였습니다.

역박사가 맡은 또 하나의 중요한 임무는 일식을 예보하는 것이었습니다. 역박사는 미리 일식을 계산해 일식이 있을 것으로 예측되는 해 정월 초하루에 상급 기관에 보고했습니다. 일식이 일어난 당일에 정부는 업무를 보지 않고 승려를 불러다 액막이를 시켰습니다.

달의 대·소가 틀리거나 달력에 기재된 초하루나 보름달이 실제 천상과 1일 정도 어긋나더라도 천변점성술적인 의미는 없습니다. 그것은 천재天災가 아니라 인재人災에 속하기 때문입니다. 그런데 일식의 경우에는 국가적 차원의 문제가 됩니다. 만약 역박사가 예보를 게을리 하거나 예기치 않은 일식이 일어나면, 일식에 대한 예방 조치가 취해지지 않았다는 이유로 천황의 노여움을 사게됩니다. 한편 예보가 빗나가서 일식이 발생하지 않으면, 천황의 덕이나 승려의 기도 때문에 일식이 일어나지 않았다고 해석해서 역박사의 책임을 묻지 않았습니다. 그래서 역박사는 예보가 빗나가도 되기 때문에 가능한 한 많이 예보를 해 두게 됩니다. 따라서 일본의 옛 기록에 나타난 일식은 오늘날에 계산해보면 일본에서는 일어날 수 없는 것들이 많이 포함되어 있습니다.

역주, 달력으로 길흉을 점치다

역박사가 달력을 제작하면서 가장 주의를 기울였던 부분은 바로 길흉을 표기하는 것이었습니다. 당시에는 그날그날의 길흉을 살피는 것이야말로 달력을 보는 가장 중요한 이유였기 때문입니다. 이제 1009년의 달력을 감상해 보도록 하겠습니다.

매일의 역일曆日 밑에는 간지·오행·십이직十二直이 표기되어 있고, 그 밑에는 절기·현망弦望(달의 위상) 등이 적혀 있고, 맨 밑에는 금

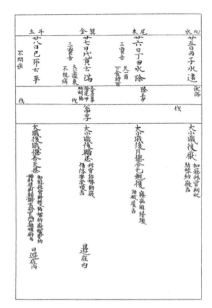

'1009년 11월의 달력'의 복원도

후지와라노 미치나가의 일기

정식 명칭은 '칸코오寬弘 6년 11월 구주력'이다. 당시 조정의 최고 권력자였던 후지와라노 미치나가藤原道長(966~1028)는 33세부터 56세까지 23년 동안(999~1022) 일기를 달력의 여백에 기록했는데, 그 일기를 그의 벼슬 이름을 따서 〈어당관백기御堂關白記〉라고 한다. 이 일기는 당시 정치사를 이해하는 데 도움이 되는 중요한 사료다.

기ㆍ길흉 등이 기재되어 있습니다. 아래의 표는 위에서 소개한 1009년의 달력 중 11월 25일 부분을 알기 쉽게 정리한 것입니다.

1009년 11월 25일의 역주

①과 ②는 일日ㆍ월月ㆍ화火ㆍ수水ㆍ목木ㆍ금金ㆍ토土의 칠요七曜가 이십칠수 중 어디에 위치해 있는지를 표시하고 있다. 칠요와 이십칠수는 인도—페르시아 천문학에서 비롯된 것이다. 이십칠수란 달의 궤도를 27개의 구역으로 등분한 인도 천문학의 별자리 체계다. 칠요와 이십칠수는 동아시아 세계에 불교와 마니교가 전래되는 과정에서 함께 수용되었다. 일본에 칠요와 이십칠수가 도입된 것은 10세기 말 이후다.

①27수	②요일	③날짜	④간지	⑤오행	⑥12직	⑦	⑧역주曆注
심心	수水	25일 廿五日	병자丙子	수水	건建	목욕沐浴	대소세후염大小歲後厭 가관加冠 배관拜官 사사祠祀 결혼結婚 납징納徵 길吉

옛 기록에서는 위에서 아래로, 그리고 오른쪽에서 왼쪽으로 써내려 갔습니다. 이것을 세로쓰기라고 하죠. 오늘날 우리나라에서는 왼쪽에서 오른쪽으로, 그리고 위에서 아래로 써 내려가는데, 이것은 가로쓰기라고 부릅니다. 앞의 표는 원래 세로쓰기로 되어 있던 것을 가로쓰기로 고친 것입니다. 따라서 실제로는 ①이 맨 위가 되고, ⑧이 맨 아래가 됩니다. 먼저 주목해서 볼 곳은 바로 ⑧입니다. 한 번 해석해 볼까요. "관례冠禮를 치르거나, 벼슬을 내리거나, 제사를 지내거나, 혼례를 치르거나, 세금을 거두면 길하다." ⑧에서처럼 달력의 날짜에 길흉을 표시한 것을 '역주曆注'라고 하고, 역주가 달린 달력을 '구주력具注曆'이라고 합니다.

역주와 관련해서 가장 중요한 것은 ⑥의 '십이직'입니다. 12직은 북두칠성의 자루부분이 가리키는 방향에 따라 점을 치는 방법을 말합니다. 북두칠성의 자루가 북극성을 중심으로 천구를 회전하는데, 여기에 십이지十二支에 의한 방위를 조합시켜 건建·제除·만滿·평平·정定·집執·파破·위危·성成·납納·개開·폐閉의 12직을 배당합니다. '건建'이란 북두칠성의 자루가 저녁에 '자子(12시 방향)'를 가리키는 달에 날짜의 간지가 '~자子'로 끝나는 날입니다. 11월은 북두칠성의 자루가 '자'를 가리키는 달이며, 1009년 11월 25일의 간지는 '병자(④丙子)'입니다. 12직마다 운세가 각각 다른데, '건'의 운세는 대단히 좋습니다. 만물이 막 생성하기 시작하는 '만사대길萬事大吉의 날'이니까요. 단 무엇인가를 감추거나 파거나 막거나 닫아서는 안 됩니다. 막 생성하려는 만물의 기운을 막는 것은 대단히 흉하기 때문입니다.

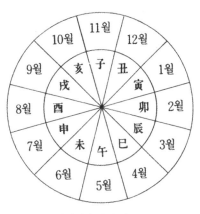

십이지와 달의 배당표

역박사는 그 날의 간지·오행·12직 등을 참고해 ⑧과 같이 길흉을 표기합니다. 역주는 오늘날 신문에도 실려 있는 '오늘의 운세'와 비슷합니다. 차이가 있다면, 현대인들은 그저 재미로 보는 데 반해, 옛날 사람들은 역주를 생활의 지침으로서 진지하게 고려했다는 점입니다.

1009년의 구주력의 주인은 후지와라노 미치나가藤原道長(966~1028)입니다. 4명의 딸을 각각 4명의 천황의 비妃로 삼게 했으며, 9살에 즉위한 천황을 대신해서 섭정이 되었으니(1016), 그 권력이 얼마나 대단했는지 알 수 있습니다. 그런데 그러한 권력자도 달력의 여백(⑦)에 "목욕을 했다"고만 적었습니다. 아마도 목욕이 그날의 가장 인상적인 사건이었나 봅니다. 무소불위의 권력자라도 목욕을 안 할 수는 없었을 것입니다. 왕자나 거지나 옷 다 벗고 탕 속에 들어가면 모두 똑같은 사람이 아니겠습니까? 어쨌든 당시 일본의 귀족들은 달력의 여백을 이용해서 일기를 적었습니다. 달력은 이렇게 해서 권력자의 일상생활을 엿볼 수 있는 재미있는 자료가 되었습니다.

미치나가의 할아버지 후지와라노 모로스케藤原師輔(908~960)는 자손들에게 다음과 같은 훈계를 남겼습니다.

안 들어오고 뭐 하므니까?

오늘!.. 내 역주가 물을 멀리하라고!..

후지와라노 미치나가의 목상

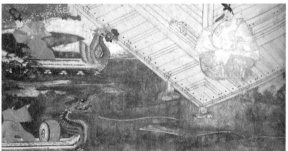

외손자의 출산에 기뻐하는 미치나가

『시키부 일기회사紫式部日記繪詞』(13세기)에 실린 그림. 후지와라노 미치나가는 천황 4대의 외척으로서 정권을 독점하였다. 미치나가의 맏딸 쇼오시彰子는 이찌죠오 천황一條天皇(재위 986~1011)의 황비가 되어 1008년과 그 다음해에 각각 고이치죠오 천황後一條天皇(재위 1016~1036)과 고스자쿠 천황後朱雀天皇(재위 1036~1045)을 낳았다. 두 천황들은 각각 미치나가의 다른 두 딸과 결혼했다.

아침에 일어나자마자 먼저 자신이 속한 별의 이름을 작은 소리로
7번 불러야 하느니라.
그 다음에는 거울을 들고 얼굴을 보면서 자신의 상태를 확인해야
하느니라.
그 다음에는 달력에 적힌 역주(오늘의 운세)를 보고 그 날의 길흉을
알아야 하느니라.

 현대인들이 보기에 조금 우스꽝스러울지 모르겠습니다. 그러나 천
여 년 전 사람들에겐 대단히 진지한 발언이었습니다. 이렇듯 당시 사
람들에게 역주는 그날그날의 활동을 결정하는 데 필수 지침이 되었던
것입니다.
 물론 역주를 맹신하는 미신적 행위에 대한 비판이 전혀 없었던 것은
아니었습니다. 807년에 헤이제이 천황平城天皇(재위 806~809)의 명령
으로 달력에서 역주를 삭제한 적이 있었습니다. 그러나 새로운 천황이
즉위한 후에 귀족들의 요청으로 810년에 역주가 부활했습니다. '오늘
의 운세'를 보지 못하면 대단히 불안했던 모양입니다. 어쨌든 역주는
그 후에도 지속적으로 제작되었고, 21세기에도 명맥을 유지하고 있습
니다.

1413년의 구주력

정식 명칭은 오오에이應永 20년의 구
주력. 달력의 여백에는 무로마치室町
바쿠후幕府 초기의 재상이었던 산포오
인 만사이三寶院滿濟(1376~1435)의 일
기가 기록되어 있다. 따라서 이 달력
은 당시 정치적 상황을 알려주는 귀중
한 사료이기도 하다.

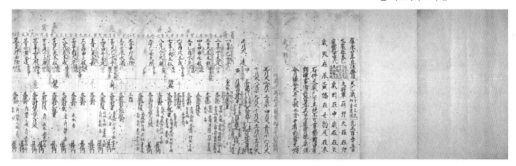

〈선명력〉이 채택된 이후

왜 〈선명력〉이 채택된 이후에 800여 년 동안 개력이 이루어지지 않았던 걸까요? 9세기 말, 일본 최고의 학자로서 명성을 떨쳤던 스가와라노 미치자네菅原道眞(845~903)는 이제 더 이상 중국으로부터 배울 것이 없다고 주장하면서 견당사의 폐지를 건의했습니다. 견당사의 폐지는 곧 책봉조공 관계의 단절을 의미했습니다. 견당사가 폐지되면서(894) 이후 오랫동안 일본과 중국 사이에 공식적인 교류가 단절되었지만, 민간 차원의 교류는 지속되었습니다. 어쨌든 중국의 최신 역법을 수입해서 연구할 기회가 줄어들 수밖에 없었고, 이 때문에 오랫동안 개력이 추진될 수 없었습니다.

12세기 이후에는 중앙정부의 힘이 약화되면서 개력을 실시하는 것 자체가 불가능해졌습니다. 개력을 추진하기 위해서는 개력을 추진할 만한 힘을 지닌 정치권력이 필요하기 때문입니다. 특히 전란의 시대에

스가와라노 미치자네

스가와라노 미치자네는 학자 집안에서 태어나 학문적 재능에 의해 천황의 신임을 받아 높은 벼슬을 얻었다. 그러나 후지와라노 미치나가의 증조할아버지뻘 되는 후지와라노 도키히라藤原時平(871~909)의 모함을 받아 좌천당하고(901) 2년 후에 죽었다. 죽은 뒤에 학문의 신인 기타노텐진北野天神으로 숭상되었다. 오늘날에도 입시철이 되면 미치자네를 모신 신사인 텐만구우天滿宮는 합격을 기원하는 사람들로 초만원이 된다.

는 어느 누구도 개력에 신경 쓸 여유가 없었습
니다. 개력이란 대체로 전쟁이 없는 평화의 시
대에서나 가능한 일이기 때문입니다.

　게다가 그리고 당시 사람들이 역법의 과학
성보다는 미신적인 역주에 더 관심이 많았고,
역박사들이 역법 연구에 힘쓰지 않았던 것도
오랫동안 개력이 이루어지지 않게 된 중요한
원인입니다.

전란 시대의 막을 연 오오닌의 난
오오닌應仁 원년(1467) 10월의 전투를 그린 그림(1524). 오오닌의 난
이후 도요토미 히데요시豊臣秀吉가 일본을 통일할 때(1590)까지 약
120년 동안 '센고쿠戰國시대'라고 불리는 전란의 시대가 지속되었다.

고려 말과 조선 초의 역법─〈수시력〉과 〈대통력〉

　역법과 달력은 전근대시대 동아시아의 국제 관계를 단적으로 보여
줍니다. 매년 중국에 사신을 파견해 중국 황제의 연호가 찍힌 달력을
받아 오고, 중국의 역법에 의거해 일·월식을 계산한
다는 것은, 곧 중국을 천자의 나라로 섬긴다는 것을
의미합니다. 중국에서 왕조가 교체되면 통상 역법도
개정되었는데, 제후국 역시 새로운 왕조의 역법에 따
라야 했습니다.

　1281년, 원나라에서 〈수시력〉이 처음 시행되던 그
해에, 원나라의 사신 왕 통王通이 고려에 와서 〈수시
력〉을 전해 주었습니다. 당시 고려는 11년 전에 원나
라에게 항복해 내정간섭을 받고 있었습니다. 그러나
고려사람 중에 〈수시력〉을 배운 자가 없었기 때문에
〈수시력〉이 당장 시행되지는 못했습니다.

　충렬왕의 첫째 아들로서 세자로 책봉된 왕장王璋
(1275~1325)은 21세가 되던 해(1296)에 원나라 공주
와 결혼하기 위해 원나라의 수도에 몇 개월 머무르게

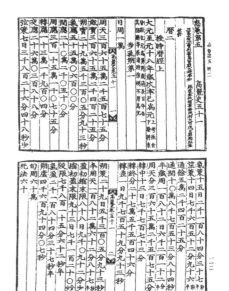

『고려사』 「역지」에 실린 〈수시력〉

내탕금
국왕의 개인 자금

명나라 태조 홍무제

대통력
경진년대통력庚辰年大統曆. 1580년에
관상감에서 발행한 달력

정인지

조선시대의 문신. 정인지는 세종의 총
애를 받아 집현전 학사가 되었고, 후
에 영의정까지 지냈다. 천문역산학에
도 조예가 깊어서 세종에게 수학을 가
르쳤고 칠정산 프로젝트에서 중요한
역할을 담당했다. 「칠정산내편七政算內
篇」, 「훈민정음해례본訓民正音解例本」,
「고려사高麗史」, 「세종장헌대왕실록世
宗莊憲大王實錄」 등의 편찬에 참여했다.

되었습니다. 총명하고 학문을 좋아했던 청년 왕자는 원나라 태사원太
史院의 관리들이 역법에 정통하다는 것을 알고 최성지崔誠之(1265~
1330)에게 내탕금內帑金[*] 백 근을 주어 〈수시력〉을 배워 오게 했습니
다. 최성지가 귀국한 후에 〈선명력〉을 폐지하고 〈수시력〉을 채용했으
나, 일 · 월식과 다섯별의 운행을 계산하는 방법은 터득하지 못했기 때
문에 여전히 〈선명력〉에 의거할 수밖에 없었습니다. 그 때문에 일 · 월
식의 계산에 자주 오류가 발생했습니다.

1370년에 명나라에 파견된 사신이 돌아와 명나라 황제가 하사한
〈대통력〉을 공민왕恭愍王(재위 1351~1374)에게 바쳤습니다. 〈대통력〉
(1368~1644)은 역원을 1377년으로 바꾸고 세실소장법을 폐지했을 뿐
그 외의 내용은 〈수시력〉과 완전히 같았습니다. 그렇지만 고려는 〈수
시력〉을 완전하게 이해하지 못한 상태에서 〈대통력〉을 받아들였기 때
문에 〈대통력〉의 계산방법을 제대로 터득할 수 없었습니다. 국력의 약
화와 정치적 혼란 때문에 역법 연구에 투자할 여유가 없었던 것입니다.
1392년에 건국된 조선도 초기에는 고려와 똑같이 역일은 〈수시력〉에
의해, 일 · 월식과 다섯별의 운행은 〈선명력〉에 의해 계산할 수밖에 없
었습니다.

독자적인 역법을 편찬하도록 하라―〈칠정산〉 프로젝트

세종 14년(1432) 초가을 어느 날, 세종은 정인지鄭麟趾(1396~1478)[*]
를 비롯한 신하들과 함께 역법과 천문기계의 원리에 대해 토론하다가
다음과 같이 탄식했습니다. "우리나라가 중국과 멀리 떨어져있지만
모든 문물제도의 정비는 한결같이 중국의 제도를 따랐다. 오직 천문기
계 만이 제대로 갖추어지지 못했구나!"

조선시대는 국왕과 사대부들이 이 땅에 중국 문명의 정수를 완벽하
게 구현하려고 끊임없이 노력했던 시대였습니다. '중국 문명의 정수'

란 바로 유교 경전에 실려 있는 성인들의 가르침이었습니다. 사대부들은 위정자들이 요堯임금과 순舜임금으로 대표되는 성인들의 가르침을 실천할 때 태평성대를 이룩할 수 있다고 믿어 의심치 않았습니다. 요임금과 순임금은 '왕도王道', 즉 '군주라면 반드시 실현해야 할 정치의 기술'을 제시한 인물이었습니다. 그 기술의 요점은 바로 자연의 운행에 순응하는 데 있었고, 천문역산학은 자연의 운행을 관찰하고 계산하는 학문이었습니다. 특히 『서경』에서 요임금이 "삼가 천체 운행의 원리를 파악해, 해와 달과 뭇별의 운행을 계산하고 관측하도록 하라"고 명령한 구절은 천문·역산 프로젝트에 임하는 조선의 군주들과 신하들에게 확고한 지침이 되었습니다.

물론 조선 이전에 국왕들과 관료들이 천문역산학에 관심이 없었던 것은 아니었습니다. 그러나 고려 말 이후에 성리학이 전래되면서 유학儒學에 대한 이해가 더욱 심화되었고, 조선이 건국된 후 성리학이 통치 이념으로 자리잡으면서 천문역산학에 대한 관심이나 이해 수준이 이전 시대보다 훨씬 높아졌습니다.

'칠정산七政算 프로젝트'는 바로 정밀한 천문기계를 제작하고 정확한 역법을 제정함으로써 이상적인 정치를 실현하고자 하는 열망 속에서 추진되었습니다. 이러한 열망은 국왕인 세종뿐만 아니라 여러 사대부들도 공유하고 있었습니다. 신하들도 정확한 역법을 제작하는 데 힘을 보탬으로써 자신들이 모시고 있는 군주가 유교적 이상 정치를 펼 수 있기를 진심으로 희망했습니다.

고려 말과 마찬가지로 조선 초에도 〈선명력〉에 의한 일식 예보가 종종 빗나갔는데, 이러한 현상을 더 이상 방치할 수 없었습니다. 그리고 명나라의 수도 뻬이징(혹은 난징)과 조선의 수도 한양은 위도와 경도에서 차이가 있기 때문에, 〈대통력〉에서 예보한 일식이 조선의 하늘에서는 일어나지 않는 경우도 있었습니다. 이 문제 역시 해결되지 않으면 안 되었습니다. 게다가 당시 조선은 매년 초겨울에 동지사冬至使*를 중

동지사

명나라는 특별한 일이 있을 때에만 사절을 보내왔으나, 조선에서는 설날에 보내는 정조사正朝使, 황제·황비의 탄생일에 보내는 성절사聖節使와 천추사千秋使, 동지에 보내는 동지사冬至使 등 정기적으로 매년 4차례 사신을 보냈다. 이 밖에 사은사謝恩使, 주청사奏請使 등의 명목으로 수시로 사신을 보냈다.

정초

조선시대의 문신. 정초는 책을 한 번
만 보아도 술술 외울 정도로 천재였으
며, 뛰어난 학식으로 세종의 총애를
받았다. 〈칠정산내편〉의 편찬에 참여
했으나 완성을 보지 못하고 죽었다.
천문기계 프로젝트를 비롯해서 「농사
직설農事直說」, 「삼강행실도三綱行實圖」
등의 편찬에도 참여했다.

간의

세종 때 제작된 간의는 기본적으로 꾸
어 서우징의 간의와 동일하다. 이 시
기에 제작된 천문기계들은 간의 외에
도 소간의小簡儀, 규표圭表, 혼의渾儀,
일성정시의日星定時儀 등이 있다.

국에 파견해 황제가 하사하는 달력 100부를 받아와 각 관청에 나누어
주었는데, 한양에서는 정월 초하루가 훨씬 지나서야 새해의 달력을 받
아볼 수 있었습니다. 사신이 날력을 가지고 돌아오는 데 몇 달이 걸렸
기 때문인데, 그만큼 관청의 업무에 차질을 빚었습니다. 이 모든 것이
세종 때 독자적인 역법을 제작하게 된 배경이 되었습니다. 물론 세종
때 이르러 정치가 안정되고 국력이 충실하게 된 것도 역법 제작에 투자
를 아끼지 않을 수 있었던 조건이 되었습니다.

세종은 정초鄭招(?~1434)*와 정인지 등, 학문이 뛰어난 문신 중에 천
문·역산에 뛰어난 자들을 역법 연구에 투입했습니다. 그 결과 세종
12년(1430)에는 〈수시력〉의 계산법을 완벽하게 이해할 수 있게 되었
습니다. 그리고 그 2년 뒤에는 세종이 "후세로 하여금 오늘날 우리나
라가 전에 없었던 획기적인 사업을 추진했다는 사실을 알게 하고자 하
노라"고 자신 있게 외칠 수 있게 되었습니다. 여기에서 말하는 '획기
적인 사업'이란 바로 '칠정산 프로젝트'를 가리킵니다.

물론 칠정산 프로젝트에는 철저한 사전 준비가 필요했습니다. 세종
13년에는 중국어를 잘하는 인재들을 선발해서 중국에 유학을 보내 역
산학을 익히게 했습니다. 그리고 14년(1432) 가을에는 '천문기계 프로

〈칠정산내편〉

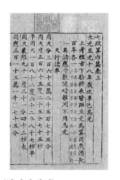

〈칠정산내편〉

규장각본奎章閣本 별책 칠정산내편.
서울대학교 규장각 소장

〈칠정산내편〉

〈칠정산외편〉

규장각본奎章閣本 별책 〈칠정산외편〉.
서울대학교 규장각 소장

〈칠정산외편〉

〈칠정산외편〉

〈칠정산외편〉의 일식 계산을 위한 표

〈칠정산외편〉 중권에 수록된 '경위시가감차
입성經緯時加減差立成'은 일식 계산에서 식이
최대로 일어나는 시각인 식심蝕甚의 위치, 즉
달의 황경·황위와 시각을 보정해 주는 표다.

젝트'를 출범시켰습니다. 정확한 역법을 제작하기 위해서는 정밀한
천문기계가 필요했기 때문입니다.

세종 15년(1433)에 세종은 정초와 정인지 등에게 〈칠정산내편七政算
內篇〉을 편찬하게 하고, 이순지李純之(?~1465)와 김담金淡(1416~1464)[*]
에게는 〈칠정산외편七政算外篇〉을 편찬하게 했습니다. 그 결과 세종
24년(1442)에는 내편과 외편 모두 완성되었고, 2년 후에는 책으로 간
행되었습니다.

1442년 이후 달력의 제작은 칠정산에 의거해서 시행하게 되었습니
다. 이렇게 칠정산에 입각해서 제작된 독자적인 달력을 '본국력本國
曆', 혹은 '향력鄕曆'이라고 불렀습니다. 이에 반해 〈대통력〉에 입각
해서 제작된 달력, 즉 명나라에서 수입한 달력을 '대명력大明曆', 혹은
'당력唐曆'이라고 불렀습니다. 한편 일·월식의 계산은 〈칠정산내편〉
을 위주로 하되, 그 계산 결과를 〈칠정산외편〉과 〈대통력〉의 계산 결
과와 비교하는 것을 원칙으로 했습니다. 더욱 정확한 달력을 제작하기
위해서였습니다.

이순지

조선시대의 문신이자 천문학자. 〈칠정
산내편〉과 〈칠정산외편〉을 제작했다.

김담

조선시대의 문신이자 천문학자

"칠정산' 내, 외편이 모두!
조선의 하늘을 기준으로!!...
했다는 점이 아주 중요!

2007
KARI

1태양년의 길이를 365.2422일로 하면, (365.2422일-365일)×128 =31.0016일이 된다.

한 달의 평균 길이는 29.5일이기 때문에, 29일 6번과 30일 6번으로 1태음년(354일)을 구성한다. 그러나 실제 1삭망월의 길이는 29.53059일이기 때문에, 1년 후에는 (29.53059-29.5일)× 12=0.36708일이 되고, 30년 후에는 0.36708×30년=11.0124일이 된다.

〈칠정산〉이란 어떤 역법인가?

〈칠정산내편〉은 〈수시력〉을 바탕으로 하고 〈대통력〉의 요소도 일부 가미해서 만든 역법입니다. 그렇다고 해서 중국의 역법을 완전히 똑같이 모방만 한 것은 아니었습니다. 〈칠정산내편〉은 조선의 하늘을 정확하게 반영할 수 있도록 조정했고, 이해하기 쉽고 이용하기 편리하도록 역법의 체계를 재구성한 조선의 독자적인 역법입니다. 역원을 서기 1281년으로 설정하고, 〈대통력〉에서 폐지했던 세실소장법을 채용한 것은 분명히 〈수시력〉을 따른 것입니다. 그러나 매일 해가 뜨고 지는 시각과 밤·낮의 시각은 한양의 위도를 기준으로 해서 계산했습니다.

〈칠정산외편〉은 명나라에서 수입한 〈회회력回回曆〉의 오류를 바로잡고 조선의 하늘에 맞도록 고친 역법입니다. 〈칠정산외편〉을 설명하기 전에 먼저 〈회회력〉에 대해 공부해 두는 것일 좋을 것 같습니다. 〈회회력〉은 이슬람 세계의 역법으로서 '회력回曆' 혹은 '이슬람력'이라고도 불리는데, 중국 전통의 역법과는 크게 네 가지 측면에서 차이가 있었습니다.

첫째, 〈회회력〉은 태음태양력이 아닌 태음력太陰曆으로서 한 해의 길이가 354일밖에 안 됩니다. 그리고 윤일은 있어도 윤달이 없는 것이 특징입니다. 〈회회력〉은 365일을 1태양년으로 삼고 128년마다 윤일을 31회를 두었습니다. 또한 12삭망월의 일수 354를 1태음년으로 삼고 30년마다 윤일을 11회 두었습니다. 윤일을 두는 방식을 놓고 볼 때, 〈회회력〉은 태양력과 태음력의 이중 조직으로 구성되었다고 볼 수 있습니다.

둘째, 역원은 예언자 무함마드Muhammad(570?~632)가 박해를 피해 메카로부터 메디나로 이주한 때(서기 622년)로 설정했습니다. 서기 622년은 회회력으로 환산하면 '회력 1년'이 되고, 서기 1153년은 회력 548년이 됩니다.

메카로 향하는 무함마드와 추종자들

예언자 무함마드가 메카에서 메디나로 이주한 사건을 '히즈라hijra'라고 한다. 히즈라가 발생한 해는 회회력의 기점이 되었다. 회회력 9년(서기 630년)에 무함마드는 메카를 정복했다. 그림에서 맨 앞에 보이는 낙타에 탄 사람이 무함마드다. 무함마드의 얼굴을 그리지 않은 이유는 이슬람교에서 예언자의 얼굴을 묘사하는 것을 금지했기 때문이다.

셋째, 〈회회력〉은 고대 그리스 천문학을 바탕으로 만든 역법입니다. 그리스 천문학의 전통에 따라 주천도수를 360도로 설정하고 황도 12궁宮으로 하늘을 등분했습니다. 그리고 1궁은 30도씩이며, 1도는 60분, 1분은 60초로 설정했습니다. 주천도수를 360도로 정했기 때문에 중국의 역법에 비해 계산하기 훨씬 편리했습니다.

넷째, 〈회회력〉은 그리스 천문학의 영향으로 기하학적 모형과 삼각함수를 사용해 천체의 운동을 설명한 역법입니다. 따라서 일·월식과 다섯별의 계산에 대해서만큼은 전통적인 중국 역법보다 정확했습니다.

〈회회력〉은 원나라 초기에 실크로드를 따라 전래되었는데, 주로 〈수시력〉의 일·월식 예보의 결함을 보완하는 데 사용했습니다. 명나라 때에는 〈회회력〉을 한문으로도 번역했고, 주로 일·월식 계산에 사용했습니다. 당시 조선의 학자들이 중국의 역법과는 굉장히 이질적인

중국의 역법에서 사용되는 28수는 크기가 제각각으로서 하늘을 불균등하게 분할한다.

중국의 역법에서는 1도를 100분, 1분을 100초로 설정했다.

〈회회력〉을 정확하게 이해하는 데 어려움이 많았을 것입니다. 그러나 일 · 월식의 예보가 대단히 중요한 의미를 가졌던 시대에 〈회회력〉의 도입은 반드시 이루어져야 할 사업이었습니다. 이순지와 김담은 명나라에서 번역한 〈회회력〉의 오류를 교정하고 체제를 바꾸어 〈칠정산외편〉을 완성시켰습니다. 〈칠정산외편〉 역시 〈칠정산내편〉과 마찬가지로 해가 뜨고 지는 시각과 밤 · 낮의 시각은 한양의 위도를 기준으로 해서 계산했습니다.

〈칠정산〉의 완성은 조선의 천문역산학이 세계 최고의 수준에 도달했다는 것을 의미합니다. 중국의 역법 전통과 이슬람의 역법을 모두 완벽하게 소화했기 때문입니다. 15세기의 조선은 자신의 하늘을 기준으로 모든 천체의 운행을 정확하게 계산할 수 있는 최첨단의 과학 문명을 소유하고 있었습니다. 조선의 군주와 사대부들은 그러한 과학 문명의 토대 위에 왕도 정치의 이상을 실현하려고 했던 것입니다.

달력을 폐기하도록 하라 ─ 〈칠정산〉과 동아시아의 국제 정치

독자적인 역법이 완성되었으니 조선은 더 이상 중국의 달력을 수입하지 않아도 되었을까요? 〈칠정산〉이 완성되었지만 〈대통력〉을 폐기하는 일은 결코 일어나지 않았습니다. 왜냐하면 조선 국왕은 엄연히 중국 황제의 제후였기 때문입니다. 책봉조공 관계를 단절하지 않는 이상 중국 역법의 폐기란 절대로 있을 수 없는 일이었습니다. 그 때문에 조선은 명나라가 망할 때까지 〈대통력〉을 계속 수입했던 것입니다.

더 나아가, 제후국의 국왕이 독자적인 역법을 제작한다는 것은 사대 관계의 원칙에 어긋나는 행위였습니다. 천자의 권위에 도전하는 행위로 비춰질 수 있기 때문입니다. 그렇다고 해서 독자적인 역법을 포기할 수는 없었습니다. 조선의 군주와 사대부들에게 왕도 정치란 반드시 실현해야 할 정치적 이상이었기 때문입니다. 사대 관계를 유지하면서

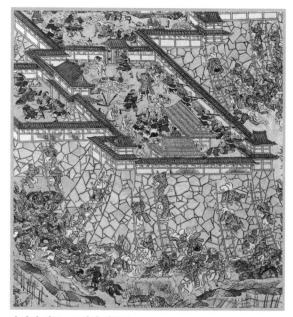

울산성 전투 : 포위된 일본군

〈조선군진도병풍朝鮮軍陣圖屏風〉제1도, 부분. 나베시마 보효회鍋島報效會 소장

도 왕도 정치를 실현한다는 두 가지 목표를 동시에 달성하기 위해서는 독자적인 역법의 존재를 감추고 알리지 않는 방법밖에 없었습니다. 그 때문에 중국 사신이 올 때마다 사신이 다니는 길목에 있는 관아에서는 본국력을 중국산 달력으로 교체하는 소동을 벌여야 했습니다. 이러한 희극이 절정에 달한 것은 바로 우리가 흔히 임진왜란이라고 부르는 '조일전쟁朝日戰爭(1592~ 1598)' 때였습니다.

전쟁이 막바지에 이르던 1598년 가을, 명나라의 띵 잉타이丁應泰가 조선이 일본을 끌어들여 명나라를 침범하려 한다고 거짓으로 고발한 사건이 발생했습니다. 이 사건은 명나라의 원병을 얻어 전쟁을 수행하고 있었던 조선왕조에게 큰 충격을 주었습니다. 결국 무고誣告임이 밝혀지기는 했지만 일시적으로 조선과 명나라 사이에 긴장 상황이 조성

울산성 전투: 퇴각하는 조·명 연합군, 추격하는 일본군

〈조선군진도병풍朝鮮軍陣圖屏風〉 제3도, 부분. 나베시마 보효회鍋島報效會 소장
1598년 1월 울산성을 포위했던 조·명 연합군이 공략에 실패하고 후퇴했다. 울산성 공격을 총지휘
했던 명나라 장수 양 하오(양호楊鎬, ?~1629?)는 명나라 조정에 승리했다고 허위로 보고했다가, 띵 잉
타이에게 탄핵을 당했다. 양 하오와 사이가 좋았던 조선 정부는 양 하오를 위해 구명운동을 벌였는데,
도리어 띵 잉타이의 원한을 사게 되었다. 그 때문에 띵 잉타이가 조선 정부를 고발한 것이다.

되었습니다. 명나라 황제는 진상을 조사하라고 명령했고, 선조宣祖(재
위 1567~1608)는 세자 광해군光海君에게 정사를 맡기고 근신해야 했습
니다.

그런데 띵 잉타이가 고발한 내용 중에는 조선이 중국의 묘호廟號를
사용한다는 사실이 포함되어 있었습니다. '묘호'란 죽은 군주를 종묘
에 제사지내기 위해 붙이는 이름입니다. 태조나 세종과 같이 '~조祖'
와 '~종宗'으로 끝나는 묘호는 천자국의 제도로서 원칙적으로 제후국
에서는 사용할 수 없는 제도였습니다. 그런데 우리 역사에서 가장 사
대적이었다고 평가받는 조선왕조조차 묘호만큼은 천자국의 제도를 사
용한 것입니다. 선조는 묘호 문제로 꼬투리를 잡히지 않을까 매우 불
안하게 생각했습니다. 그리고 독자적인 역법을 사용하고 있다는 사실

도 추궁당하지 않을까 몹시 두려워했습니다. 선조 자신의 말을 들어 보겠습니다.

> 중국 조정에서 정삭正朔을 온 천하에 반포하는데, 천하에 어찌 두 가지 달력이 있을 수 있겠는가? 우리나라에서 독자적으로 달력을 만드는 것은 매우 떳떳하지 못한 일이다. 중국 조정에서 알고 꾸짖고 처벌한다고 해도 변명할 말이 없을 것이다. … 나는 우리나라에서 만든 달력을 결코 사용해서는 안 된다고 생각한다.
>
> -『선조실록』 선조 31년 12월 22일

선조는 띵 잉타이가 독자적인 역법의 존재를 알고 황제에게 고발할까봐 두려워했습니다. 그래서 본국력을 모두 폐기하도록 명령을 내린 것입니다. 물론 이것은 지나친 조치였습니다. 띵 잉타이뿐만 아니라 명나라의 어느 누구도 조선의 독자적인 달력을 문제 삼지 않았습니다. 심지어 조선의 달력을 사 간 자들도 있었습니다. 그래도 선조는 안심하지 못했습니다. 띵 잉타이가 본국으로 소환되고 전쟁이 끝난 다음 명나라 군대가 철수한 후에도 본국력의 시행은 이루어지지 않았습니다. 선조는 1년이 지나서야, 그것도 신하들의 간곡한 요청에 못 이겨 본국력의 시행을 허용하게 됩니다.

조선은 독자적인 역법을 만들어 사용하면서도 항상 중국을 의식하지 않을 수 없었습니다. 이것은 역법의 정치적 성격과 함께 제후의 나라, 조선의 국제적 위치를 잘 보여 줍니다. 어쨌든 〈칠정산〉은 1653년에 청나라의 역법인 〈시헌력〉이 채택될 때까지 210년 동안 사용되었습니다.

천하태평 에도시대, 개력을 시도하다

조일전쟁이 끝난 지 2년 후(1600)에 세키가하라關ヶ原에서 도요토미 히데요시豊臣秀吉(1536~1598)의 후계자들 사이에 일본의 패권을 놓고서 결정적인 전투가 벌어졌습니다. 이 전투에서 승리한 도쿠가와 이에야스德川家康(1542~1616)는 실질적인 일본의 최고 지배자가 되어 자신의 근거지 에도江戶에 막부幕府를 열었습니다. 이 막부를 '에도막부江戶幕府'라고 하고, 에도막부가 일본을 통치했던 시대를 '에도시대'(1603~1867)라고 합니다. 에도막부는 메이지유신明治維新에 의해 무너질 때까지 260여 년간 일본을 지배했습니다.

도요토미 히데요시

도쿠가와 이에야스

살인과 폭력이 난무하던 전란의 시대를 종식시키고 등장한 에도시대는 '천하태평天下泰平'이라고 불릴 정도로 정치적으로 안정되고 경제적·문화적으로도 크게 번성한 시대였습니다. 병법이나 무술보다도 학문과 예술이 대접받는 시대가 된 것입니다. 이러한 분위기 속에서 관료와 학자들은 천문역산학에 관심을 가지고 개력을 추진할 수 있었습니다.

에도시대 초기에 〈선명력〉으로 계산한 해의 천구상의 위치는 실제 해의 위치보다 약 2도 뒤처진 곳을 가리키고 있었습니다. 그러니까 달력에 기재된 동지가 실제의 동지보다 2일 정도 늦어지게 된 것입니다. 원래 역법에 관한 일은 조상 대대로 천문·역산에 종사한 귀족 집안인 토어문가土御門家에서 담당하고 있었습니다. 그러나 그들에게는 전통을 타파하고 새로운 역법을 제작할 만한 의지도 능력도 없었습니다.

그렇지만 에도시대가 되면서 개력을 실시해야 한다는 주장은 대부분의 천문학자들 사이에서 이미 대세가 되었습니다. 그리고 〈선명력〉의 대안으로서 제시된 역법은 예외 없이 〈수시력〉이었습니다. 많은 천문학자들이 앞 다투어 〈수시력〉을 연구했는데, 그 중에는 '수학의 성

1644년에 간행된 〈선명력〉

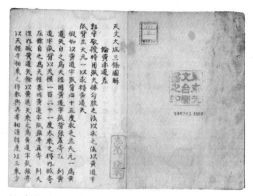

〈수시력〉의 해설서 『수시발명』

세키 다카카즈가 지은 〈수시력〉의 해설서 『수시발명授時發明』. 일명
『천문대성삼조도해天文大成三條圖解』라고도 한다.

〈수시력〉의 해설서 『사여산법』

세키 다카카즈가 지은 〈수시력〉의 해
설서 『사여산법四餘算法』의 표지

인' 으로 불리는 세키 다카카즈關孝和(1637?~1708)도 있었습니다. 다카
카즈는 당시에 〈수시력〉의 원리를 가장 완벽하게 이해한 일본인으로
서 〈수시력〉의 계산법에 대한 해설서도 지었습니다. 그러나 수많은 경
쟁자들을 물리치고 개력 사업을 추진할 영광을 얻은 사람은 막부의 실
력자들에게 바둑을 가르치던 시부카와 하루미澁川春海(1639~1715)였
습니다.

개력은 책상 위에서 주판을 튕기는 것만으로는 수행할 수 없는 고도
의 정치적 행위였습니다. 그 때문에 정부 요직에 있는 자들을 설득할
수 있는 정치적 수완이 반드시 필요했습니다. 그러나 단지 세 치 혀만
으로는 권력자들을 설득할 수 없었습니다. 누구나 납득할 수 있는 확
실한 증거를 제시할 수 있는 과학자로서의 능력도 필요했습니다. 시부
카와 하루미는 이 두 가지 능력을 모두 갖추고 있었습니다.

시부카와 하루미의 활약

하루미가 제작한 혼상

시부카와 하루미는 바둑 기사棋士 집안에서 태어났습니다. 일찍이 역법에 흥미를 가졌던 하루미는 오카노이 겐테이岡野井玄貞에게 역산학을 배웠습니다. 겐테이는 1643년에 일본을 방문한 조선통신사朝鮮通信使의 일행이었던 박안기朴安期에게 〈수시력〉을 배운 사람입니다. 박안기가 겐테이에게 어떤 내용을 전수해 주었는지 알 수는 없지만, 당시 일본인으로서는 풀 수 없었던 어떤 수학 문제를 가르쳐 주었던 듯합니다. 아마도 하루미는 겐테이의 문하에 있으면서 개력을 꿈꾸게 되었던 것 같습니다.

하루미는 개력을 위한 준비 작업으로서 규표를 세워 동지 시각을 측정하고, 혼천의와 같은 천문기계를 제작하기도 했습니다. 그 과정에서 하루미는 〈수시력〉의 우수성을 입증할만한 과학적인 증거를 확보할 수 있었습니다. 그러나 천체 관측과 역법 연구만으로는 개력을 추진할 수 없었습니다. 개력이란 기본적으로 정치적 행위이며, 또한 연구자 공동체의 협력이 절대적으로 필요했기 때문입니다.

야마자키 안사이
에도시대의 주자학자. 주자학으로써 일본의 전통 신앙인 신도神道를 해석했다.

하루미는 당대 최고의 주자학자로서 명성이 높았던 야마자키 안사이山崎闇齋(1618~1682)를 찾아가 그의 제자가 되었습니다. 안사이는 당시 막부의 실력자들이 스승으로 모시고 있던 학자였습니다. 하루미는 안사이를 통해서 호시나 마사유키保科正之(1611~1672)나 도쿠가와 미쯔쿠니德川光圀(1628~1700)와 같은 거물급 정치인들과 알게 되었습니다. 이 두 사람은 쇼오군將軍의 친척으로서 막부의 최고 실력자였습니다. 특히 마사유키는 어린 나이에 쇼오군이 된 도쿠가와 이에쯔나德川家綱(재위 1651~1680)를 보좌한 인물이었습니다. 하루미는 뛰어난 바둑 실력으로 그들의 총애를 얻을 수 있었습니다. 하루미는 마사유키와 미쯔쿠니의 정치적 후원을 얻어 개력을 추진하려고 했습니다.

호시나 마사유키
가노오 탄유우狩野探幽(1602~1674) 그림. 호시나 마사유키는 제3대 쇼오군 도쿠가와 이에미쯔德川家光(재위 1623~1651)의 이복동생으로서 학식과 덕망을 갖추었기 때문에 쇼오군의 두터운 신임을 얻었다. 야마자키 안사이를 스승으로 받들었다.

한편 하루미는 안사이의 제자였던 아베 야스토미安倍泰福(1655~1717)로부터도 신도神道를 배웠습니다. 야스토미는 토어문가 출신으로 교토京都의 조정*에서 음양두陰陽頭를 맡아보고 있었습니다. 관례대로 하자면 개력을 실시할 수 있는 권리는 오직 야스토미에게만 있었습니다. 하루미는 토어문가와 긴밀한 협력관계를 맺음으로써 토어문가와의 마찰을 피하려고 했습니다.

도쿠가와 미쯔쿠니

실패로 끝난 첫 번째 개력 시도

1673년, 마침내 하루미는 쇼오군 이에쯔나에게 개력을 요청하는 상표上表를 올렸습니다. 이른바 '제1차 개력상표改曆上表'에서 하루미가 새로운 역법의 후보로 제시한 역법은 물론 〈수시력〉이었습니다. 천문역산학의 전통에서 새로운 역법의 우수성을 입증하기 위해 사용한 방법은 일·월식의 예보였습니다. 기존 역법의 일·월식 예보가 어긋나고 새로운 역법의 예보가 적중한다는 사실을 증명하기만 하면 되었던 것입니다. 하루미도 그러한 관례에 따라 1673년부터 1675년까지 6회의 일·월식을 〈선명력〉과 〈수시력〉, 그리고 〈대통력〉으로 계산하고 비교한 논문 「식고蝕考」를 상표에 덧붙였습니다.

「식고」의 맨 마지막에 기재된 '1675년 5월 초하루의 일식'은 〈선명력〉만이 일식을 예보했고, 〈수시력〉과 〈대통력〉에서는 일식이 일어나지 않을 것이라고 예보했습니다. 그러나 실제로는 그날 일식이 일어나고 말았습니다. 하루미의 개력 시도가 보기 좋게 실패한 것입니다. 그렇다면 왜 가장 우수한 역법으로 평가받는 〈수시력〉이 그보다 뒤떨어지는 〈선명력〉과의 경쟁에서 패배했던 것일까요?

우선, 하루미가 실시한 관측의 정밀도가 꾸어 서우징의 것보다 상당히 떨어졌다는 점을 지적할 수 있습니다. 〈수시력〉이 만들어진 13세기 후반에는 동지점과 근일점近日點이 거의 일치했습니다. 그 때문에

도쿠가와 이에쯔나

교토의 조정

메이지 유신 이전까지 천황은 실권이 없는 존재로서 막부의 통제를 받으면서 옛 수도인 교토에서 살았다. 천황과 함께 조정을 구성하는 전통적인 귀족들 역시 정치에서 완전히 배제되었다.

꾸어 서우징은 24절기의 기준이 되는 동지 시각을 정확하게 관측할 수 있었던 것입니다. 그러나 그로부터 400여 년이 지난 17세기 후반에는 근일점이 동지점으로부터 약 6도 정도 이동했기 때문에, 오차가 발생할 수밖에 없었습니다. 게다가 관측기구도 꾸어 서우징이 사용한 것보다 상당히 작았기 때문에 그만큼 관측 오차가 발생했습니다.

더 근본적인 원인은 천문역산학의 전통 자체에 있었습니다. 일반적으로 일식 예보에 이르기까지에는 해의 운행 계산, 달의 운행 계산, 양자의 조합이라는 단계가 있고, 각 단계마다 수많은 천문상수나 각종 요소들이 개재되어 있습니다. 따라서 일식 예보에 실패했다고 해도, 어떤 상수, 혹은 어떤 요소가 잘못되었는지 쉽게 발견할 수 없습니다. 즉 하나하나의 요소를 분리해서 고립시킨다는 것 자체가 불가능에 가깝다는 이야기입니다. 오직 각 요소들을 조합시킨 전체가 일식 예보의 정확도를 결정할 뿐입니다. 따라서 천문역산학은 동아시아 최고의 정밀과학이지만, 관측과 일치시키기 위해 천문상수의 수치를 개량(경우에 따라서는 개악)하는 것으로 일관하게 되었습니다. 과거의 수많은 일식기록에 비추어 보아 통계적으로 더 많이 일치하는 역법이 좋은 역법으로 간주되었고, 그 결과 이론적인 고찰을 게을리 하게 되었습니다. 따라서 〈수시력〉이 〈선명력〉보다 우수하다는 것은 통계적으로 보아 그렇다는 것이지, 이론상 절대적으로 뛰어나다는 보증은 없었던 것입니다. 그 때문에 〈선명력〉이 〈수시력〉보다 더 정확하게 일식을 예보하는 일이 발생할 수 있었던 것입니다.

하루미는 근일점 이동에 대해서는 서양천문학 서적을 통해 깨달았던 것 같습니다. 그러나 천문역산학의 근본적인 결함을 명확하게 인식하고 있었던 것 같지는 않습니다. 어쨌든 하루미는 자신이 진리라고 믿었던 〈수시력〉이 실패하자 큰 충격을 받았습니다. 이러한 학문적 위기를 극복하기 위해서는 〈선명력〉은 물론 〈수시력〉보다 일·월식을 더 정확하게 예보하는 역법을 만들지 않을 수 없었습니다.

일본의 독자적인 역법 탄생―〈죠오쿄오력〉

첫 번째 개력 시도로부터 10년이 지난 1683년에 하루미는 두 번째로 개력상표를 올렸습니다. 이번엔 〈수시력〉이 아닌 자신이 제작한 새로운 역법을 제시했는데, 새 역법의 이름은 〈야마토력大和曆〉이었습니다. 일본적인 분위기를 물씬 풍기는 이 이름에서 우리는 적어도 일본의 하늘에서만큼은 중국의 역법보다 더 정확한 역법을 만들겠다고 하는 하루미의 의지를 읽을 수 있습니다.

물론 전체적으로 보아 〈야마토력〉은 〈수시력〉의 수치들을 개편한 것으로, 둘 사이에 본질적인 차이는 없습니다. 적어도 수학적·이론적 측면에서 하루미는 〈수시력〉에서 한 발자국도 나가지 못했습니다. 게다가 역법 배후에 깔린 수학적 원리를 제대로 이해하지 못했습니다. 개개의 천문상수는 의식적으로 〈수시력〉과 상당히 다르게 설정되기는 했지만 하루미 자신이 직접 측정한 것이 아니었습니다. 단지 〈수시력〉의 수식에 의해 계산된 결과에 따라 임의로 선택된 수치였던 것입니다. 따라서 그 중에는 〈수시력〉보다 개선된 수치도 있고 개악된 수치도 있었습니다.

하지만 하루미의 새로운 역법에는 분명 독창적인 측면이 있었습니다. 하루미의 최대 발명은 '이차里差', 즉 중국과 일본의 경도차經度差를 발견한 데 있었습니다. 중국의 역법은 중국을 경도의 원점으로 삼고 있기 때문에, 그것을 그대로 일본에 채용할 경우 일·월식의 예보에 경도차를 보정해 주지 않으면 안 되었습니다. 따라서 일본을 경도 원점으로 삼는 독자적인 역법을 제작할 필요가 있었던 것입니다. 하루미는 서양 선교사들이 제작한 〈곤여만국전도坤輿萬國全圖〉를 보고 그것을 지구의地球儀로 고쳐 경도차를 정확하게 인식할 수 있었습니다.

이른바 '제2차 개력상표'에 의하면, 1683년 11월 보름에 대해 〈선명력〉에서는 월식이 일어난다고 예보했지만, 〈수시력〉과 〈대통력〉,

하루미가 제작한 지구의

그리고 〈야마토력〉에서는 월식이 일어나지 않는다고 예측했습니다. 이번에는 월식이 일어나지 않았기 때문에, 개력에 대해서 아무도 반대하는 사람이 없게 되었습니다. 문제는 〈선명력〉을 제외한 나머지 세 가지 역법 중에 어떤 역법을 채택하는가 하는 것이었습니다.

당시 쇼오군의 측근에 있던 대다수의 유학자들은 중화사상에 물들어 있었기 때문에 〈대통력〉을 채용하자고 주장했습니다. 그들의 주장에 따라 1684년 3월에 〈대통력〉이 새로운 관력으로 채택되었습니다. 이에 하루미는 세 번째 개력상표를 제출해 〈대통력〉을 비판했습니다. 〈대통력〉은 경도차와 세실소장歲實消長을 고려하지 않았기 때문에 천상과 일치하지 않는다는 것입니다. 동시에 자신의 든든한 정계 후원자들을 통해 막후 공작도 진행했습니다.

그 결과 죠오쿄오 원년貞享元年(1684) 10월에 드디어 〈야마토력〉이 관력으로 채택되었으며, 그해의 연호를 따서 〈죠오쿄오력貞享曆〉이라는 새로운 이름으로 불리게 되었습니다. 죠오쿄오 개력은 〈칠정산〉의 제작보다 약 240년 후에 이루어졌습니다. 〈죠오쿄오력〉을 채택함으

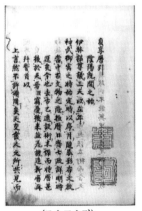

〈죠오쿄오력〉

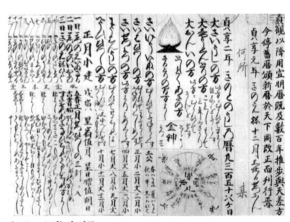

〈죠오쿄오력〉의 역주
〈죠오쿄오력〉은 카나 문자(일본 문자)로 역주를 표기했기 때문에, 서민들도 쉽게 참고할 수 있었다.

로써 일본도 비로소 독자적인 역법을 갖게 된 것입니다.

하루미는 개력의 공을 인정받아 천문방天文方에 임명되었습니다. 천문방은 막부가 처음으로 설치한 천문·역산을 담당하는 전문직이었습니다. 죠오쿄오 개력 이후 천체 관측하고 역법을 계산하는 권한은 교토의 토어문가에서 에도의 천문방으로 옮겨 가게 되었습니다. 반면에 토어문가는 천문방에서 계산한 달력의 날짜에 역주를 붙이고 달력을 인쇄하고 반포하는 역할만 담당하게 되었습니다. 죠오쿄오 개력은 천문역산학에서 천황에 대한 쇼오군의 우위를 확립한 사건이었습니다.

〈죠오쿄오력〉은 중국 역법의 영향을 받아 만들어진 역법입니다. 비록 중국과 공식적인 교류는 없었지만, 민간 무역을 통해서 중국의 천문학 서적을 수입할 수 있었고, 그 책들을 통해서 중국의 천문역산학을 수용했던 것입니다. 그리고 부분적으로는 조선인 학자를 통해서 중국 천문학의 지식을 배우기도 했습니다.

'죠오쿄오'는 일본 천황의 연호입니다. 중국의 연호를 사용해야 했던 신라와 고려 그리고 조선과는 달리 일본은 645년부터 줄곧 독자적인 연호를 사용했습니다. 조선과는 달리 중국의 정치적 영향력이 직접 미치는 범위 밖에 있었던 일본으로서는 중국의 눈치를 볼 필요가 없었던 것입니다. 게다가 9세기 말 이래 일본은 대체로 책봉조공 관계로부터 벗어나 있었습니다. 그 때문에 역법의 이름에 독자적인 연호를 붙일 수 있었습니다. 〈죠오쿄오력〉은 1756년에 〈호오레키력寶曆曆〉으로 개력할 때까지 70여 년간 사용되었습니다.

4부_동·서 과학문명의 교류

예수회 선교사들을 통해 전래된 서양 천문학

16세기의 기계 시계

리히티Erhardt Lichty 제작(1572). 스위스, 빈터투어, 켈렌베르거 시계박물관 소장. 리히티의 시계는 당시 유행하던 모델로서 1시간마다 그리고 15분마다 종을 쳐서 시간을 알려 주었고 제시간에 일어날 수 있도록 깨워 주는 자명종 장치도 마련되어 있었다. 리치가 만력제에게 선물했던 시계도 아마도 이와 비슷했을 것이다.

마테오 리치, 자명종 시계를 들고 황궁에 가다

서기 1600년이 저물 무렵 어느 날, 명나라 만력제萬曆帝(재위 1573~1620)는 곁에 있던 환관에게 큰 소리로 물었습니다. "짐에게 바치겠다던 자명종은 왜 안 가지고 오는가?" 황제는 얼마 전 환관이 올린 보고서를 기억해냈습니다. 그 보고서에는 예수회 선교사 마테오 리치Matteo Ricci, 利瑪竇(1452~1610)가 황제에게 바칠 선물의 목록이 적혀 있었는데, 그 중에 자명종이 끼어 있었던 것입니다. 1601년 1월, 드디어 리치는 직접 선물을 가지고 뻬이징北京의 궁궐로 오라는 황제의 명령을 받들게 되었습니다. 자명종 덕분에 리치는 궁궐에 들어갈 절호의 기회를 잡을 수 있게 된 것입니다. 마카오에 도착한 지 19년 만에 황궁에 입성할 수 있었습니다.

리치가 바친 시계는 태엽을 감아 움직였는데, 제 시각이 되면 자동으로 울리도록 제작된 것이었습니다. 황제는 시계가 스스로 시간을 알

리는 것을 보고 대단히 신기해 했습니다. 그러나 그로부터 500년 전에
중국은 이미 물의 힘으로 움직이면서 자동으로 시간을 알리는 시계를
제작한 적이 있었습니다. 그렇지만 수운의상대는 이미 오래 전에 사라
진 후였고, 그 제작 기술도 완전히 단절된 상태였습니다. 황제는 500
년 전 그들의 선조들이 세계에서 가장 우수한 시계를 만들었다는 사실
을 전혀 몰랐을 것입니다.

어쨌든 황제는 환관 네 명을 불러 이 시계의 조작에 필요한 모든 사
항을 사흘 안에 배우도록 명령했습니다. 환관들은 사흘 밤낮으로 예수
회 신부들을 닦달해서 시계 조작법을 배웠습니다. 사흘 후 황제 앞에
서 환관이 태엽을 감아 주자 시계는 정확히 제 시간마다 울렸습니다.
황제는 대단히 흡족해하면서 환관의 직위를 한 등급씩 올려 주었습니
다. 그러나 환관들은 시계가 고장이 났을 때 수리할 수 있는 능력이 없

예수회 선교사들

아나타시우스 키르허Athanasius Kircher(1602~1680)의 『그림으로 보는 중
국』(1667)에 실린 삽화. 맨 위에는 프란시스코 사비에르(왼쪽)와 이그나티우스
데 로욜라(오른쪽)가 있고, 그 아래에는 아담 샬(왼쪽)과 마테오 리치(오른쪽)가
중국 지도를 들고 있다. 사비에르는 일본에 최초로 기독교를 전했으며, 중국
선교를 시도했으나 중국에 들어가지 못하고 병으로 죽었다.

예수회는 종교개혁에 대항해 가톨릭(구교, 천주교) 교회 안에서 일어난 결사
단체. 1540년에 이그나티우스 데 로욜라Ignatius de Loyola(1491~1556)가
프란시스코 사비에르Francisco Xavier(1506~1552) 등과 함께 창시했다. 예수
회는 해외 선교를 통해 유럽에서 약화된 가톨릭의 교세를 만회하려고 했다.
예수회에서는 프로테스탄트(신교, 개신교)를 학문적으로 논박하기 위해 인문
교육과 과학 교육을 중시했다. 그 때문에 예수회 선교사 중에는 뛰어난 과학
지식을 가진 사람들이 많았다.

었습니다. 결국 환관들은 예수회 신부들이 뻬이징에 계속 머무를 수 있도록 뒤에서 일을 꾸미는 수밖에 없었습니다. 신부들을 제외하면, 궁궐 안에서, 아니 제국 안에서 시계를 고칠 수 있는 사람이 아무도 없었기 때문이었습니다. 결국 자명종 덕분에 마테오 리치는 죽을 때까지 뻬이징에 머물 수 있게 된 것입니다.

리치가 동쪽에 간 이유는?

마테오 리치가 중국에 간 이유는 중국인들을 가톨릭으로 개종시키기 위해서였습니다. 그러나 중국인들은 자신들의 문화만을 '문명'이라고 생각했고 기독교 세계를 비롯한 다른 문화를 '야만'이라고 생각했기 때문에, 기독교를 받아들이려고 하지 않았습니다. 게다가 당시 명나라는 왜구의 노략질과 일본의 조선 침략 때문에 외국인을 경계하고 외국과의 교류를 통제하고 있었습니다.

어떻게 하면 중국인들에게 기독교를 전할 것인가? 리치는 중국의 언어를 열심히 익히고 중국의 문화를 철저하게 연구함으로써 그 해답을 찾으려고 했습니다. 그 결과 리치는 중국어를 자유자재로 말할 수 있을 뿐만 아니라 한문으로 제법 능숙하게 글을 쓸 수 있게 되었습니다. 유교 경전을 유럽 언어(라틴어)로 번역할 수 있을 정도로 중국 사상에 대해서도 깊이 이해하게 되었습니다. 그만큼 리치는 중국을 철저하게 배우려고 노력했습니다. 그만큼 리치는 중국인에게 가깝게 다가서려고 노력했던 것입니다. '리 마떠우(리마두利瑪竇)'라는 중국식 이름을 사용한 것도 중국인들에게 친근감을 주기

서양의 선비-마테오 리치의 초상화

엠마누엘 페레이라Emmanuel Fereira 그림, 〈마테오 리치의 초상화〉(1610) 이탈리아, 로마, 예수회의 집 소장. 그림 속의 리치는 유학자의 복장을 하고 있다. 리치는 '서유西儒', 즉 '서양의 선비'로 자처함으로써 사대부들의 호감과 지지를 얻을 수 있었다.

위해서였습니다.

리치는 중국의 지배층, 즉 사대부들을 먼저 개종시켜야 한다고 생각했습니다. 지배층이 기독교를 받아들이면 하층민들도 저절로 개종될 것이라고 본 것입니다. 어떻게 하면 사대부들에게 접근할 수 있을까? 리치는 유학자의 복장을 하고 유교적 교양을 익혔습니다. 유교 윤리와 기독교 윤리의 유사성을 강조하고 불교와 도교를 비판함으로써 일부 사대부들의 호감을 얻을 수 있었습니다. 특히 리치는 조상에 대한 제사를 우상숭배로 배척하지 않았기 때문에, 기독교에 대한 중국인들의 거부반응을 누그러뜨릴 수 있었습니다. 그만큼 리치는 중국 문화를 깊이 이해했던 것입니다.

리치는 서양 문화가 중국 문화보다 더 뛰어난 점도 있다는 사실을 은근히 강조함으로써 사대부들의 호기심을 자극했습니다. 만약 리치가 처음부터 "예수님을 믿으시오! 믿지 않으면 지옥 갑니다!"하고 떠벌리고 다녔다면 사대부들로부터 반감을 샀을 것입니다. 유학자들은 내세를 믿지 않았기 때문입니다. 리치는 대단히 현명하게도 종교보다도 과학과 기술을 내세웠습니다. 중국의 지식인들이 내세보다는 현세적인 문제, 특히 천문역산학에 대해 관심이 많다는 점을 간파한 것입니다. 만약 서양의 과학이 중국의 과학보다 더 뛰어나다는 사실을 납득시킨다면, 사대부들이 자연스럽게 서양의 종교까지 받아들일 것이라고 기대한 것입니다.

리치가 서양식 세계지도를 소개한 이유는?

리치는 르네상스 시대 이탈리아의 대학에서 인문학뿐만 아니라 자연과학까지 배운 지식인이었습니다. 신학, 어학, 철학, 과학 등 다양한 분야에 걸쳐 뛰어난 재능을 발휘한 전형적인 르네상스 인 이었습니다. 리치는 그 지식의 힘으로 중국에서도 필요한 인물이 될 수 있었습

클라비우스

빌라메라Francisco Villamena(1566~1624) 원작 그림(1606)에 의거한 동판화. 클라비우스는 예수회 수도사로서 로마대학에서 수학과 천문학을 가르쳤으며, 그레고리력을 제작하고 보급하는 데 크게 기여했다. 천문학자로서 그는 지구 중심 체계를 지지하고 코페르니쿠스의 태양 중심 체계에 반대했다. 그러나 평소에 그를 존경하던 갈릴레오Galileo가 1611년 그에게 자신이 망원경으로 관측한 결과를 설명해 주었을 때, 갈릴레오의 새로운 발견을 인정해 주었다. 비록 달에 산이 있다는 사실에 여전히 의문을 품긴 했지만 말이다. 아이러니하게도 달의 가장 큰 분화구 중 하나에 그의 이름이 붙어 있다.

니다. 특히 예수회의 로마 대학에서 당대에 가장 존경받는 과학자였던 클라비우스Christopher Clavius(1538~ 1612)에게 배운 수학과 천문학은 중국 선교의 강력한 도구가 되었습니다.

리치가 유럽에서 가져온 자명종 · 프리즘 등 과학 기구들은 사대부들의 이목을 끌었습니다. 특히 리치가 제작한 세계지도와 지구의는 사대부들을 놀라게 했습니다. 그도 그럴 것이 동아시아의 전통적인 우주론과 전혀 달랐기 때문입니다. 리치가 당시 서양 지리학에 입각해서 제작한 세계지도를 〈곤여만국전도坤輿萬國全圖〉라고 합니다. 이 지도가 동아시아의 전통적인 세계관과 어떻게 다른지 보여드리기 위해 〈혼일강리역대국도지도混一疆理歷代國都之圖〉도 함께 펼쳐 놓도록 하겠습니다.

〈곤여만국전도〉의 모서리를 보십시오. 둥글지 않습니까? 왜 모서리를 둥글게 묘사했을까요? 그것은 공모양의 땅, 즉 지구를 평면에 투시

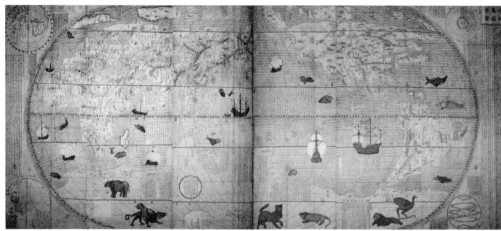

〈회입곤여만국전도繪入坤輿萬國全圖〉

세로193센티미터, 가로346센티미터(1608). 난징박물원南京博物院 소장. 〈곤여만국전도〉는 1602년 마테오 리치가 처음 제작했는데, 이후 조금씩 형태를 달리 해 여러 차례 제작되었다. 이 지도는 원래의 〈곤여만국전도〉에는 없는 동물들과 선박 그림들이 그려져 있어서 '회입繪入'이라는 수식어가 더 붙었다.

했기 때문입니다. 땅이 둥글다고 생각한 것이죠. 그렇다면 〈혼일강리역대국도지도〉의 모서리가 네모꼴인 것은 어째서일까요? 그것은 당시 동아시아 사람들이 땅이 평평하고 네모지다고 생각했기 때문입니다. 세계관이 다르면 지도도 이렇게 달라집니다.

〈혼일강리역대국도지도〉에서는 중국이 전체 땅의 절반 이상을 차지하고 있습니다. 그러나 〈곤여만국전도〉에서는 중국은 드넓은 세계에서 지극히 작은 부분을 차지하고 있습니다. 그리고 15세기 조선의 세계지도는 유럽과 아프리카 일부를 다루고 있지만, 실제 크기에 비해 대단히 작게 그렸습니다. 그러나 리치의 지도에서는 훨씬 더 정확하고 확대된 세계를 보여 주고 있습니다. 중국이 여전히 세계의 중심에 놓여 있

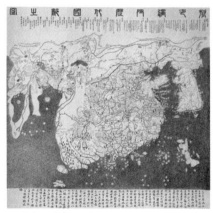

15세기 조선의 〈혼일강리역대국도지도〉

이회李薈 제작, 1402년. 일본, 교토京都, 류우코쿠龍谷대학 도서관 소장. 원본은 전해지지 않고 필사본만 남아 있다. 〈혼일강리역대국도지도〉는 지금까지 남아 있는 세계지도 중에 동아시아에서 가장 오래된 세계지도다. 17세기에 〈곤여만국전도〉가 수입될 때까지 조선에서 가장 훌륭하고, 사실상 유일한 세계지도였다.

알레니의 〈만국전도〉

알레니Giulio Aleni(1582~1649) 제작
(1623). 바티칸 도서관 소장. 〈만국전
도萬國全圖〉는 알레니가 편찬한 세계
지리서 『직방외기職方外紀』(1623)에 실
려 있다.

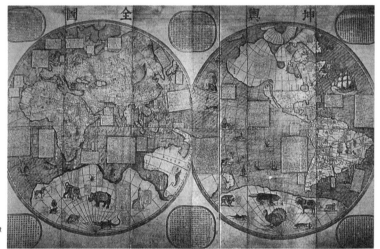

페르비스트의 〈곤여전도〉

페르비스트Ferdinand Verbiest
(1623~1688)제작(1674)

다고요? 예, 그렇습니다. 그러나 그것은 리치가 중국인들의 자존심을
특별히 배려했기 때문입니다. 당시 서양에서 제작된 세계지도에는 중
국이 동쪽 끝에 그려져 있었습니다. 그래서 유럽인들은 순전히 자기네
들 입장에서 동아시아를 '극동極東'이라고 불렀던 것입니다.

　땅이 둥글고 중국이 세상에서 가장 큰 나라가 아니라는 새로운 세계
관은 중국의 지식인들에게 쉽게 수용될 수 없었습니다. 중국이 세계의

중심이라는 사상은 중국의 지식인들에게 여전히 확고부동한 진리였습니다. 단지 그때까지 알려져 있는 것보다 더 넓은 세상이 존재한다는 것 정도는 그런대로 받아들여질 수 있었습니다. 어쨌든 광활한 미지의 세계에 대한 호기심을 자극했기 때문에 리치의 세계지도는 사대부들 사이에서 폭발적인 인기를 얻었습니다. 어느 정도로 인기가 높았는가 하면, 목판으로 제작한 인쇄본이 부족하자, 필사되어 널리 보급될 정도였습니다. 그리고 조선과 일본에까지 널리 보급되었습니다.

그렇다면 왜 리치는 중국의 지식인들에게 세계지도를 소개했을까요? 그것은 리치가 세계지도를 통해 중화사상이나 유교적 세계관을 타파할 수 있지 않을까하고 기대했기 때문입니다. 이것은 지리적 세계관의 변화를 꾀한 것이지만, 동시에 종교적 세계관의 변화도 노린 것이었습니다. 그 때문에 리치의 후배 선교사들도 계속해서 세계지도를 제작했습니다.

리치의 죽음과 리치의 후계자들

리치는 뻬이징에서 살 수 있도록 허가받은 지 10년째 되던 해에 죽었습니다. 리치는 죽는 그 순간까지 황제를 직접 만나서 설교를 하고 개종시킬 수 있기를 간절히 원했습니다. 그러나 꿈은 끝내 이루어지지 않았습니다. 중국 역사상 가장 게으르고 탐욕스러운 황제였던 만력제는 리치에 대해서나, 서양의 새로운 학문에 대해서 전혀 관심이 없었습니다. 단지 리치가 바친 자명종과 세계지도에 대해서 약간 관심을 가질 뿐이었습니다. 어쨌든 자명종과 세계지도, 그리고 그것들이 황제의 손에 닿는데 놓이도록 온갖 노력을 기울였던 리치의 활약은 리치 자신과 후배 선교사들이 중국에서 활동할 수 있는 길을 터놓았습니다.

죽기 전 10년 동안 리치는 선교 활동에 종사하면서 쉬 꾸앙치徐光啓(1562~1633)와 리 즈자오(이지조李之藻, ?~1631)*의 협력을 얻어 『기하

마테오 리치의 묘비
묘비 가운데에는 세로로 "야소회사리공지묘耶蘇會士利公之墓"라는 글자가 새겨져 있다. 묘비 뒤에 리치의 무덤이 있다. 만력제는 리치를 위해서 뻬이징 내성内城 서쪽에 있는 선무문宣武門 안에 묘지를 하사했는데, 리치의 후계자들도 이곳에 묻히게 되었다.

리 즈자오
명나라 때의 학자. 마테오 리치를 비롯한 여러 예수회 선교사들이 서양 과학과 서양 종교에 관한 책을 번역하는 데 적극 협력했다. 그 대표적인 성과물이 『건곤체의』, 『곤여만국전도』, 『숭정역서』 등이다.

『기하원본』에 실린 마테오 리치와 쉬 꾸앙치

『기하원본』에 수록된 마테오 리치(오른쪽)와 쉬 꾸앙치(왼쪽). 배경에 있는 책은 『기하원본』이다. 『기하원본』은 그리스의 수학자 에우클레이데스Eukleidēs(기원전 330?~ 275?)의 『기하학원론Stoicheia』을 한문으로 번역한 것으로, 한문으로 번역된 최초의 서양 수학책이다. 『기하원본』은 중국뿐만 아니라 조선에도 널리 소개되었다.

쉬 꾸앙치 석상

명나라 때의 정치가·과학자. 상하이 시上海市 꾸앙치光啓 공원에 있는 쉬 꾸앙치 석상

원본幾何原本』(1607)을 집필하고 〈곤여만국전도〉를 제작했습니다. 한편 리치는 예수회 본부에 천문학에 능통한 선교사를 보내 달라고 요청했습니다. 예수회 본부에서는 리치의 요청을 받아들여서 과학도로서 훈련을 쌓은 선교사들을 파견했습니다.

리치 이후 중국에 들어온 예수회 선교사(16~17세기)	중국에 들어온 연도
롱고바르디Nicolas Longobardi, 龍華民(1559~1654)	1597년
우르시스Sabbathino de Ursis, 熊三拔(1575~1620)	1606년
디아즈Emmanuel Diaz, 陽瑪諾(1574~1659)	1610년
알레니Giulio Aleni, 艾儒略(1582~1649)	1613년
테렌츠Joannes Terrenz, 鄧玉函(1576~1630)	1621년
아담 샬Johann Adam Schall von Bell, 湯若望(1591~1666)	1621년
로오Giacomo Rho, 羅雅谷(1592~1638)	1624년
페르비스트Ferdinand Verbiest, 南懷仁(1623~1688)	1659년

이 중 테렌츠Terrenz는 갈릴레오Galilei Galileo(1564~1642)와 함께 이탈리아의 린체이 아카데미Accademia dei Lincei의 회원이 되었을 정도로 뛰어난 과학자였으며 케플러와도 친하게 지냈습니다. 그는 최초로 중국에 망원경을 도입한 사람이기도 했습니다. 예수회 선교사들은 중국인 학자들의 도움을 받아 서양의 과학적 성과들을 번역 · 소개했습니다.

린체이 아카데미의 문장

르네상스 시대에 과학 활동을 후원했던 르네상스 아카데미 중 하나. 1603년에 로마에서 결성되었으며 로마의 귀족 체시Federico Cesi(1585~1630)의 후원을 받았다. 갈릴레오는 1611년 로마를 여행하면서 린체이 아카데미의 회원이 되었다. 린체이 아카데미는 갈릴레오의 과학을 지지했으며 갈릴레오의 여러 작품을 출판해 주었다. 1630년에 체시가 사망하자 린체이 아카데미도 붕괴되었다.

『천문략』에 소개된 갈릴레오와 망원경

당시에 소개된 서양 과학책 중에 동아시아 세계에서 가장 널리 읽혔던 책 한 권을 소개하겠습니다. 바로 『천문략天問略』(1615)이라는 책으로, 예수회 선교사 디아즈Diaz, 陽瑪諾(1574~1659)의 작품입니다. 문답식으로 서양 천문학의 개요를 정리하고 있으며 20여 개의 그림을 싣고 있습니다. 『천문략』의 끝부분에는 갈릴레오가 망원경으로 관측한 내용을 소개하고 토성의 그림을 싣고 있습니다. 한번 읽어보겠습니다.

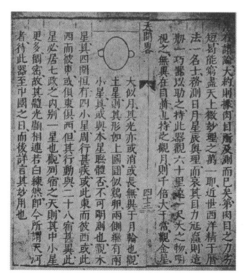

『천문략』에 소개된 갈릴레오의 관측 결과

갈릴레오가 사용한 30배율의 망원경

갈릴레오가 만들었다고 전해지는 2개의 망원경 중에 하나. 나무로 만들고 그 위에 종이를 입혔다. 1609년 7월, 갈릴레오는 지난해 8월에 네덜란드에서 망원경이 발명되었다는 소식을 들었다. 갈릴레오는 망원경 실물을 직접 보지는 못했지만 그 설명서만 보고 망원경의 원리를 이해하고 스스로 망원경을 만들었다(1609년 8월). 갈릴레오가 최초로 제작한 망원경은 배율이 9배로 천체 관측에 이용할 수 없었지만, 이후 배율을 30배까지 향상시켰으며, 1610년 1월에는 그것으로 하늘을 관측할 수 있었다. 망원경을 통해 갈릴레오는 달의 산맥, 태양의 흑점, 금성의 위상, 토성의 고리, 목성의 위성을 발견할 수 있었다. 망원경 덕분에 갈릴레오는 큰 명성을 얻을 수 있었다.

한자투성이라 무슨 뜻인지 잘 모르시겠다고요? 그렇다면 앞에 소개된 부분만 해석해 보겠습니다.

앞에서 논의한 것은 대략 육안으로 관측한 것에 의거했을 뿐이다. 그러나 육안으로 볼 수 있는 것은 한계가 있으니, 어찌 하늘의 신비한 이치를 만분의 일이라도 완벽하게 파악할 수 있겠는가? 근세 서양 천문학에 정통한 명사名士는 천체의 오묘한 이치를 열심히 연구했는데, 육안의 한계를 절감하고는 곧 정교한 기구를 처음으로 만들어 관측에 사용했다. 이 기구로 60리 밖에 있는 일척 크기의 물체를 관찰하면 그것을 명확하게 볼 수 있어서 바로 코앞에 있는 것이랑 별 차이가 없다. 이것으로 달을 관측하면 육안으로 보는 것보다 천 배 크게 보인다. 금성을 관측하면 달덩이처럼 크게 보이는데, 그 빛이 사라지기도 하고 커지기도 해서 달과 별반 차이가 없다. 토성을 관측하면 그 모양이 위에 있는 그림과 같다. 원모양의 본성本星은 달걀과 비슷하게 생겼고 양 측면에는 각각 작은 별이 이어져있는데, 작은 별이 본성과 붙어 있는지는 분명하게 알 수 없다. 목성을 관측하면, 그 주위에 항상 네 개의 작은 별이 있다. 작은 별들은 주행 속도가 매우 빨라서, 이 별이 동쪽에 있는데 저별은 서쪽에 있기도 하고, 이별이 서쪽에 있는데 저별은 동쪽에 있기도 하고, 모두 동쪽에 있기도 하고 모두 서쪽에 있기도 한다. 단 그 운행은 28수와는 전혀 다르다. 이 별들은 필시 칠정七政의 궤도 안에 있지만 칠정과는 별개의 별일 것이다. 항성을 관측하면, 그 중에 작은 별들이 매우 많고 빽빽하게 차있는 것을 볼 수 있는데, 그 천체에서 나오는 빛이 서로 이어져있어서 마치 표백한 흰 명주와 같다. 이것이 요새 사람들이 말하는 '천하天河(은하수)'라는 것이다. 이 기구의 오묘한 작용에 대해서는 그것이 중국에 도착한 후에 자세히 이야기하겠다.

초승달이 된 금성

금성은 지구와 태양 사이에 들면(내합) 보
이지 않다가, 그 후 내합에서 벗어나면
금세 가느다란 초승달이 나타나며, 태양
을 사이에 두고 지구와 반대편에 위치하
게 되면(외합) 가장 볼록한 상태가 되어 태
양 뒤로 사라진다.

목성의 위성 : 가니메데

가니메데Ganymede 위성이 목성의 아래로 통과
하고 있다. 목성에서 발견된 16개의 위성 중 4
개-이오, 유로파, 가니메데, 칼리스토-는 밝게 빛
나기 때문에 관측하기가 쉽다. 따라서 갈릴레오가
처음 발견한 것도 이들 4개의 위성들이었다. 그
때문에 이들을 '갈릴레오의 달'이라고 부른다.

갈릴레오의 소책자 :「별들의 소식」

갈릴레오는 자신이 망원경으로 관측한 성과를 40쪽짜리
소책자『별들의 소식』(1610)에 담아 출간했다.

　여기에서 말하는 '명사'란 갈릴레오를, '기구'란 망원경을 가리킵
니다. 갈릴레오는 망원경을 최초로 발명한 사람은 아니었지만, 망원경
을 사용해 최초로 천체를 관측한 사람이었죠. 갈릴레오가 망원경으로
여러 천체를 관측하고 나서 그 성과를 정리해 논문으로 발표한 것이
1610년이었으니까, 그로부터 5년 후에 저술된『천문략』은 제법 최신

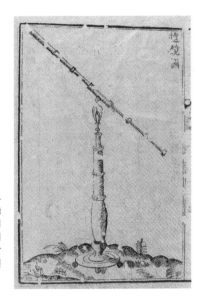

중국에 소개된 최초의 망원경 그림

아담 샬, '망원경 그림'(1626). 중국인들에게 최초로 망원경의 그림을 소개한 것은 아담 샬의 「원경설遠鏡 說」이다. 그로부터 8년 후 테렌츠가 최초로 황제에게 망원경을 바쳤다. 테렌츠가 망원경을 가지고 중국에 들어온 것이 1621년이었으니까, 아마도 테렌츠와 함께 작업했던 중국인 학자들은 1634년 이전에 망원경 실물을 구경할 수 있었을 것이다.

토성의 고리

과학 정보를 담고 있는 셈입니다. 이 책을 통해서 중국의 지식인들은 금성도 달처럼 위상이 변한다는 것, 목성에도 달(위성)이 있다는 것, 은하수가 무수히 많은 작은 별들로 이루어져 있다는 것, 그리고 서양에 망원경이라는 정교한 관측기구가 있다는 사실을 처음으로 접하게 되었습니다. 물론 갈릴레오가 제작한 망원경의 해상도가 낮았기 때문에, 갈릴레오는 토성의 고리를 토성에 달린 혹으로 간주했습니다. 그래서 디아즈도 토성의 위성을 볼록 튀어나온 혹처럼 묘사했던 것입니다. '혹'이 아니라 '고리'라는 것을 알게 된 것은 그로부터 50여 년이 지난 후였습니다.

그렇지만 『천문략』이 최신 과학 정보만 담고 있는 것은 아니었습니다. 디아즈가 『천문략』을 쓴 이유는 중세 유럽의 천문학인 프톨레마이오스의 천문학을 소개하는 데 있었습니다. 따라서 근대 과학의 성과를 소개하는 데 대단히 인색할 수밖에 없었습니다. 그러나 지구 중심 체계(천동설)를 포함하는 중세 천문학의 지식 역시 갈릴레오의 새로운 발견과 마찬가지로 중국의 지식인들에게는 대단히 낯선 이론이었습니다. 어쨌든『천문략』은 중국뿐만 아니라 조선에도 널리 소개되었습니다.

『숭정역서』의 탄생과 개력의 불발

토성의 고리를 발견한 호이겐스

2000년에 그레나다Grenada에서 발행된 우표. 호이겐스Christiaan Huygens (1629~1695)는 굴절망원경을 제작해 1659년에 토성의 고리와 위성을 발견했다.

서양 과학의 지식이 보급됨에 따라 서양 천문학에 의거해 〈대통력〉의 결점을 보완하려는 의견이 대두되기 시작하였습니다. 리치가 죽은 해인 만력 38년(1610) 11월 초하루에 일식이 발생했는데, 당시 국립천문대였던 흠천감鈂天監에서는 일식 시각을 정확하게 계산해내는 데 실패했습니다. 그들이 일식 계산에 사용한 역법은 〈대통력〉으로서 시행된 지 무려 320년이나 되었던 것입니다. 이미 26년 전 〈대통력〉은 일식 예보에 실패한 적이 있었습니다. 이에 리 즈자오를 비롯한 일부 관료들은 예수회 선교사들로 하여금 서양 천문학 서적을 번역하게 하고, 서양 천문학에 의거해 새로운 역법을 제작하게 하자고 주장했습니다.

그로부터 10년이 지난 숭정崇禎 2년(1629) 5월 초하루, 이번에는 〈대통력〉뿐만 아니라 〈회회력〉의 일식 예보도 빗나갔습니다. 그렇지만 서양 천문학에 입각해서 계산했던 쉬 꾸앙치의 예보는 적중했습니다. 드디어 같은 해 7월, 쉬 꾸앙치에게 역법을 개정하라는 칙명이 내려졌습니다. 쉬 꾸앙치는 테렌츠, 아담 샬Adam Schall(1591~1666), 로오Rho(1592~1638) 등 예수회 선교사들을 초빙해 서양 천문학 서적을 번역하게 했습니다. 그 결과 탄생한 것이『숭정역서崇禎曆書』(1634)입니다. 보수파의 공격으로부터 선교사들을 보호하면서 정력적으로 개력 사업을 지휘했던 쉬 꾸앙치는『숭정역서』가 완성되기 바로 전 해에 사망했습니다. 만약 쉬 꾸앙치가 좀 더 오래 살았더라면, 명나라가 망하기 전에 개력이 시행될 수 있었을지도 모릅니다. 쉬 꾸앙치, 테렌츠, 로오가 죽은 후에 보수파에 대항하면서『숭정역서』편찬 사업을 추진했던 것은 아담 샬이었습니다.

아담 샬

리 즈츠엉의 뻬이징 입성

숭정 16년(1643) 3월 초하루의 일식에 대해 오직 아담 샬만이 정확하게 예보하자, 명나라의 마지막 황제 숭정제崇禎帝(재위 1628~1644)는 마침내 종래의 〈대통력〉을 폐기하고 서양 천문학을 채용하기로 결정했습니다. 그러나 이미 왕조의 멸망이 다가오고 있었습니다. 그 다음 해, 리 즈츠엉(이자성李自成, 1606~1645)이 이끄는 농민군이 뻬이징을 포위하자, 어느 누구에게도 의지할 수 없었던 가련한 황제는 자금성紫禁城 뒷동산에 올라 스스로 목매달아 죽고 말았습니다. 명나라의 멸망과 함께 개력 사업도 중단될 수밖에 없었습니다.

〈시헌력〉의 탄생과 아담 샬의 활약

농민군의 뻬이징 약탈, 청나라 군대의 뻬이징 점령(1644년). 이 혼란 속에서 예수회 선교사들은 어떻게 되었을까요? 다행히 예수회 선교사들은 물론 그들이 소장한 과학책들도 화를 면할 수 있었습니다. 『숭정역서』 편찬에 참여했던 아담 샬은 청나라의 공격을 막기 위해 서양식 대포를 제작한 적이 있었지만 명나라가 망하자 곧 청나라 조정에 귀순

했습니다.

당시 어린 순치제順治帝(재위 1643~1661)의 숙부이
자 섭정인 예친왕睿親王 도르곤Dorgon, 多爾袞(1612~
1650)은 예수회 선교사들을 포섭하는 아량을 보였습
니다. 도르곤은 한족 위에 군림하기 위해서라면 서양
의 과학을 이용할 필요가 있다고 생각했던 것입니다.

순치원년順治元年(1644)에 청나라 조정은 흠천감에
게 이듬해인 순치 2년의 달력을 제작할 것을 명령했습
니다. 흠천감에서는 명나라 때의 관례에 따라 〈대통
력〉에 입각해 달력을 제작했습니다. 도르곤이 아담 샬에게 의견을 묻
자, 아담 샬은 〈대통력〉의 결함을 조목조목 지적했습니다. 그해 8월
초하루의 일식에 대해 〈대통력〉과 〈회회력〉은 오차가 있었지만, 아담
샬은 정확하게 계산해냈습니다. 서양 역법이 중국의 전통 역법에 대해
판정승을 거둔 것입니다. 도르곤은 순치 2년의 달력 제작을 전적으로
아담 샬에게 맡겼습니다. 아담 샬은 중국 역법사상 최초로 서양 천문
학을 적용해 달력을 제작했습니다. 이것이 바로 〈시헌력時憲曆〉입니
다. 쉬 꾸앙치 등이 염원하던 개력이 마침내 이루어진 것입니다. 대단
히 아이러니한 것은 그것이 이민족 왕조 치하에서 이루어졌다는 점입
니다. 어쨌든 〈시헌력〉은 신해혁명辛亥革命으로 청나라가 망할 때까
지 266년 동안(1645~1911) 사용되었습니다.

그런데 〈시헌력〉에 입각해서 제작된 첫 달력의 표지에는 "순치이년
시헌력서順治二年時憲書"라는 제목 밑에 "의서양신법依西洋新法(서양
천문학에 의거함)"이라는 다섯 자가 덧붙여졌습니다. 이것은 명나라 때
라면 감히 상상도 할 수 없는 일이었습니다. 한 왕조의 상징이라고 할
수 있는 달력의 표지에 '서양 오랑캐의 덕으로 달력을 만들었다'고 기
록하는 것은 중국의 자존심으로는 도저히 용납할 수 없는 일이었습니
다. 그러나 이민족 출신의 지배자들은 이때까지만 하더라도 '중국의

홍이포

1618년, 쉬 꾸앙치는 만주족의 공격에 대항하기 위해 마카
오에서 포르투갈의 대포를 구입했는데, 이 대포를 홍이포紅
夷砲라고 불렀다. 아담 샬이 제작한 대포도 아마도 이러한
종류였을 것이다.

순치제

벽걸이천(비단), 수묵채색화. 베이징,
국립고궁박물원國立古宮博物院 소장

도르곤

후금을 세운 누르하치Nurhachi, 奴兒哈
赤(재위 1616~1626)의 14번째 아들. 태
종太宗(재위 1626~1643)이 죽자, 도르
곤은 태종의 여섯 살 난 아들을 황제로
옹립하고 자신은 섭정왕攝政王이 되어
실권을 장악했다. 만리장성을 넘어 중
국을 정복하는 데 큰 공을 세웠다.

『서양신법역서』

자존심'에 대해서 관심이 없었습니다. 아직 중화사상에 전염되지 않았던 것입니다.

순치 2년(1645), 아담 샬은 국립천문대장인 흠천감정欽天監正에 임명되었습니다. 왕조교체기의 혼란으로 보수파의 힘이 약해진 틈을 이용해 흠천감을 장악한 것입니다. 그 다음 해에는 『숭정역서』에 약간 손질을 가해 『서양신법역서西洋新法曆書』를 편찬했습니다. 『서양신법역서』는 〈시헌력〉의 해설서로서 당시까지 중국에 들어온 서양 천문학 지식을 총망라하고 있습니다. 서양 천문학 백과사전이라고도 말할 수 있습니다.

순치제는 아담 샬을 매우 총애해 즐겨 그와 담소를 나누었고 연거푸 그에게 높은 벼슬을 내려 주었습니다. 아담 샬은 선배 선교사들이 감히 꿈꾸지도 못했던 파격적인 대우를 받았던 것입니다. 마테오 리치라면 황제와 직접 만나서 이야기하는 것만으로도 감격해했을 텐데 말입니다. 어쨌든 아담 샬의 지위가 높아짐에 따라 선교사들의 활동도 활발해지고 신자들도 크게 증가했습니다. 아담 샬의 후계자 페르비스트가 중국에 도착한 것도 바로 이때였습니다. 그러나 순치제가 사망하고 강희제康熙帝(재위 1661~1722)가 어린 나이에 즉위하자, 보수파의 반격이 본격적으로 시작되었습니다.

페르비스트

〈시헌력〉─서양 천문학을 중국 천문학의 틀 속에 집어넣다

　보수파의 반격을 이야기하기 전에 〈시헌력〉에 대해서 자세히 소개
하도록 하겠습니다. 〈시헌력〉이 이전의 역법과 어떤 점에서 다른가,
〈시헌력〉에 반영된 서양 천문학의 정체가 무엇인지를 알아야 보수파
가 공격한 이유를 제대로 이해할 수 있기 때문입니다.

　중국 역법사를 통틀어 볼 때, 전통적인 중국 역법에 서방 천문학을
도입한 것으로 당나라 때의 〈구집력九執曆〉*과 원·명 시대의 〈회회
력〉이 있었습니다. 그러나 이들은 부분적으로 중국 역법의 결함을 보
충하는 데 그쳤습니다. 그에 반해 〈시헌력〉은 전적으로 서양 천문학의
방법에 따라 계산된 것이었습니다. 그 때문에 〈시헌력〉의 편찬을 중국
역법사상 가장 획기적인 사건이라고 평가하는 것입니다. 그렇다면 과
연 〈시헌력〉은 어떠한 점에서 획기적이었을까요?

　태초력 이래 중국 역법사는 대체로 더 정확한 역법을 만드는 방향으
로 점진적으로 발전해 왔습니다. 달의 부등속 운동을 반영하기 위해서
정삭법을 도입하기도 했고(원가력), 세차 운동을 반영하기 위해서 동지
점을 인위적으로 보정하기도 했습니다(대명력). 그렇지만 평기법平氣
法과 무중치윤법은 절대불변의 원칙으로 간주되어 〈시헌력〉이 시행되
었을 때까지 폐기되지 않았습니다. 평기법이란 24절기에 대해서 1태
양년의 일수를 24등분하는 방법이고, 무중치윤법은 중기가 없는 달에
윤달을 두는 방법입니다.

　물론 수나라 때에 리우 주어가 태양의 부등속 운동을 반영해 각 절기
마다 1태양년의 일수를 다르게 배치하는 정기법을 고안해내기는 했습
니다. 그러나 〈시헌력〉이 시행되기 전까지 어떠한 관력도 정기법을 채
택하지 않았습니다. 절기 간의 간격을 정확하게 계산하는 것이 대단히
어렵고 복잡했기 때문이었습니다.

　역대 천문학자들이 무중치윤법을 고수한 이유는 그것이 『춘추좌씨

구집력
인도 천문학에 입각해 제작된 역법.
〈구집력〉은 당나라 때 인도의 천문학자
고타마 싯단타Gautama Siddhanta, 瞿
曇悉達가 번역한 인도의 천문서. 『대당
개원점경大唐開元占經』(718)에 수록되
어 있다.

전春秋左氏傳』이라는 유교 경전에 근거를 두고 있기 때문이었습니다. 문제가 되는 구절은 노나라 문공원년文公元年(기원전 626)의 기록에 실린 "거정어중舉正於中, 귀여어종歸餘於終"입니다. 이 구절은 대단히 난해해서 학자들마다 해석이 분분합니다. 그렇지만 전통적으로 학자들은 '중기가 없는 달에 윤달을 둔다'는 의미로 해석했습니다. 그리고 무중치윤법이 '요임금이 제정한 만세불변의 원리'라고 생각했습니다.

오늘날의 입장에서 보면, 과학의 이론적 근거를 경전에서 찾는다는 것은 잘 이해가 되지 않습니다. 그러나 전통시대 동아시아 과학사를 제대로 이해하려면 당시 사람이 생각하는 과학적 진리와 우리가 생각하는 과학적 진리 사이에 큰 차이가 있다는 사실을 항상 염두에 두어야 합니다. 어쨌든 당시 사람들은 과학적 진리의 가장 확실한 근거가 유교 경전에 있다고 보았습니다. '얼마나 실제 자연 현상과의 일치하는가?'보다도 '얼마나 성인聖人들의 말씀과 일치하는가?'가 더 중요했던 것입니다. 17세기가 되면서 그러한 사고방식은 거센 도전에 부딪치게 되었습니다. 전통의 아성에 과감하게 도전장을 내민 것은 바로 예수회 선교사들과 그의 추종자들이었습니다.

쉬 꾸앙치가 죽은 후에 『숭정역서』 편찬의 책임을 맡은 리 티엔징(이천경李天經, 1579~1659)은 "평기는 하늘의 진짜 절기가 아니다"라고 하면서 평기법을 폐지하고 정기법을 채택했습니다. 평기법보다 정기법이 태양의 운행을 더 정확하게 반영한다는 이유 때문이었습니다. 이러한 원칙은 〈시헌력〉에도 그대로 계승되었습니다.

17세기에 이르게 되면, 황도 위에서 움직이는 천체(해·달·다섯별)를 계산하는 것만큼은 서양 천문학 쪽이 중국 쪽보다 더 앞서 있었습니다. 태양의 운행을 정확하게 계산할 수 있다는 것은 곧 일식을 정확하게 예보할 수 있다는 것을 의미했고, 그것은 〈시헌력〉이 다른 역법보다 더 우수하다는 명백한 증거가 되었습니다.

한편 쉬 꾸앙치는 『숭정역서』의 편찬을 중국과 서양의 천문학 이론을 완벽하게 조화시켜 새로운 역법 체계를 만드는 작업이라고 생각했습니다. 그는 자신의 작업에 대해 "저들의 재료를 녹여 〈대통력〉이라는 거푸집 안에 붓는다"라는 비유를 들어 설명했습니다. 중국 천문역산학의 체계 속에 서양 천문학의 지식을 적용시키겠다는 뜻입니다. 이러한 '동·서 천문학 융합'의 이상은 서양의 정기법을 전통 천문학의 무중치윤법과 결합시키는 것으로 현실화되었습니다. 그러나 정기법과 무중치윤법의 결합은 〈시헌력〉에 대한 논쟁을 일으키는 결과를 낳고 말았습니다.

보수파의 반격과 아담 샬의 죽음

〈시헌력〉에 대한 보수파의 비판은 1657년부터 양 꾸앙시엔(양광선楊光先) 등에 의해 시작되었습니다. 양 꾸앙시엔은 천주교를 '사악한 종교'라고 주장하면서 달력의 표지에 "서양 천문학에 의거함"이라고 한 것은 중국이 서양의 역법을 받드는 것이 아니냐고 비판하는 상소를 올렸습니다. 물론 순치제는 양 꾸앙시엔의 상소를 무시하고 아담 샬의 편을 들어주었습니다.

1661년 순치제가 죽고 강희제가 즉위하자, 상황이 바뀌었습니다. 어린 황제를 돕기 위해 네 명의 보정대신輔政大臣이 임명되었는데, 그들은 서양 선교사들을 무척 싫어했습니다. 서양 선교사들에게 적대적인 조정의 분위기에 편승해 양 꾸앙시엔은 선교사들이 모반을 꾀한다고 고발하는 동시에 〈시헌력〉의 오류를 지적했습니다. 그가 말

강희제
〈평상복 차림으로 붓을 쥐고 있는 강희제의 초상화〉, 벽걸이 천(비단), 수묵채색화, 17~18세기. 뻬이징. 국립고궁박물원 소장

하는 〈시헌력〉의 오류란 바로 정기법 때문에 무중치윤의 원칙이 제대로 지켜지지 않는다는 것이었습니다.

쉬 꾸앙치가 기대했던 것과는 달리, 정기법을 채택하면 무중치윤의 원칙을 정확하게 지킬 수 없었습니다. 절기의 배치 간격이 불규칙해지면 한 달에 3개의 절기가 드는 경우도 있고, 한 해에 중기가 없는 달이 두 번 생기는 경우도 있기 때문입니다. 양 꾸앙시엔을 비롯한 보수파가 보기에 정기법은 "옛날 요임금이 만들었던 가장 이상적인 역법의 원리를 제대로 이해하지 못한 것"이었습니다. 쉬 꾸앙치 식으로 표현하자면, 서양 천문학의 지식은 중국 천문학이라는 용광로에서 완전히 용해되지 않은 채 〈대통력〉이라는 거푸집에 들어가 〈시헌력〉으로 태어났다고도 볼 수 있습니다.

양 꾸앙시엔의 고발을 접수한 네 명의 보정대신들은 아담 샬과 페르비스트 등 네 명의 선교사와 흠천감 직원들을 재판에 회부했습니다. 그 결과, 아담 샬과 다섯 명의 직원들은 능지처참陵遲處斬이라는 극형을 언도받았고, 다른 세 명의 선교사들은 장형杖刑을 언도받았습니다. 동시에 선교사들에 대한 탄압과 천주교 금지 조치가 내려졌습니다(1665).

그런데 기이하게도 갑자기 대지진이 계속 일어났고 궁궐에서도 화재가 발생했습니다. 전통적으로 재이災異는 하늘이 천자에게 내리는 경고로 해석되었습니다. 이러한 경우, 조정에서는 관례적으로 죄인을 풀어 주는 조치를 취했습니다. 덕을 베풀어야 화를 면할 수 있다는 것이지요. 게다가 순치제의 모친이자 강희제에게 할머니가 되는 태황태후太皇太后도 선제가 신임하던 아담 샬에 대한 처형에 반대했습니다. 그야말로 하늘이 도운 덕에 아담 샬을 비롯한 네 명의 선교사들이 모

예를 들어, 소설이 음력 10월 1일이고 대설이 10월 15일이고 동지가 10월 30일이면, 한 달에 3개의 절기가 발생하게 된다.

아담 샬
아나타시우스 키르허의 『그림으로 보는 중국』(1667)에 실린 삽화

효장문황후 : 강희제의 할머니
〈효장문황후의 초상화〉, 벽걸이 천(비단), 수묵채색화. 베이징, 국립고궁박물원 소장. 태종의 황후였던 효장문황후孝莊文皇后(1613~1687)는 태종이 죽은 후에 조정의 실력자였던 도르곤을 유혹해 자기 아들(순치제)을 황제 자리에 오르게 했다.

두 석방되었습니다. 그러나 다섯 명의 흠천감 직원들에게는 그대로 사형이 집행되었고, 이미 75세의 고령이었던 아담 샬도 옥중에서 얻은 병으로 사망했습니다(1666). 아담 샬은 마테오 리치의 무덤 서쪽 옆에 묻혔습니다.

어쨌든 아담 샬을 대신해서 양 꾸앙시엔이 흠천감정이 되어 〈시헌력〉을 폐지하고 〈대통력〉과 〈회회력〉을 회복시켰습니다. 보수파가 서양 선교사로부터 흠천감을 탈환한 것입니다. 그러나 보수파의 권력은 오래 지속되지 못했습니다.

책을 읽는 강희제
〈책을 읽는 강희제〉, 벽걸이 천(비단), 수묵채색화, 17~18세기. 베이징, 국립고궁박물원 소장

〈시헌력〉의 복권과 페르비스트의 활약

아담 샬이 죽은 그 다음해인 강희 6년(1667), 14세의 소년 황제는 친정親政(직접 정사를 돌봄)을 선언했습니다. 중국 역사상 가장 훌륭한 군주로 꼽히는 강희제는 역대 황제 중에 가장 공부를 열심히 한 황제이기도 했습니다. 특히 서양 과학에 관심이 많았기 때문에 페르비스트로부터 수학과 천문학을 배웠습니다. 페르비스트는 황제의 과외 선생 내지는 고문의 자격으로 매일같이 황제를 알현했습니다.

강희 7년, 양 꾸앙시엔은 직무상 그 다음해의 달력을 황제에게 바쳤습니다. 강희제가 양 꾸앙시엔이 올린 달력에 대해서 페르비스트에게 의견을 묻자, 페르비스트는 그 오류를 조목조목 지적하였습니다. 곧 〈대통력〉, 〈회회력〉과 〈시헌력〉 사이에 시비를 가리는 실험이 실시되었고, 그 결과 〈시헌력〉의 우수성이 입증되었습니다. 양 꾸앙시엔은 "중국에는 요임금과 순임금의 역법이 있는데, 어찌 이것을 버리고 천주쟁이의 역법을 채용하십니까?" 하고 부르짖었지만, 결국 흠천감에서 쫓겨나고 말았습니다. 그 대신에 강희 8년(1669)부터 페르비스트가 흠천감의 업무를 주관하게 되었고, 〈시헌력〉이 다시 시행되었습니다(1670). 천주교 포교의 자유가 다시 허용된 것은 물론입니다. 그 후에

페르비스트
수채화, 파리, 국립박물관 소장. 중국 관리의 복장을 한 페르비스트가 그가 사용하던 천문기계들과 함께 있다.

고관상대

고관상대의 아래에는 명나라 때 복제된 꾸어 서우징의 천문기계들이 설치되어 있고, 고관상대의 옥상에는 페르비스트가 제작한 천문기계 6종과 기타 2종이 설치되어 있다.

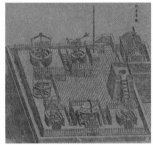

관상대의 천문기계

『영대의상지靈臺儀象志』(1674)에 수록된 「관상대도觀象臺圖」. 오른쪽 아래부터 시계 방향으로 적도경위의赤道經緯儀, 천체의天體儀, 황도경위의黃道經緯儀, 지평경위의持平經緯儀, 상한의象限儀, 육분의紀限儀.

상한의

적도경위의

페르비스트

육분의六分儀와 천구의를 가지고 중국 관료의 복장을 입은 페르비스트. 이 그림은 우타가와 구니요시歌川國芳(1797~1861)가 찍은 〈통속수호전호걸백팔인지일개通俗水滸傳豪傑百八人之一個〉라는 제목이 붙은 108매의 판화 중의 하나다. 그림 가운데의 글에서는 페르비스트를 양산박梁山泊의 호걸로서 묘사하고 있는데, 주거 리앙諸葛亮이나 강태공姜太公에 결코 뒤지지 않는 뛰어난 전략가라고 극찬하고 있다. 페르비스트가 천문학뿐만 아니라 무기 제조에도 뛰어난 재능을 보였기 때문에, 당시 일본의 대중문화 작가들이 그를 영웅으로서 떠받들었던 듯하다.

페르비스트가 제작한 대포 : 위원장군

페르비스트가 제작한 '위원장군동포威遠將軍銅砲'는 포신은 짧지만 화력이 강하고 명중률이 높았으며 무게가 가벼워서 쉽게 운반할 수 있었다.

도 여러 차례 천주교 박해가 있었지만, 1838년까지 예수회 선교사들은 흠천감을 장악할 수 있었습니다.

페르비스트는 흠천감정으로 있으면서 오늘날 뻬이징 고관상대古觀象臺에 남아있는 여러 천문기계들을 제작했고(1669~1673년), 『영대의 상지靈臺儀象志』(1674)를 비롯한 여러 천문학 서적을 집필했으며, 〈곤여전도坤輿全圖〉라는 세계지도도 제작했습니다(1674). 그 외에도 한족 장군들이 반란을 일으켰을 때, 화포를 제작해 반란 진압에 기여하기도 했습니다. 페르비스트는 죽은 후에 마테오 리치 무덤의 동쪽 옆에 묻혔습니다(1688년). 그러니까 아담 샬과 리치, 그리고 페르비스트가 나란히 누워 있는 것입니다.

서양 오랑캐, 우주의 구조를 말하다

만력 41년(1613), 리 즈자오는 황제에게 예수회 선교사들을 천거하면서 다음과 같이 보고했습니다.

그들이 천문·역법을 논한 것 중에는 중국의 옛 성현들을 뛰어넘는 부분이 있습니다. 그들은 천체의 운행 도수를 정확하게 계산해 낼 뿐만 아니라, 왜 천체가 그렇게 운행하는지 그 원리까지도 명쾌하게 설명할 수 있습니다.

"중국의 옛 성현들을 뛰어넘다." 이 말은 유교적 소양을 갖춘 지식인으로서 결코 쉽게 할 수 있는 표현이 아닙니다. 리 즈자오는 마테오 리치를 따라다니며 수학을 배웠고 천주교 신앙도 받아들인 사람입니다. 하지만 그렇다고 해서 공자의 가르침을 결코 포기하지는 않았습니다. 그리고 당연하게도 중국을 제외한 다른 민족들을 오랑캐로 보는 관점을 그대로 가지고 있었습니다. 그렇지만 리 즈자오에게 예수회 선교사들은 특별한 오랑캐였습니다. 왜냐하면 리 즈자오가 보기에, 그들은 최소한 천문학에 대해서만큼은 중국인을 능가하는 지적 능력을 가지고 있었기 때문이었습니다. 리 즈자오는 예수회 선교사들이 비록 오랑캐이지만 그들로부터 배워야 할 것이 많다고 생각했습니다.

그렇다면 예수회 선교사들은 어떤 탁월한 능력을 가졌었나요? "천체의 운행 도수를 정확하게 계산할 수 있다." 천체의 운동을 정확하게 계산하는 능력 때문에 예수회 선교사들은 중국의 사대부들에게 인정받을 수 있었고, 더 나아가 그들이 만든 역법이 중국의 관력으로 공인될 수 있었던 것입니다. 하지만 그것이 전부가 아니었습니다.

"천체의 운행 원리까지도 명쾌하게 설명할 수 있다." 여기에서 "천체의 운행 원리"란 우주의 구조와 천체의 운동 법칙 등을 의미합니다. 중국 천문역산학의 전통에서는 정확한 역법을 제작하는 데에만 관심을 기울였기 때문에, 우주의 구조나 천체의 운동 법칙에 대해서는 거의 관심이 없었습니다. 동아시아의 천문학자들은 우주가 가상적인 동일 구면—비유하자면, 한 장의 양파 껍질로 이루어져 있고, 천체가 그 위를 '눈에 보이는 그대로' 운동한다고 생각했습니다. 눈에 보이는 현상에 대해서는 집요하리만큼 정확하게 기술하려고 노력했지만, 눈에 보이지 않는 현상의 배후, 즉 구조에 대해서는 거의 관심을 두지 않았던 것입니다.

예수회 선교사들은 역법의 계산을 정확하게 할 뿐만 아니라 우주의 구조에 대해서도 체계적으로 설명했습니다. 그런데 그들이 소개한 우주론은 동아시아의 전통적인 우주론과 큰 차이가 있었고, 중국의 지식인들에게 큰 충격을 주었습니다. 그렇다면 예수회 선교사들이 소개한 우주의 구조는 어떻게 생겼을까요? 직접 그들이 한문으로 번역한 책들을 읽어보겠습니다.

하늘은 여러 겹의 투명한 천구들로 이루어져 있다

이번에 소개해드릴 책은 마테오 리치가 쓴 『건곤체의乾坤體義』
(1605)입니다. 『건곤체의』는 스승 클라비우스의 저서를 요약해서 번역
한 책으로, 서양 천문학과 기하학의 기초 개념을 간략하게 정리하고
있습니다. 『건곤체의』에는 '건곤체도乾坤體圖'라는 그림이 실려 있습
니다. 이 그림은 당시 유럽인들이 생각했던 우주 구조를 잘 보여 주고
있습니다. 당시 유럽의 천문학 교과서에 실린 우주 그림도 함께 감상
하시면 더욱 재미있을 것입니다.

사크로보스코의 『천구에 대하여』

『천구에 대하여De Sphaera』의 해설서(1522) 표지. 사크로보스코
Johannes de Sacrobosco(1195~1256)의 『천구에 대하여』는 13세기
이후 유럽 각지의 대학에서 천문학 교과서로서 널리 읽혔다. 리치가
번역 대본으로 선택한 클라비우스의 『천구에 대하여In Sphaerum』는
사크로보스코의 책을 해설한 것이다.

『천구에 대하여』에 실린 우주론 : 아홉 겹의 투명한 천구

사크로보스코의 『천구에 대하여』(14세기 판본)에 실린 우주 구조. 이 그
림에서는 수정천과 최고천이 생략되어 있고, 종동천이 아홉 번째 천
구로서 우주의 가장 바깥쪽에 있다.

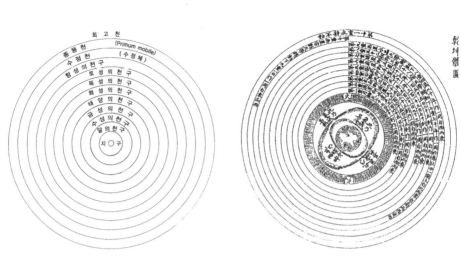

중세 유럽의 우주론 : 열한 겹의 투명한 천구   건곤체도 : 열한 겹의 투명한 천구

우주의 중심에 있는 둥근 것이 지구입니다. 그리고 지구 바깥에는 공기의 층이 둘러싸고 있고, 공기의 층 바깥에는 불의 층이 둘러싸고 있습니다. 여기까지가 '땅의 세계'입니다. '하늘의 세계'는 불의 층 바깥에 있는 달의 천구부터 시작합니다. 천상의 세계는 아홉 겹, 혹은 열한 겹의 천구로 이루어져 있는데, 그 내용을 도표로 정리하면 다음과 같습니다.

순서	이름	지구 중심으로부터의 거리	공전 주기	운동
1	달의 천구	482,522리	27일 31각	서→동
2	수성의 천구	918,750리	365일 23각	서→동
3	금성의 천구	2,400,681리	365일 23각	서→동
4	태양의 천구	16,055,690리	365일 23각	서→동
5	화성의 천구	27,412,100리	1년 321일 93각	서→동
6	목성의 천구	126,769,584리	11년 313일 70각	서→동
7	토성의 천구	205,770,564리	29년 155일 25각	서→동
8	항성의 천구	322,769,845리	7,000년	서→동
9	수정천		49,000년	서→동
10	종동천	647,338,690리	1일	동→서
11	최고천			없음

옆의 그림에서 보는 것처럼, 하늘은 여러 겹의 천구로 구성되어 있으며, 양파 껍질처럼 지구를 둘러싸고 있습니다. 각각의 천구는 딱딱한 고체이고, 각각의 천체는 그 안에 붙어 있습니다. 천구가 움직이기 때문에 천체도 따라서 움직이는 것입니다. 모든 천구는 맑고 투명해서 유리나 수정처럼 빛을 통과시키는 데 아무런 장애가 없습니다.

중세 유럽의 우주론에서 천구의 개수는 8개에서 12개까지 다양합니다. 가장 기본이 되는 천구는 8개로 달의 천구부터 항성의 천구까지입니다. 실제로 천체가 존재하는 천구들이죠. 수정천水晶天, Crystalline은 세차운동을 설명하기 위해서 고안된 천구입니다. 종동천宗動天, Primum Mobile은 최초로 운동을 일으키는 천구, 즉 밑에 있는 9개의 천구들을 움직이게 하는 천구입니다. 천체의 일주 운동을 설명하기 위해 고안되었기 때문에 공전 주기가 1일밖에 되지 않습니다. 엄청나게 빠른 속도로 운동하는 것이지요. 최고천最高天, Empyrean은 가장 높은 곳에 위치한 천구라는 뜻으로, 하느님이 거주하는 천당을 의미합니다. 영원히 고요하고 일체의 움직임도 없는 세계로서, 천문학적으로는 전혀 의미가 없습니다.

아리스토텔레스
아리스토텔레스Aristoteles. 대리석.
로마, 테르메Terme 박물관 소장

중세 유럽의 우주론은 기본적으로 아리스토텔레스Aristoteles(기원전 384~322)의 자연철학에서 비롯되었습니다. 아리스토텔레스는 우주를 크게 두 개의 세계로 나누었습니다. 우주의 중심인 지구로부터 달까지 이르는 '땅의 세계(지상계)'와 달부터 그 바깥 세계인 '하늘의 세계(천상계).' 땅의 세계는 달밑에 있기 때문에 '달 밑 세계'라고 부르고, 하늘의 세계는 달 위에 있기 때문에 '달 위 세계'라고도 부릅니다. 땅의 세계는 흙·물·공기·불의 4원소로 이루어진 불완전한 세계로서 생성과 소멸을 끊임없이 반복합니다. 이에 반해 하늘의 세계는 제5원소 aether로 이루어진 완전한 세계로서 영원히 변하지 않습니다.

땅의 세계에서는 4원소들이 중심으로부터 무거운 순서로 흙—물—공기—불의 순서로 배열되어 있습니다. 지구가 우주의 중심에 있는 이

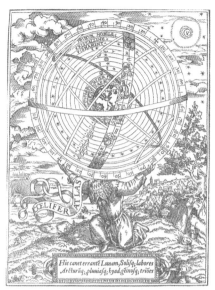

우주를 짊어지고 있는 아리스토텔레스

중세 유럽의 우주론이 아리스토텔레스의 자연 철학에 전적
으로 의존하고 있다는 것을 표현한 그림이다. 단, 중세 유
럽 우주론의 'Primum Mobile'과 달리 아리스토텔레스의
'Primum Mobile'은 운동하지 않는다.

아리스토텔레스의 다섯 가지 원소

보벨리Charles de Bouvelles(1471~1553),
『기하학De Goemetrie』(1503)

유는 가장 무거운 흙과 물로 이루어져 있기 때문입니다. 지구 바로 위
에는 공기의 층이, 공기의 층과 달의 천구 사이에 불의 층이 있는 것도
각 원소들의 성질에 따른 것입니다.

땅의 세계에서는 시작과 끝이 있는 직선운동이 이루어집니다. 무거
운 물체들이 수직으로 떨어지는 이유는 무거운 것의 본연의 위치인 우
주의 중심, 즉 지구의 중심을 향해 움직이는 속성이 있기 때문입니다.
그래서 지구 위에 있는 모든 사물이 땅에 붙어 있는 것입니다. 일종의
중력이 작용하는 셈이죠. 이에 반해 하늘의 세계는 땅의 세계에 적용
되는 자연 법칙을 따르지 않습니다. 하늘의 세계에서는 시작과 끝도
없이 항상 같은 속도로 움직이는 원 운동만이 있을 뿐입니다.

그렇다면 천구들은 어떻게 해서 끊임없이 일정한 속도로 운동할 수 있을까요? 그것은 천구들을 움직이게 하는 '그 무엇'인가가 존재하기 때문입니다. '그 무엇'이란 자기 자신은 움직이지 않으면서 다른 모든 존재를 움직이게 하는 '운동의 궁극적인 원리', 혹은 '운동의 제1원인 Primum Mobile' 입니다. 한 마디로 '신' 이죠.

아리스토텔레스가 기초를 마련했고 프톨레마이오스가 완성한 우주론은 중세 유럽의 정신세계를 지배했던 기독교의 교리와 잘 부합하는 이론이었습니다. 지상의 세계와 하늘의 세계의 구별, 운동의 궁극적인 원리(신)의 존재는 기독교 성직자들을 안심시키기에 충분했습니다. 과학에 의해 자신들의 신앙을 든든하게 뒷받침할 수 있다고 생각했기 때문이었습니다. 그러나 중세 유럽의 성직자들에게 안도감을 주었던 우주론은 중국의 사대부들에게는 대단히 낯설고 곤혹스러운 이론이었습니다.

행성의 배열에 변화가 생기다

이번에는 『서양신법역서』에 수록된 예수회 선교사 로오의 논문 「오위역지五緯曆指」(1634년)를 소개하도록 하겠습니다. '오위五緯'란 바로 다섯 별, 즉 행성을 가리키는 한자어입니다. 「오위역지」란 책은 행성의 운동 법칙을 다룬 이론서인 셈입니다. 「오위역지」는 『건곤체의』가 출판된 지 약 30년 후에 나온 책입니다. 따라서 지난 30년 동안의 유럽 천문학계의 변화를 반영하고 있습니다. 그 변화

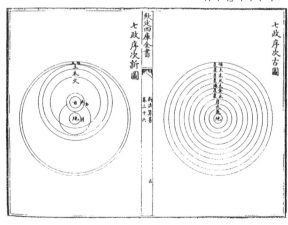

「오위역지」의 우주 구조

를 단적으로 보여 주는 것이 바로 '칠정서차신도七政序次新圖' 라는 그림입니다. 「오위역지」를 펼치면 '칠정서차신도' (왼쪽)가 '칠정서차고도' 와 함께 나란히 인쇄되어 있습니다. 비교하기 위해서 함께 감상하는 것이 좋을 것 같습니다.

'칠정서차고도七政序次古圖' (오른쪽)와 '칠정서차신도' (왼쪽)는 각각 프톨레마이오스의 우주 구조와 티코 브라헤의 우주 구조를 그린 것입니다. 17세기 이전까지 프톨레마이오스의 우주론이 오랫동안 서양 천문학을 지배했기 때문에 '옛 그림(~고도)' 이라고 불렸던 것이고, 17세기 당시 티코 브라헤의 우주론은 비교적 새로운 이론이었기 때문에 '새 그림(~신도)' 라고 불렸던 것입니다. 앞에서 소개한 『건곤체의』는 프톨레마이오스의 우주론을 반영하고 있습니다. 「오위역지」는 동아시아 세계에 티코 브라헤의 우주론을 소개한 최초의 책이었습니다. 그

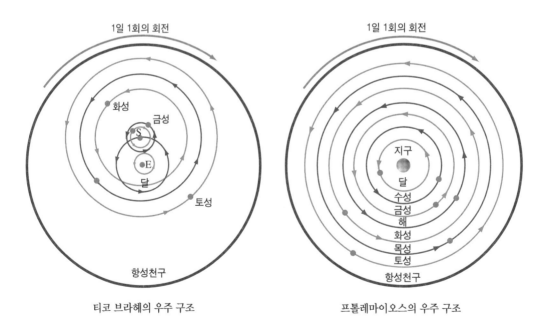

티코 브라헤의 우주 구조   프톨레마이오스의 우주 구조

런데 「오위역지」가 출판된 것은 코페르니쿠스가 태양 중심 체계(지동설)를 주장한 책을 출판한 지 90년이나 지난 뒤였습니다. 로오를 비롯해서 당시 중국에 와있던 예수회 선교사들은 코페르니쿠스의 새로운 천문학에 대해서 잘 알고 있었습니다. 그렇다면 왜 그들은 프톨레마이오스의 우주론이나 코페르니쿠스의 우주론을 소개하지 않고 티고 브라헤의 우주론을 소개했을까요? 이 문제를 해결하기 위해서 16세기 유럽, 천문학 혁명의 현장으로 여러분을 모시도록 하겠습니다.

프톨레마이오스, 1500년 동안 서양 천문학을 지배하다

마테오 리치와 아담 샬이 활약할 때까지만 해도 유럽 천문학을 지배했던 것은 프톨레마이오스의 천문학이었습니다. 프톨레마이오스는 고대 그리스 천문학을 집대성한 인물입니다. 프톨레마이오스와 만나기 전에 그보다 500년 전에 활약했던 그리스 철학자를 만나보도록 하겠습니다. 이 철학자는 고대 그리스 과학의 창시자 중에 한 사람인 플라톤Platon(기원전 429?~ 기원전 347)입니다.

플라톤은 이후 서양 철학사와 과학사를 지배하게 될 의미심장한 경구를 남겼습니다. "현상을 구제하라!" 도대체 무슨 뜻일까요? '눈에 보이는 것에 현혹되지 말라! 눈에 보이는 것이 전부가 아니다. 눈에는 보이지 않지만 그 배후에 무엇인가가 있다. 그 배후에 있는 본질을 파악하라!' 이제 이 경구를 천문학에 적용시켜 보겠습니다. '우주에서 일어나는 모든 것에는 당연히 합리적인 설명이 있다. 눈에 보이는 모든 현상, 즉 행성들의 속도 변화와 거리, 회전 운동 등을 합리적으로 설명할 수 있는 구조를 알아내야 한다. 우주의 구조를 파악하기 위해서는 수학, 특히 기하학을 마스터해야 한다. 이 우주에서 가장 완벽한 도형은 구이다. 마찬가지로 가장 완전한 운동은 원운동이다.'

플라톤 학파가 확립한 '그리스 천문학의 규칙'은 다음과 같습니다.

플라톤
고대 그리스의 철학자. 플라톤은 모든 천체가 기하학적 모델에 따라 운동해야 한다고 생각했다. 이러한 플라톤의 사상은 코페르니쿠스, 케플러 등 과학 혁명의 주역들에게 큰 영향을 주었다.

프톨레마이오스

프톨레마이오스가 뮤즈 여신으로부터 천문학에 대한 지도를 받으면서 사분의四分儀를 이용해서 달의 고도를 측정하고 있는 그림. 왼쪽 아래에 혼천의가 보인다. 프톨레마이오스는 지구 중심설에 입각해 천체의 운동을 기하학적으로 설명했다.

첫째, 지구는 우주의 중심이며 절대로 움직여서는 안 된다.

둘째, 모든 천체는 지구를 중심으로 회전하며 오직 원운동만 해야 한다.

셋째, 모든 천체의 속도는 지구에 대해 변함이 없고 항구적이어야 한다.

이러한 규칙에 따라 구성된 우주론을 '지구 중심 체계', 혹은 '지구 중심설'이라고 합니다. 가장 널리 알려진 표현으로는 '천동설'이라고 하죠. 그러나 실제 관측된 현상들이 반드시 위의 규칙을 따르는 것은 아니었습니다. 예를 들어, 행성이 역행하는 현상은 모든 천체가 지구를 중심으로 항상 똑같은 속도로 원운동을 한다는 규칙에 어긋나는 것이었습니다.

행성의 운동을 구제한 것은 아폴로니우스Apollonius(기원전 262?~기원전 190?)였습니다. 아폴로니우스는 행성이 갈 지之로 움직이는 것

화성의 역행

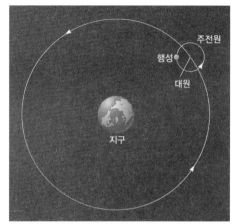

주전원과 대원

처럼 보이는 것은 착각에 불과하다고 생각했습니다. 그는 주전원周轉
圓, epicycle과 대원大圓, deferent이라는 수학적 도구를 이용해서 행성
의 운동을 설명했습니다. '주전원'이란 행성들이 각자 일정한 속도로
운행하는 작은 원, 즉 '소원小圓'을 가리킵니다. 그 중심은 '대원'이라
는 더 큰 원을 따라 지구 주위를 회전합니다. 주전원과 대원의 운동을
화성의 운동에 적용시키면 다음과 같습니다.

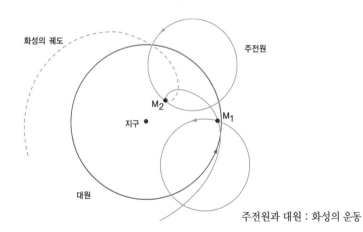

주전원과 대원 : 화성의 운동

이번엔 다른 행성들에게도 적용시켜 보겠습니다.

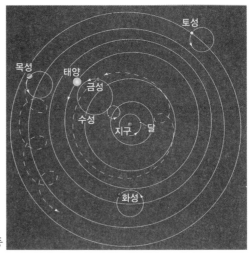

주전원과 대원 : 다섯별의 운동

아폴로니우스는 주전원과 대원을 사용함으로써 플라톤의 계율에 따라 행성의 운동을 거의 구제할 수 있었습니다. 그런데 지구에서 행성의 운동을 관찰하면, 행성의 운행 속도가 일정하지 않다는 사실을 발견할 수 있습니다. 그것은 행성들이 지구가 아닌 태양을 중심으로 타원 운동을 하기 때문에 나타나는 현상입니다. 그리고 행성이 어떤 때는 황도 위에서 역행하다가 어떤 때는 황도 아래에서 역행 운동을 합니다. 게다가 역행 운동의 크기에도 차이가 있습니다. 이러한 현상은 행성의 공전 궤도가 지구의 공전 궤도에 대해 서로 기울어져 있기 때문에 발생합니다.

지구 중심설의 입장에서 현상을 구제하기 위해 프톨레마이오스는 대원의 중심이 지구로부터 약간 벗어나도록 설정했습니다. 이러한 원을 가리켜 '이심원離心圓, eccentric'이라고 합니다. 주전원이 대원의 둘레를 일정한 속도로 움직이면 대원이 이심원이기 때문에 지구에서 보았을 때 주전원이 지구와 가까워질 때가 있는가 하면, 멀어질 때도 생깁니다. 이때 지구와 가까운 곳을 지날 때 더 빨리 움직이는 것처럼 보일 것입니다. 이심원 모델은 행성이 빨리 움직였다가 느리게 움직이는 이유를 잘 설명해냈습니다. 그러나 역행 운동의 크기와 모습이 변화하는 것은 설명할 수 없었습니다.

이 문제를 해결하기 위해서 프톨레마이오스는 주전원이 대원의 중심에 대해 일정한 속도로 회전하는 것이 아니라, 다른 어떤 점에 대해서 일정한 각 속도로 회전하도록 만든 것입니다. 이러한 점을 가리켜 '대심對心, equant point'이라고 합니다. 프톨레마이오스는 대심을 대원의 중심으로부터 지구의 반대쪽에 지구와 같은 거리만큼 떨어진 곳에 잡았습니다.

그러나 플라톤의 계율은 명확했습니다. 즉 모든 천체는 자기 궤도의 중심에 대해 항상 똑같은 속도로 운동해야 한다는 것이었습니다. 그러나 주전원의 운동 속도는 대심에 대해서는 일정하지만, 대원의 중심에 대해서는 일정하지 않았습니다. 규칙에 들어맞지 않는 현상을 억지로 규칙에 맞추려고 고심하던 프톨레마이오스는 대심이라는 수학적 도구를 발명해 세상의 눈을 멋지게 속였던 것입니다. 그것도 무려 1,500여 년 동안이나 말입니다.

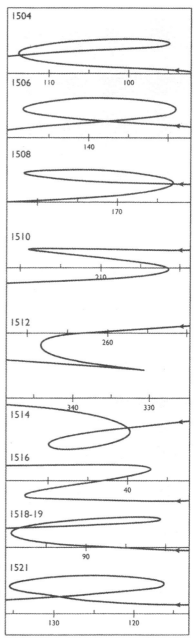

화성의 역행 운동의 변화

이것은 1504년부터 1521년까지 화성의 역행 운동을 기록한 그림이다. 이 그림에서 수평선은 황도의 일부분이다. 1504년에 화성은 황도의 위에서 역행을 했다. 그 후 화성은 차츰차츰 남쪽으로 내려가서 황도의 아래로 내려갔다가 다시 북쪽으로 올라간다. 1506년에 있었던 가장 긴 역행 운동은 1514년에 있었던 가장 짧은 역행 운동에 비해 거의 두 배가 되었다. 이러한 현상이 일어나는 까닭은 화성의 공전 궤도가 지구의 공전 궤도에 대해 서로 기울어져 있기 때문이다. 대체로 15년을 주기로 비슷한 패턴이 반복된다.

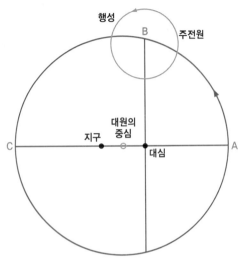

화성의 역행 운동의 변화

'대심'이라는 이름은 이 점이 대원의 중심을 중심으로 지구와 반대편에 있다는 것을 의미한다. 대심을 기준으로 해 360도를 사등분하면, 각각 90도인 사분원이 된다. 이 각각의 사분원을 같은 시간 동안에 지나가려면, 주전원의 중심이 A에서 B까지 가는 데 걸리는 시간은 B에서 C까지 가는 데 걸리는 시간과 같아야 한다.

프톨레마이오스가 그리스 천문학을 집대성한 『알마게스트Almagest』는 유럽 세계에서뿐만 아니라 이슬람 세계에서도 대단히 높은 권위를 누렸습니다. 엄밀하게 말하자면, 이슬람 천문학자들에 의해 발견되고 유럽 세계로 다시 수입된 『알마게스트』가 유럽 천문학을 지배했다고 해야 할 것입니다. 어쨌든 『알마게스트』는 여러 순간에 행성들이 있을 수 있는 각각의 위치를 계산하는 데 필요한 모든 자료를 제공했습니다. 그러나 자료에 인용된 수치는 때때로 정확하지 못했고, 행성들이 종종 너무 빠르거나 너무 늦게 운행했으며, 심지어 예측한 위치에 오지 않기도 했습니다. 그러나 더 좋은 이론이 없었기 때문에 사람들은 그것으로 만족해야 했습니다.

프톨레마이오스의 천문학이 동아시아 세계에 처음 들어온 것은 17

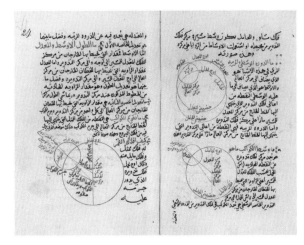

17세기 이슬람의 천문학 개론서

알 비루니Al-Biruni(973~1048)의 저서를 수정한 천문학 개
론서의 일부(17세기). 프톨레마이오스의 모델에 따라 행성들
의 궤도를 그렸다. 사진의 오른쪽 위에 있는 그림은 이심원
을, 오른쪽 아래와 왼쪽에 있는 그림은 '대심'을 묘사한 것
이다. 알 비루니는 프톨레마이오스의 모델이 아리스토텔레
스의 등속 원운동과 양립할 수 있다고 주장했다.

15세기 유럽의 천문학 개론서

프톨레마이오스와 요하네스 뮐러. 요하네스 뮐러Johannes Müller
(1436~1476), 『간추린 알마게스트』(1496). 그림 가운데에 천구가 있
고, 천구 아래의 왼쪽에 있는 사람이 프톨레마이오스, 오른쪽에 있는
사람이 저자 자신이다.

세기가 아니었습니다. 이미 〈회회력〉을 통해 중국과 조선에 소개된 적

이 있었던 것입니다. 〈칠정산외편〉에는 『알마게스트』의 흔적이 남아

있습니다.

코페르니쿠스, 조용하게 혁명의 불길을 지피다

코페르니쿠스

1543년, 아리스토텔레스와 프톨레마이오스의 천문학을 완전히 뒤집어놓을 거대한 혁명이 '조용히' 시작되었습니다. 『천구의 회전에 관하여』라는 책이 출판된 것입니다. 이 책에서는 새로운 우주 구조를 설명하고 있었습니다. 그런데 이 책의 저자 코페르니쿠스Nicolaus Copernicus(1473~1543)는 혁명가다운 면이 하나도 없는 사람이었습니다. 인류 역사에 등장했던 어떠한 혁명가도 그보다 신중하지는 못했을 것입니다. 원고를 완성하고도 10년이 넘도록 출판을 보류했던 그가 출판을 결심한 것은 죽기 바로 1년 전(1542)이었습니다. 코페르니쿠스의 우주론은 어떠한 혁명적인 내용을 담고 있었을까요? 코페르니쿠스는 왜 자신의 새로운 우주론이 세상에 알려지는 것을 주저했을까요? 먼저

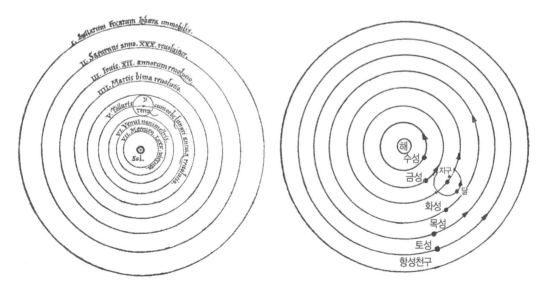

코페르니쿠스의 체계

코페르니쿠스의 새로운 우주 구조를 감
상한 후에 질문에 대해 답변하도록 하겠
습니다.

코페르니쿠스의 체계에서 태양은 이
전의 지구와 같은 자리를 차지하게 되었
습니다. 우주의 중심이 지구에서 태양으
로 옮겨진 것이죠. 이제 지구를 비롯한
모든 행성이 태양을 중심으로 회전하게
된 것입니다(공전). 그리고 지구는 자전
축을 중심으로 하루에 한 바퀴 회전하게

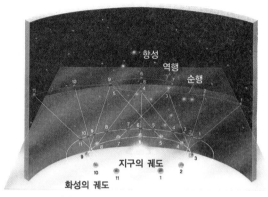

태양 중심 체계에서 설명하는 화성의 운동

되었습니다(자전). 이러한 우주 구조를 '태양 중심 체계', 혹은 '태양
중심설'이라고 합니다. 흔히 '지동설'이라고도 하죠. 우주의 중심을
이동시킴으로써 이전과는 완전히 다른 새로운 방식으로 우주를 바라
볼 수 있게 된 것입니다. 그 때문에 이것을 '코페르니쿠스의 혁명'이
라고 부릅니다. 태양 중심 체계는 지구 중심 체계보다 행성의 운동, 특
히 역행 현상을 훨씬 '간결하게' 설명할 수 있었습니다.

지구 중심 체계에서 항성의 일주 운동을 설명할 때 가장 문제가 되었
던 것은 항성 천구의 운동 속도가 굉장히 빨라야 했다는 점입니다. 그
러나 태양 중심 체계에서는 훨씬 느린 속도로 움직이는 지구의 운동(자
전)만으로도 항성의 일주 운동을 설명할 수 있었습니다.

보통 우리는 학교에서 배운 대로 지구 중심 체계는 거짓이고 태양
중심 체계가 진리라고 알고 있습니다. 그러나 실제 과학의 역사를 자
세히 보면, 과학적 지식을 그렇게 간단하게 참과 거짓으로 나눈다는
것이 대단히 어렵다는 것을 알게 됩니다. 모든 과학적 지식은 일정한
역사적 조건에서만 참으로 인식됩니다. 역사적 조건이 달라지면 거짓
으로 인식될 수도 있는 것이죠. 코페르니쿠스의 혁명도 마찬가지였습
니다.

코페르니쿠스가 새로운 이론을 구상한 이유는 프톨레마이오스의 이론이 관측된 사실과 어긋나서가 아니었습니다. 그것은 자신이 발명한 새로운 우주 모델이 기하학적으로 더 단순했기 때문이었습니다. 코페르니쿠스는 우주가 기하학적 원리에 따라 만들어졌다고 하는 고대 그리스 철학을 신봉하고 있었습니다. 기하학은 현상의 복잡성을 숫자나 도형의 단순성으로 환원시키는 학문입니다. 따라서 그는 단순하면 단순할수록 더 아름답고 진리에 가깝다고 생각했습니다.

코페르니쿠스의 혁명에 대한 당시 지식인들의 반응은 어떠했을까요? 코페르니쿠스 이론의 매력은 바로 '기하학적 단순성'에 있었습니다. 기하학적 단순성을 위해 모든 것을 희생할 각오가 되어 있는 사람들은 '혁명'을 열광적으로 지지했습니다. 그러나 그렇지 않은 사람들은 좀더 많은 확실한 근거를 요구했습니다.

혁명의 지지자들을 가장 곤혹스럽게 만든 것은 별의 '시차視差' 문제였습니다. 만약 지구가 거대한 궤도를 따라 태양의 주위를 움직인다면, 다시 말해서 지구의 관측자가 궤도의 한쪽 끝으로부터 다른 쪽 끝으로 움직이면 항성의 관측 위치도 변해야 합니다. 그러나 육안으로는

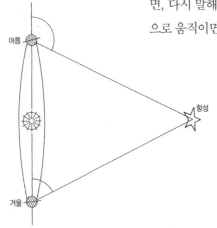

시차의 원리

지구의 궤도가 왼쪽에 그려져 있다. 만약에 지구가 실제로 태양 주위를 공전한다면, 그리고 항성이 지구로부터 지나치게 멀리 떨어져 있지 않다면, 두 시점에서의 지구의 위치에서 항성이 관측되는 두 개의 각도는 서로 달라야 한다.

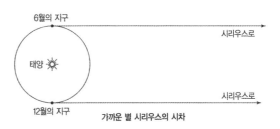

가까운 별 시리우스의 시차

시차의 원리

지구에서 시리우스를 향해 그은 이 두 직선들은 서로 평행해 보인다. 그러나 이들은 지구에서 태양까지 거리의 550,000배인 지점에서 서로 만나게 된다. 이 두 직선들이 만드는 각의 크기는 5,000분의 1도다. 이렇게 작은 각을 측정할 수 있는 기술은 1830년 이후에야 개발되었다.

별의 시차가 관측되지 않았습니다. 17세기에 들어와 망원경으로 시차를 관측하려는 시도가 있었지만 성공하지 못했습니다. 물론 이것은 항성까지의 거리가 엄청나게 멀다는 사실, 더 나아가 우주가 천구 안에 갇혀 있는 것이 아니라 무한히 펼쳐져 있다는 암시를 주었습니다. 그러나 당시의 관측 기술로는 우주의 무한성을 증명할 수 없었습니다. 어쨌든 당시에 시차를 관측하지 못했던 것은 그렇지 않았다면 혁명에 동조했을 사람들도 냉담하게 만들었습니다.

게다가 코페르니쿠스의 이론에 의거해서 계산한 천체의 위치와 실제 관측 결과가 일치하지 않는 일이 종종 일어났습니다. 그것은 코페르니쿠스가 행성들이 등속 운동과 원운동을 해야 한다는 전통적인 이론을 고수했기 때문이었습니다. 타원궤도에서 부등속 운동을 하는 행성들의 위치를 제대로 계산하지 못한 것은 당연했습니다.

코페르니쿠스의 우주 구조
1570년대에 영국의 수학자인 토머스 딕스Thomas Digges (1546~1595)가 그린 코페르니쿠스의 우주 구조. 코페르니쿠스가 원래 생각했던 것과는 달리 항성의 천구 밖으로도 우주가 무한하게 펼쳐져 있는 것으로 묘사되어 있다.

코페르니쿠스의 이론을 받아들이려면 그 당시까지만 해도 자연현상을 꽤 성공적으로 설명했던 전통적인 우주론을 포기해야만 했습니다. 주전원과 대심과 같은 복잡한 도구를 사용했을지라도 프톨레마이오스의 이론은 역행 현상을 체계적으로 설명했습니다. 새로운 이론이 기존의 이론보다 현상을 더 깔끔하게 설명해주지 못한다면, 굳이 기존의 이론을 포기할 필요가 없었던 것입니다.

단순성의 이름으로 요구된 또 한 가지 중요한 희생은 '상식' 그 자체였습니다. 지구 중심 체계는 일상적인 경험과 부합했습니다. 아침에 일어나면 해는 동쪽에서 뜨고 저녁에는 해가 서쪽으로 기우는 현상을 우리는 매일매일 경험합니다. 그 때문에 21세기에 들어와서도 인류는 여전히 해가 뜬다고 이야기하는 것입니다. 혁명의 확산을 방해하고 개

브루노

갈릴레오와 달리 브루노는 태양 중심 체계에 대한 지지를 철회하라는 종교 재판소의 명령을 거부했고 그 때문에 화형을 당해야 했다.

종교재판소에 맞선 갈릴레오

반티Cristiano Banti(1824~1904) 그림 (1857). 갈릴레오가 로마 종교재판소에 소환되었을 때(1616)의 장면을 상상해서 그린 그림이다. 1616년의 첫 번째 소환에서는 코페르니쿠스의 이론을 옹호하지 않는다고 서약하는 것으로 끝났다. 그러나 1633년의 두 번째 소환에서는 태양 중심 체계를 공개적으로 거부하라는 판결에 따르지 않을 수 없었다. 브루노와는 달리 갈릴레오는 권력과 타협함으로써 목숨을 부지할 수 있었다. 그러나 타협했기 때문에 자신의 연구를 더욱 발전시킬 수 있었다.

종을 거부하게 하는 주된 장애물은 바로 '상식'이었습니다.

그리고 코페르니쿠스의 이론을 전파하려면 상당히 큰 희생을 치러야 했습니다. 교회로부터 박해를 받을 각오를 단단히 해야 했던 것입니다. 실제로 『천구의 회전에 관하여』를 읽고서 혁명의 열렬한 전도자가 되었던 브루노Giordano Bruno(1548~1600)는 교회로부터 이단으로 단죄되어 화형에 처해졌습니다. 교황 우르반 8세Urban VIII(재위 1623~1644)의 친구였으며 교황의 측근들과 사이가 좋았던 갈릴레오도 종교재판을 피해가지는 못했습니다.

교회는 왜 태양 중심 체계를 이단으로 간주했을까요? 지구가 더 이상 우주의 중심이 아니라고 한다면, 완전무결한 하늘의 세계와 변화무쌍한 땅의 세계 사이의 엄격한 구별이 더 이상 의미를 지니지 못했기 때문입니다. 새로운 우주론에서는 하느님과 하늘나라의 존재를 보장받을 수 없다고 생각했던 것이죠. 브루노와 마찬가지로 가톨릭 신부였던 코페르니쿠스는 자신의 이론이 이단으로 단죄당할까 두려워했던 것입니다.

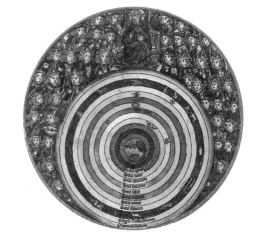

프톨레마이오스의 체계와 하늘나라

셰델Hartmann Schedel(1440~1514), 『뉘른베르크 연대기』(1493). 안쪽은 아리스토텔레스와 프톨레마이오스의 우주 체계고 바깥쪽은 하늘나라다.

어떤 면에서 코페르니쿠스의 태양중심설은 아리스토텔레스와 프톨레마이오스의 우주론의 기본 골격을 그대로 두고 부분적으로 수정을 가한, 제한적인 혁명이었다고 볼 수 있습니다. 코페르니쿠스 자신은 스스로를 혁명가라고 생각하지도 않았고 혁명을 일으킬 생각도 없었습니다. 코페르니쿠스는 정지 상태가 운동보다 고귀하기 때문에, 존귀한 하늘보다 비천한 지구가 회전하는 것이 더 적절하다고 생각했습니다. 나름대로는 신학적인 세계관을 옹호한 셈입니다. 그는 단지 '지구는 우주의 중심' 이라는 계율의 일부를 수정함으로써 나머지 계율들을 더욱 철저하게 지킬 수 있다고 생각했습니다. 그러나 그 부분적인 수정이 1세기 후에는 거대한 혁명으로 발전했습니다. 결과적으로 코페르니쿠스가 질러버린 셈이 된 혁명의 불길은 케플러와 갈릴레오라는 열성적인 진짜 혁명가들을 만나 더욱 거세게 타올랐던 것입니다.

티코 브라헤
덴마크, 코펜하겐, 프레데릭스보르그 Frederiksborg 궁전, 국립 역사박물관 소장

티코 브라헤, 혁명의 원군이자 교회의 방패

티코 브라헤(1546~1601)는 코페르니쿠스(1473~1543)의 시대와 갈릴레오(1564~1642) · 케플러(1571~1630)의 시대 사이에 살았던 사람입니다. 혁명의 불길이 미약하나마 조금씩 번져 나갈 때 활동하던 사람입니다. 티코 브라헤는 혁명에 대해 어떻게 생각했을까요?

1572년에 티코는 이제까지 전혀 보지 못했던 새로운 별을 발견했습니다. 티코는 별의 위치를 여러 번 되풀이해서 관측한 결과, 이 별이 달이나 행성보다도 멀리 있는 항성으로 새로운 별, 즉 '신성新星, Nova Stella' 이라는 결론에 도달했습니다. 초신성의 존재는 하늘의 세계가

갈릴레오
레니Guido Reni(1575~1642)그림

케플러
1600년 케플러는 당시 신성로마제국의 제국 수학자였던 티코와 만나 그의 연구원이 되었다. 이론가였던 케플러는 티코가 축적한 방대한 관측 자료가 필요했고, 관측가였던 티코는 케플러의 수학적 재능을 이용해 자기 체계의 논리적 타당성을 인정받고 싶어 했다. 1601년 티코가 죽자 케플러는 티코의 뒤를 이어 제국 수학자로 임명되었다.

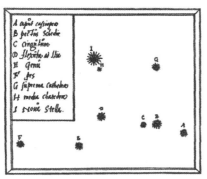

티코의 초신성

티코 브라헤, 『신성De Stella Nova』(1573). 티코 자신이
스케치한 그림이다. 그림 위쪽에 'I'자로 표시된 부분이
티코의 초신성이다.

우라니보르그

블라외Joan Blaeu(1596~1673)의 세계지도책 『아틀라스 노부스』
(1663)에 실린 동판화. 우라니보르그에는 관측소 외에도 연금술 실험
실, 제지 공장과 인쇄소, 각종 작업장 및 방앗간이 있었다. 이곳에서
티코는 소작인들을 혹사시키며 강력한 봉건 군주로 군림했다.

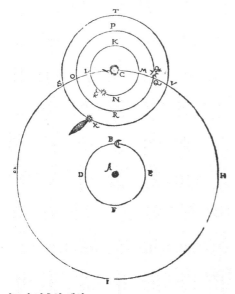

티코가 관측한 혜성

티코 브라헤, 『하늘의 세계에서 나타난 새로운 현상』(1588). 1577년
에 나타난 혜성의 위치에 대한 티코의 그림 설명. A는 지구, C는 태
양이다. 혜성은 금성과 가까운 XVTS 궤도를 따라 태양 주위를 돈다.

영원불변하다는 아리스토텔레스의 이론에 정면
으로 도전하는 것이었습니다. 티코의 발견은 하
늘의 세계 역시 완전하지 않고 땅의 세계와 마찬
가지로 변화한다는 것을 의미했습니다. 이 신성
의 발견 덕분에 무명의 티코는 하루아침에 유명
인사가 되었습니다.

1576년, 티코는 덴마크와 노르웨이의 국왕 프
레데리크 2세Frederick II(재위 1559~1588)의 지원
으로 천문대 우라니보르그Uraniborg(하늘의 성)
를 건설했습니다. 우라니보르그는 당시 유럽 세
계에서 가장 큰 천문대였습니다. 이곳에서 티코
는 지속적으로 천체를 관측해 방대한 분량의 관
측 자료를 남겼습니다.

1577년, 티코는 우라니보르그에서 혜성을 관
측했습니다. 그때까지 천문학자들은 혜성이 공

기층에서 떠다니는 가스 덩어리라고 생각했지 천체로 간주하지 않았습니다. 그러나 티코는 주도면밀한 관측을 통해 혜성의 거리가 달보다 3배 이상 먼 곳에 있고 금성보다도 더 멀리 있으며 태양 주위를 운동하는 천체라고 주장했습니다. 혜성의 존재 역시 아리스토텔레스의 이론을 부정하는 것이었습니다. 하늘의 세계가 영원불변하지 않다는 것이 다시 한번 증명되었기 때문입니다.

티코가 초신성을 발견하고 혜성의 본질을 규명한 것이 새로운 천문학의 진영에 큰 힘을 실어 준 것은 사실이었습니다. 그러나 티코는 끝내 혁명의 대열에 동참하지 않았습니다. 그것은 티코가 관찰과 경험을 중시했기 때문이었습니다. 티코와 동시대인들은 코페르니쿠스의 이론을 뒷받침해 줄 수 있는 가장 설득력 있는 증거가 시차라고 생각했습니다. 물론 예리하기로 유명한 티코의 시력도 시차를 밝히지 못했습니다. 당시 가장 정밀하다고 소문난 그의 관측기계들도 시차를 측정하기에는 너무나 부정확했습니다.

벽면 사분의

티코 브라헤, 『최신 천문기계론』(1598). 우라니보르그 관측소의 거대한 벽면 사분의(四分儀)를 그린 그림이다. 사분의 옆에서 왼쪽 벽에 난 틈을 향해 가리키는 사람이 티코. 2층과 3층에는 각종 천문기계들과 대형 천구의가 설치되어 있다. 1층에 연금술용 용광로가 보인다.

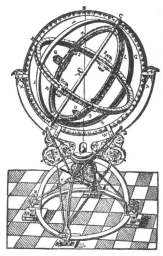

소형 적도의식 혼천의

티코 브라헤, 『최신 천문기계론』(1602)

시차를 확인할 수 없다는 것은 두 가지 경우 중 한 가지를 의미했습니다. '첫째, 항성들이 지구에서 너무 멀리 떨어져 있기 때문에 맨 눈으로는 시차를 확인할 수 없다. 둘째, 지구는 공전하지 않는다.' 티코가 선택한 것은 두 번째 가능성이었습니다. 항성 천구와 토성 궤도 사이의 거리가 지나치게 멀어지는 것을 몹시 싫어했기 때문이었습니다. '그래서 지구는 돌지 않는다.'

그렇지만 티코는 프톨레마이오스의 낡은 이론을 지지할 수도 없었습니다. 자신이 발견한 초신성과 혜성이 낡은 이론을 명백하게 부정하고 있기 때문이었습니다. 이러한 딜레마를 해결하기 위해 티코가 제시한 우주론은 프톨레마이오스의 지구 중심 체계와 코페르니쿠스의 태양 중심 체계를 혼합한 모델이었습니다. 이러한 우주론을 '지구 — 태양 중심 체계'라고도 하고, 그냥 '티코 브라헤의 우주 구조'라고도 부릅니다. 그렇다면 티코의 모델이 어떻게 생겼는지 다시 한번 감상해 보도록 하겠습니다.

우주의 중심에 지구가 놓여 있고, 지구를 중심으로 달과 태양이 회전

티코 브라헤의 우주 구조
티코 브라헤, 『하늘의 세계에 나타난 새로운 현상』(1588)

하고 있습니다. 여기까지는 프톨레마이오스의 모델입니다. 그러나 다섯별이 모두 태양의 둘레를 돌고 있습니다. 이것은 명백히 코페르니쿠스의 모델을 차용한 것입니다. 티코는 나름대로 지구 중심 체계와 태양 중심 체계의 장점을 결합시키려고 노력했습니다. 티코는 코페르니쿠스의 이론이 프톨레마이오스의 이론보다 행성의 역행 현상을 더 간결하게 설명해 준다고 생각했습니다. 그 때문에 다섯별들이 태양의 둘레를 돌도록 배치한 것입니다. 반면에 지구가 우주의 중심이어야 무거운 물건이 아래로 떨어질 수 있다고 생각했습니다. 그 때문에 우주의 중심에 지구를 놓고 지구 둘레로 태양과 달을 돌린 것입니다.

티코 브라헤의 우주 구조는 코페르니쿠스의 이론을 받아들일 수 없었지만 프톨레마이오스의 이론도 거부해야 한다고 생각했던 사람들에게 큰 인기를 얻었습니다. 그들 중에는 예수회 신부들도 있었습니다. 갈릴레오의 경쟁자였던 샤이너Christopher Scheiner(1573?~1650)도 예수회 신부였습니다. 특히 예수회 신부들은 티코의 이론이 코페르니쿠스의 이단설을 막을 수 있는 효과적인 도구라고 생각했습니다.

교황의 권위와 하늘나라를 수호하고자 하는 예수회의 투쟁은 16세기 중엽부터 전지구적으로 전개되고 있었습니다. 유럽에서 예수회의 영적인 영토는 이단들에 의해 점점 잠식되고 있었습니다. 시간이 지날수록 티코의 이론도 시들해졌고 코페르니쿠스의 이론이 더욱 맹위를 떨치게 되었습니다. 그러나 예수회의 신천지, 중국에서는 사정이 달랐습니다. 우주론에 대해서는 거의 무장 해제되어 있었던 중국에서 예수회의 각종 병기들이 제법 효과를 발휘했던 것입니다. 1634년의 『숭정역서』의 간행, 1645년의 〈시헌력〉의 시행과 『서양신법역서』의 간행은 중국에서 예수회가 거둔 작은 승리를 상징하는 사건이었습니다. 따라서 중국에서 예수회 선교사들은 중국의 전통적인 우주론을 비웃으면서 코페르니쿠스의 이단설을 봉쇄할 수도 있었고, 그들이 존경하는 아리스토텔레스의 학설을 마음껏 펼칠 수 있었습니다.

티코는 아리스토텔레스의 4원소 이론을 믿고 있었기 때문에 지구 중심 체계를 고집할 수밖에 없었다.

샤이너

1611년에 망원경을 사용해 태양을 관측하고 태양 표면의 흑점을 발견한 예수회 사제 샤이너는 아리스토텔레스의 전통을 고수하면서 '흑점'이 태양의 주위를 도는 아주 작은 행성들일 것이라고 생각했다. 갈릴레오는 샤이너의 해석에 반대했을 뿐만 아니라 자신이 샤이너보다 먼저 흑점을 발견했다고 주장했다. 이 때문에 샤이너는 갈릴레오를 증오하게 되었다. 갈릴레오는 샤이너를 비롯한 여러 예수회 사제들과 논쟁을 벌였다.

동아시아는 서양 천문학의 도전을 어떻게 받아들였나?

"지구는 둥글다. 하늘은 여러 겹의 투명한 천구들로 이루어져 있다. 우주는 땅의 세계와 하늘의 세계로 나누어져 있다. 땅의 세계는 흙 · 물 · 공기 · 불의 4원소로 이루어져 있다."

이 모두는 동아시아 천문역산학의 전통과 대단히 이질적인 지식으로서, 17세기 당시 동아시아에 전래된 서양 천문학의 기초 지식입니다. 〈시헌력〉이 시행되었다는 것은 국가가 서양 천문학을 '진리'로서 인정했다는 것을 의미합니다. 국가가 공인한 진리인 것이죠. 이제 동아시아의 지식인들은 서양 천문학의 도전에 대해서 어떤 식으로도 대응하지 않으면 안되었습니다.

완고하게 전통을 고수했던 보수적 지식인들은 서양 천문학의 수용에 맹렬하게 반대했습니다. 그러나 그들은 대부분 천문학에 대해서는 아마추어거나 까막눈이었습니다. 그 때문에 아담 샬을 쫓아내고 흠천감장이 되었던 양 꾸앙시엔도 역법 계산에 대해서는 잘 모른다고 고백했던 것입니다. 전통에 집착하지 않고 확 트인 시야를 지닌 지식인들은 서양 천문학을 긍정적으로 받아들였습니다. 서양 천문학 쪽이 일·월식을 훨씬 정확하게 예보했으니까요. 특히 왕 시츠안(왕석천王錫闡, 1628~1682)이나 메이 원딩(매문정梅文鼎, 1633~1721)과 같은 천문역산학의 대가들은 서양 천문학을 수용함으로써 전통적인 천문학을 개선할 수 있다고 생각했습니다.

그러나 아무리 서양 천문학에 호의적인 학자라도 서양 천문학을 무조건 받아들여야 한다고 생각하지는 않았습니다. 그들은 서양 천문학이 천문역산학의 전통보다 전적으로 우월하다고는 생각하지 않았습니다. 서양 천문학이 전통 천문학보다 더 뛰어난 점이 있기는 하지만 그렇지 못한 측면도 분명히 있다고 생각했습니다. 그리고 서양 천문학의 지식을 받아들일 때조차도 전통 천문학의 개념을 통해서 받아들였습니다. '전통'이라는 필터를 통해서 외래문화를 수용한 것입니다.

그런데 서양 천문학을 수용하는 형식은 동아시아 삼국마다 차이가 있었습니다. 중국의 지식인들은 예수회 선교사들이 한문으로 번역해준 과학책들을 통해서 서양 천문학을 받아들였습니다. 조선의 지식인들도 중국에서 수입된 서양 과학책을 통해 서양 천문학을 배웠습니다. 단, 조선의 지식인들이 예수회 선교사를 직접 만나서 배울 기회는 중국인들에 비해 적을 수밖에 없었습니다.

일본의 지식인들이 비교적 자유롭게 한문으로 번역된 서양 과학책을 접하게 된 것은 1720년대 이후였습니다. 그 이전까지 근 100년 동안 국가가 서양 과학책의 수입을 금지했기 때문입니다. 따라서 일본의 서양 천문학 수용은 중국이나 조선에 비해 100년 이상 늦어질 수밖에 없었습니다. 그러나 비록 규모는 작았지만 네덜란드어로 된 서양 과학책을 직접 읽고 번역하는 사람들이 있었습니다. 당시 중국이나 조선의 지식인들과는 달리 이들은 유럽(네덜란드)의 언어를 익혀서 서양 과학

책을 자기나라 말로 번역했던 것입니다. 이러한 수용 방식의 차이는 근대 이후 세 나라 과학의 발전에 큰 영향을 주었습니다.

불운한 천재, 왕 시츠안

서양 천문학의 도전은 중국의 천문학자들에게 큰 지적 자극을 주었습니다. 그들은 곧 서양 천문학을 이용해 쇠퇴한 천문역산학의 전통을 개혁하려는 작업에 착수했습니다. 이러한 개혁 운동의 선구자들이 바로 왕 시츠안과 메이 원딩입니다. 그들의 작업은 기본적으로 "전통 천문학의 오류를 바로잡되 바른 것은 보존하고 서양 천문학의 장점을 채택하되 단점은 제거하는 것"이었습니다. 이것을 '동·서 천문학의 융합'이라고 불러도 될 것 같습니다.

왕 시츠안은 가난한 집 아들로 태어나 평생을 가난하게 살았습니다. 말년에는 수족마비를 포함한 각종 질병에 시달렸습니다. 그는 죽은 후에 자신의 책을 출판해 줄 아들도 없었습니다. 몇 안 되는 제자 중 한 사람은 왕 시츠안의 인상에 대해 다음과 같이 묘사했습니다. "저희 스승님께서는 야윈 얼굴에 이가 불쑥 튀어나왔고 너덜너덜한 옷에 발뒤축이 튀어나온 신발을 신고 다니셨습니다." 그러나 "누군가 학문적인 문제에 대해 물어올 때는 넘쳐나는 강물처럼 술술 말씀하셨죠."

왕 시츠안이 누구로부터 어떤 교육을 받았는지 알려 주는 자료는 없습니다. 아마도 그는 독학으로 역법의 원리를 깨쳤던 것 같습니다. 과외도 못 받고 학교도 다니지 않고 혼자 힘으로 천문학의 대가가 되었다면, 그는 대단한 천재였을 것입니다. 과거 시험을 봤다면 우수한 성적으로 합격하지 않았을까요? 그러나 운명은 그가 순조롭게 인생을 살도록 내버려두지 않았습니다. 1644년, 나라가 망한 것입니다.

당시 만주족 정부에 협조할 것인가, 말 것인가 하는 것은 한족 지식인들에게 큰 논쟁거리였습니다. 당시 왕 시츠안은 겨우 17살이었지만 이민족의 지배를 받으니 차라리 죽는 게 낫다고 생각했습니다. 그래서 여러 번 강에 뛰어들어 자살을 기도했지만 번번이 실패했습니다. 7일 동안 음식 먹기를 거부했지만 부모의 설득으로 자살을 단념해야 했습니다. 대신에 그는 벼슬길을 포기하고 자신의 온 정력을 학문에만 쏟았습니다.

이민족 지배자들이 서양 오랑캐의 역법을 채용한 것에 대해 당시 중국의 지식인들, 특히 스스로 명나라의 신하로 자처하던 사람들 사이에서는 "오랑캐의 문화로 중화의 문화를 변질시킨 것"으로 생각하는 경향이 있었습니다. 왕 시츠안 역시 서양 천문학에 강렬한 적개심을 느꼈습니다. 그는 쉬 꾸앙치가 전통 천문학의 장점을 살리지 못하고 오직 서양 천문학에만 의존했다고 비판했습니다. 그렇지만 왕 시츠안은 단지 서양 천문학을 비판만 했던 것이 아니라, 오히려 그 장단점을 철저하게 연구함으로써 전통 천문학을 보완하려고 했습니다. 오랑캐의 선진 문화로 쇠퇴한 중화 문명을 부활시키는 것이 망국의 신하로서 의무라고 생각했던 것입니다.

왕 시츠안은 서양 천문학의 장점이 관측의 정밀도가 높다는 점에 있다고 생각했습니다. 그러나 역법의 본질에 대해서만큼은 중국의 전통 천문학이 서양 천문학보다 더 뛰어나다고 평가했습니다. 특히 서양 천문학에서 정기법을 채용했기 때문에 치윤법의 원칙이 무너졌다고 보았습니다. 정기법으로는 한 달에 세 개의 절기가 들거나 한 해에 중기가 없는 달이 2회 이상 생기는 문제를 해결할 수 없기 때문이었습니다.

왕 시츠안이 역법에 대한 첫 번째 저서를 완성할 당시(1663, 37세)만 하더라도, 중국인 중에 서양 천문학을 제대로 이해하고 있는 사람이 그리 많지 않았습니다. 오직 흠천감에 있었던 예수회 선교사들과 그들의 지도를 받은 중국인 관원들만이 서양 천문학의 지식을 독점하고 있었습니다. 그나마 양 꾸앙시엔이 주도한 보수파의 반격으로 아담 샬이 애써 길러 놓은 중국인 인재들이 형장의 이슬로 사라지고 말았습니다.

왕 후우즈

만주족이 중국을 지배하게 되자, 대부분의 한족 지식인들은 곧 새로운 이민족 정권에 적응했다. 반면에 명나라의 신하임을 자처하고 끝까지 청나라 조정에 벼슬하지 않은 지식인들도 있었다. 그 대표적인 인물이 꾸 옌우(고염무 顧炎武, 1613~1682), 후앙 쫑시(황종희 黃宗羲, 1610~1695), 그리고 왕 후우즈(왕부지王夫之, 1619~1692)다.

이러한 상황에서 서양 천문학을 중국 지식인들에게 보급하는 데 결정적인 역할을 한 인물은 왕 시츠안과 메이 원띵이었습니다. 명문가의 자제로 태어나 평생 경제적 어려움 없이 연구에만 전념할 수 있었으며 든든한 후원자들을 두었던 메이 원띵과는 달리, 왕 시츠안은 자기 책을 출판할 돈도 없었고, 유력한 후원자도 얻지 못했습니다. 그래서 살아생전에 학계에 영향력을 행사할 기회가 없었습니다. 왕 시츠안은 죽은 후에야 유명해졌던 것입니다. 불운한 천재, 왕 시츠안은 남이 알아주든 말든 오직 연구에만 전념했습니다.

이제 왕 시츠안이 1673년에 완성한 『오성행도해五星行度解』라는 논문을 소개하도록 하겠습니다. 이 논문은 기하학적 모델을 사용해 행성의 운동을 분석한 중국 천문학사상 획기적인 저술입니다. 이 논문에 수록된 그림을 통해서 여러분은 당시 중국의 지식인들이 서양 천문학을 어떻게 자기 것으로 소화하고 있는지 감상하실 수 있을 것입니다.

왕 시츠안의 우주 구조(외행성)

갑甲은 태양의 궤도, 경庚은 화성의 궤도, 신辛은 목성의 궤도, 계癸는 토성의 궤도, 기己는 지구의 중심이다. 을乙·병丙·정丁·무戊를 연결하는 원은 항성 천구다. 화성·목성·토성은 태양을 중심으로 왼쪽(시계방향)으로 회전한다. 태양은 지구를 중심으로 오른쪽으로 회전한다.

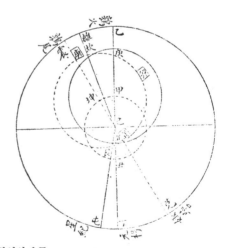

화성의 운동

태양이 지구를 중심으로 회전하면서 점선을 따라 갑甲에서 곤坤으로 이동하면, 화성의 궤도도 경庚에서 園으로 이동한다.

누구의 우주 구조를 닮았습니까? 티코 브라헤의 모델과 비슷하죠. 이 그림은 왕 시츠안이 『서양신법역서』를 통해 소개된 서양 천문학을 거의 완벽하게 이해했다는 것, 그리고 기하학적 모형들을 능숙하게 다룰 줄 알았다는 것을 보여 줍니다. 단, 모든 행성이 오른쪽(시계반대 방향)으로 돈다고 주장한 티코와 달리, 다섯별 중에 화성·목성·토성이 왼쪽으로 돈다고 주장한 것은 왕 시츠안의 착오입니다. 그러나 이것은 오히려 서양 천문학을 비판적으로 수용하려고 했던 왕 시츠안의 노력을 보여 줍니다. 그는 유럽에서도 케플러 이전에는 아무도 고민하지 않았던 행성의 운동 원인에 대해서도 진지하게 연구했습니다.

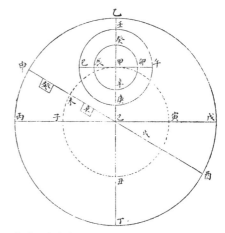

왕 시츠안의 우주 구조(내행성)

계癸는 수성의 궤도, 임壬은 금성의 궤도다. 수성과 금성은 태양을 중심으로 오른쪽으로 회전한다.

서양 천문학의 뿌리는 중국이다!

당시 중국인들이 서양 천문학을 배우는 데 장애물은 크게 세 가지였습니다. 첫 번째는 서양 천문학의 이론이 전통적인 이론과 대단히 이질적이었다는 사실이었습니다. 두 번째는 프톨레마이오스의 이론과 코페르니쿠스의 이론 그리고 티코의 이론 등이 섞여서 일관성 없이 소개되었기 때문에 생기는 혼란이었습니다. 세 번째 장애는 중화 문명인들이 서양 오랑캐의 학문을 배울 필요가 없다는 심리적 거부감이었습니다. 첫 번째 장애는 배워서 극복하면 되지만, 두 번째와 세 번째 장애는 상당히 극복하기 어려운 문제였습니다. 왕 시츠안과 메이 원띵은 이러한 장애를 어떻게 극복하고 중국인 동료들을 서양 천문학의 세계로 안내할 수 있었을까요?

왕 시츠안과 메이 원띵은 『사기』에 있는 단편적인 기록으로부터 허구적인 전설을 날조함으로써 동료들의 마음을 편안하게 해 주었습니다. 그렇다면 두 사람은 어떤 전설을 지어낸 걸까요? 이번엔 메이 원띵이 서양 천문학에 대해 문답식으로 해설한 작은 책인 『역학의문보曆學疑問補』를 읽어보도록 하겠습니다.

> [질문] 유럽은 수만 리 밖에 있는데, 중국의 옛 역법이 어떻게 그
> 곳까지 전파될 수 있었습니까?
> [답변] 쓰마 치엔은 『사기』에서 이렇게 말했습니다. "주나라의 유
> 왕幽王(재위 기원전 781~기원전 771)과 여왕厲王(재위 기원전
> 878~기원전 841)의 시기에 천문학자들의 자제들이 뿔뿔이
> 흩어졌는데, 중국 각지에 머물렀던 자도 있었지만, 오랑캐
> 의 땅에 정착한 자도 있었다." 아마도 난리를 피하다보니
> 물 건너 멀리 외국까지 가는 것도 마다하지 않았나 봅니다.

전근대 동아시아의 지식인들에게 요·순堯舜시대와 하·은·주 삼대三代는 가장 이상적인 정치가 시행되었던 태평성대였습니다. 또한 천문학이 고도로 발달한 시대이기도 했습니다. 그런데 시간이 지날수록 도道가 쇠퇴해지면서 정치가 어지러워지고 천문학도 쇠퇴했다는 것입니다. 여왕과 유왕은 주 왕조의 쇠퇴를 초래한 폭군입니다. 이때의 혼란을 피해서 주 왕실에 소속된 천문학자들이 사방으로 흩어졌다는 것이죠. 바로 여기까지가 『사기』의 기록입니다.

그런데 "오랑캐의 땅에 정착한 자도 있었다[或在夷狄]." 이 네 글자에서 메이 원띵은 서양 천문학의 뿌리를 만들었습니다. 그렇다면 '그 중에 서쪽 오랑캐 땅에 정착한 사람도 있지 않았을까? 그곳에서 서양 오랑캐들에게 천문학을 가르쳐 주었겠지. 서양 오랑캐 중에서 똑똑한 놈들은 중국 천문학을 제법 마스터할 수 있었을 거야. 아마도 그중엔 중국에서 천문학의 전통이 쇠퇴할 동안 상고시대 천문학의 정수를 보존

한 녀석도 있었겠지. 그러고 보니, 당나라 현종에게 〈구집력〉을 바친 고타마 싯단타도 서양 오랑캐였네. 근래에 황제폐하께 〈시헌력〉을 바친 아담 샬도 중국 천문학의 정수를 보존한 영특한 오랑캐라고 볼 수 있어. 그렇다고 한다면 서양 천문학의 뿌리가 중국에 있다고 봐야 되지 않을까?'

"서양 천문학의 뿌리가 중국에 있다"는 주장은 먼 과거에서 중화 문명의 이상을 찾으려는 중국인들의 상고주의에 호소하고 있습니다. 메이 원딩은 자신의 주장을 뒷받침하기 위해 중국의 옛 문헌들을 샅샅이 뒤졌습니다. 그 결과 서양 천문학도 원래 중국에 있었던 것인데 중국에서 자취를 감춘 동안 서양으로 건너갔다는 주장을 내놓게 되었습니다. 물론 그 근거란 대단히 모호하고 불확실한 것이었습니다. 그럼에도 불구하고 '서양 천문학의 중국 기원설'은 중국과 조선의 지식인들에게 대단히 효과적으로 먹혔습니다. 이러한 날조된 전설이 노리는 효과는 무엇이었을까요? 그것은 서양 천문학이 본질적으로 오랑캐의 문화가 아니라 중화 문명의 일부라고 선전함으로써 서양 천문학에 대한 거부감을 제거하는 데 있었습니다.

이러한 현상은 21세기에 살고 있는 우리에게 대단히 비합리적으로 보입니다. 하지만 당시 동아시아의 지식인들 입장에서 보면 그다지 이상할 것이 없는 것이었습니다. 왜냐하면 17~18세기만 하

중국에 조공을 바치러 온 각국 사절들

〈만국내조도萬國來朝圖〉(부분), 비단, 18세기, 베이징 고궁박물원 소장. 세계 각국에서 온 조공 사절들이 자금성 앞에서 기다리고 있다. 이 중에는 유럽 각국에서 온 사절들도 있다. ①에서 갈색 바탕에 "화란시(법란서法蘭西)"라는 글자가 쓰인 깃발을 들고 있는 사람들은 프랑스 사절단이다. ②에서 파란 바탕에 "허란국(하란국荷蘭國)"이라는 글자가 쓰인 깃발을 들고 있는 사람들은 네덜란드 사절단이다. ③에서 갈색 바탕에 "대서양大西洋"이라는 글자가 쓰인 깃발을 들고 있는 사람들은 포르투갈 혹은 에스파냐 사절단이다. 그 오른쪽에는 조선 사절단이 서 있다. ④에서 남색 바탕에 "잉지리(영길리英吉利)"라는 글자가 쓰인 깃발을 들고 가는 사람들은 영국英國 사절단이다. 작가를 알 수 없는 이 그림은 '세계의 중심 = 중국'의 위상을 잘 보여 주고 있다.

징떠전에서 생산된 도자기

미색지법랑채양화병米色地琺瑯彩洋花瓶. 이 도자기에는 유럽 스타일의 무늬가 장식되어 있는데, 유럽인들의 기호에 맞게 제품을 생산했기 때문이다. 당시 중국 징떠전(경덕진景德鎭)에서 생산된 자기는 세계 각지에서 환영받는 매우 값비싼 상품이었다. 당시 중국은 도자기 생산에서 타의 추종을 불허했으며 비단 생산에서도 경쟁자가 없었다.

유럽인들을 매혹시킨 중국의 도자기

가르쪼니Giovanna Garzoni (1000~ 1670) 그림, 〈꽃과 자두, 완두콩이 있는 중국식 꽃병〉, 피렌체, 우피치 Uffizi 미술관 소장. 중국 도자기의 아름다움은 유럽의 귀족들과 부자들, 그리고 화가들을 매혹시켰다.

은화

1535~1821년 사이에 주조된 에스파냐의 은화. 중국에 가장 먼저 들어온 외국 화폐로서 널리 유통되었다. 17~18세기에 전 세계에서 생산되는 은의 최종 종점은 중국이었다. 외국 상인들은 중국 상품을 구입할 때 은으로 지불했다.

신위무적대장군 대포

신위무적대장군神威無敵大將軍 대포, 청동, 1676년 주조. 야크사(아극살雅克薩) 전투에서 청나라 군대가 사용한 대포. 17세기 중엽, 러시아가 헤이롱강(흑룡강黑龍江) 유역에 침투해 야크사에 알바진Albazin 요새를 쌓고 침략의 거점으로 삼았다. 이에 강희제는 군대를 파견해 알바진 요새에 주둔한 러시아 군대를 포위해 괴멸상태에 빠뜨렸다(1686). 1689년에 청·러 양국은 네르친스크Nerchinsk, 尼布楚에서 조약을 체결해 국경을 긋고 분쟁을 마무리 지었다. 네르친스크 조약은 중국이 서양과 체결한 최초의 조약으로서 평등한 조약이었다. 중국의 입장에서 보았을 때, 그 이전까지 중국과 오랑캐 사이에 '평등'이란 있을 수 없는 일이었다.

더라도 중국은 세계 경제의 중심이자 군사 강국이었기 때문입니다. 당시 유럽 상인들은 중국의 제품을 사기 위해 비싼 값을 치루는 것을 마다하지 않았습니다. 자기 나라에서는 더 비싼 값에 팔 수 있었기 때문이었습니다. 그리고 17세기 말에 중국은 러시아의 무력 도발을 성공적으로 격퇴시켰습니다. 이러한 상황에서 동아시아의 지식인들이 서양의 과학 문명을 중국의 그것보다 낮게 평가하고 서양 천문학의 성과를 중국에서 배워 갔다고 생각하는 것은 너무도 자연스러운 일이었습니다.

어쨌든 중국의 지식인들은 날조된 전설 덕분에 서양 천문학에 대한 거부감을 떨쳐버릴 수 있었습니다. 왕 시츠안과 메이 원밍의 영향을 받은 유학자들은 한발짝 더 나아가 서양 천문학의 지식을 자신들의 고전 연구에 적극적으로 활용하려고 했습니다. '만약에 서양 천문학의 지식이 상고시대 중국 천문학에서 비롯되었다면, 그리고 상고시대 중국 천문학의 지식이 중국의 옛 문헌에 흩어져 있다면, 서양 천문학을 연구함으로써 중국의 고전들을 완벽하게 복원할 수 있으리라!' 서양 천문학에 대한 연구가 고전 문헌을 실증적으로 분석하는 학문인 '고증학考證學'의 발전에 기여한 것입니다. 고증학자들은 서양 천문학의 지식이 고전 문헌의 난해한 구절을 정확하게 해석하는 데 도움이 된다고 생각했습니다.

이렇듯 서양 천문학의 중국기원설은 중국의 학술 발전에 일정 부분 기여했습니다. 그리고 조선의 학자들이 서양 천문학을 수용하는 데 큰 영향을 주었습니다. 그러나 서양 천문학을 중국 고대 천문학의 복사판으로 간주하는 한, 예수회 선교사들이 전해 준 것 이상으로 서양 천문학을 철저히 연구해야겠다는 생각은 나올 수 없었습니다. 즉 유럽의 언어를 터득해서 선교사들을 통하지 않고 직접 서양의 과학책을 읽거나 번역해야겠다는 생각은 조금도 하지 않았습니다. 공을 들여 배울 정도로 서양 천문학이 가치 있다고 생각하지 않았기 때문입니다.

중국의 지식인들이 서양 천문학을 낮게 평가했던 또 하나의 이유는 예수회 선교사들의 저술 속에 나타난 이론적인 불일치 때문이었습니다. 이것은 다분히 예수회 선교사들의 책임이 컸습니다. 1600년대에 마테오 리치는 프톨레마이오스의 천문학을 소개했습니다. 그로부터 30년 후에 아담 샬은 티코 브라헤의 천문학을 소개했습니다. 그리고 같은 시기에 로오는 코페르니쿠스의 천문학을 맛보기로 살짝 소개했습니다. 게다가 1616년에 교황청에서 코페르니쿠스의 학설을 가르치는 것을 금지했기 때문에 중국에서 코페르니쿠스는 왜곡된 형태로 소

뉴턴의 초상화

개될 수밖에 없었습니다. 이러한 이론적 모순들이 드러나자 중국인 학자들은 서양 천문학이 엄밀한 학문적 체계를 가지고 있는지 의심하지 않을 수 없었습니다. '이러한 모순투성이의 학문으로부터 과연 우리가 무엇을 배울 수 있을까?' 이렇게 중국인들이 서양 천문학을 낮게 평가하고 그 학문성을 의심하는 사이에 유럽에서는 천문학 혁명에 가속도가 붙고 있었습니다. 왕 시츠안이 죽은 지 5년 후(1687)에 뉴턴 Newton이 『자연철학의 수학적 원리』를 출판했습니다. 모든 천체를 움직이게 만드는 근본적인 힘이 발견된 것입니다.

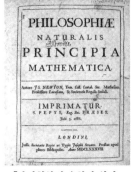

『자연철학의 수학적 원리』

『역상고성』―중국인의 힘으로 서양 천문학을 정리하다

강희제는 천문역산학에 관심이 많았고 서양 천문학에 대해서도 비교적 높은 식견을 가지고 있었습니다. 특히 예수회 선교사들에게 서양의 수학과 천문학에 대해 강의를 듣는 것을 매우 좋아했습니다. 그러나 중화 제국의 지배자로서 강희제는 전통 천문학을 기본으로 하되 서양 천문학으로서 전통 천문학의 부족한 점을 보충해야 한다는 견해를 가지고 있었습니다. 이러한 강희제의 의도에 따라 편찬된 책이 바로 『역상고성曆象考成』(1723)입니다.

『역상고성』의 편찬은 예수회 선교사들의 힘을 빌리지 않고 전적으로 중국인 천문학자들의 손에 의해 이루어졌다는 데 의의가 있습니다. 즉 중국의 천문가들이 서양 천문학을 완벽하게 이해했다는 것을 보여주는 것이죠. 1726년 이후에 반포된 〈시헌력〉은 모두 『역상고성』에 의거해 제작되었습니다.

그러나 『역상고성』은 난삽한 『서양신법역서』를 이해하기 쉽게 정리하는 데 목적을 두었기 때문에 새로운 연구 성과를 거의 담고 있지 않았습니다. 따라서 여기에는 중국인 천문학자에 의한 독자적인 관측이나 이론적 탐구는 전혀 없었습니다. 오히려 유럽에서는 이미 한물 간

코수술이!…
…어째 좀!

역상고성
서양 천문학
中

옛 이론이 전통적인 역법의 틀 안에서 정리되었을 뿐입니다. 따라서 『역상고성』에 의한 계산은 얼마 못가서 천상과 일치하지 않게 되었습니다. 옹정雍正 8년(1730) 6월 초하루에 발생한 일식을 정확하게 예보하지 못한 것입니다. 중국인 학자들은 이 예보의 오류를 바로잡을 수 없었습니다.

『역상고성후편』
―케플러를 논하면서 코페르니쿠스에 대해서는 침묵하다

건륭乾隆 2년(1737), 건륭제乾隆帝(재위 1735~1795)는 쾨글러Ignatius Kogler, 戴進賢(1680~1746) 등 예수회 선교사들에게 칙명을 내려 『역상고성』을 수정·보완하게 했습니다. 그 결과 탄생한 책이 바로『역상고성후편(曆象考成後編)』(1742)입니다. 이후의 〈시헌력〉은 모두 『역상고성후편』에 의거해서 제작되었습니다.

『역상고성후편』의 가장 두드러진 특징은 케플러의 타원궤도 모델을 행성의 궤도 계산에 적용했다는 점입니다. 그렇지만 여전히 지구 중심설을 유지하고 있었습니다. 게다가 타원궤도를 태양과 달의 운동에만 적용했을 뿐이고 다섯별에 대해서는 적용하지 않았습니다. 케플러는 물론 태양중심설을 채용하고 있었는데, 코페르니쿠스의 학설을 가르칠 수 없었던 예수회 선교사들이 지구 중심 체계로 고쳐서 중국에 전한 것입니다. 중국인들은 직접 서양 언어로 쓰인 원서를 읽지 않는 한 예수회 선교사들의 왜곡을 알아챌 수 없었습니다.

한편, 중국의 천문역산학의 입장에서 본다면, 우주의 중심에 지구를 놓든 태양을 놓든 별 차이가 없었습니다. 오히려 지구를 중심으로 하는 쪽이 천체의 겉보기 운동을 계산하는 데 더 편리했습니다. 게다가 태양과 달의 운동만 잘 처리해도 역법을 제작하기에 충분했습니다. 따라서 중국의 천문학자들은 케플러의 체계와 티코의 체계 사이의 근본

옹정제

〈곤룡포를 입은 옹정제의 초상화〉, 벽걸이 그림, 비단 채색, 베이징 고궁박물원 소장. 옹정제雍正帝(재위 1722~1735)는 강희제와는 달리 예수회 선교사의 활동에 대해 강한 불만을 가지고 있었습니다. 그래서 흠천감에서 근무하는 선교사들을 제외한 모든 선교사들을 마카오로 추방시켰습니다.

건륭제

〈갑옷을 입고 말에 탄 건륭제〉, 카스틸리오네Giuseppe Castiglione, 郎世寧(1688~1766) 그림, 벽걸이 그림, 비단 채색, 1739년 혹은 1758년, 베이징 고궁박물원 소장. 건륭제는 전문 지식을 갖춘 선교사들을 중용하기는 했지만, 강희제만큼 열의를 가지고 서양 과학을 공부하지는 않았다.

오~우♪
나의 태양!
"케플러"여!

추한 지구보다!
이쁜 태양이!
우주의 중심이닷!

～ 케플러

적인 차이점을 거의 인식할 수 없었습니다. 즉 『역상고성후편』은 단순히 『역상고성』을 보완한 것으로 이해되었던 것입니다.

그렇다면 왜 쾨글러는 타원궤도를 다섯별에 적용하지 않았을까요? 티코 브라헤의 우주 구조에 타원궤도 이론을 도입하면, 지구 둘레에 태양이 타원궤도를 이루고, 그 타원궤도 위를 움직이고 있는 점을 둘러싸고 다섯별들이 다시 타원궤도를 그리게 됩니다. 결국 이중 타원궤도가 되어 계산이 복잡해지는 것입니다. 미적으로도 볼 품 없어지게 되는 거죠. 그렇다면 애써서 주전원을 타원으로 바꾸어 우주 구조를 세련되게 다듬은 보람이 없게 됩니다. 예수회 선교사들이 지구 중심설을 고집하는 한, 타원궤도를 다섯별의 운동에까지 확장시킬 수 없었던 것입니다.

케플러, 신성한 우주의 아름다움을 추구하다

이 시점에서 우리는 케플러의 법칙이 유럽 근대 천문학에서 어떤 위치를 차지하는가에 대해 잠깐 살펴보아야 될 것 같습니다. 그래야 우리는 케플러의 이론이 중국에서 어떤 운명을 겪게 되었는지 제대로 이해할 수 있기 때문입니다. 먼저 케플러가 『새로운 천문학』(1609)과 『우주의 조화』(1619)를 출판한 것이 『역상고성후편』이 간행된 것보다 약 130년 이전의 일이라는 것을 지적해야 될 것 같습니다.

왕 시츠안 이상으로 불운했던 천재, 케플러는 열렬한 태양 숭배자였습니다. 추한 지구보다는 아름다운 태양이 우주의 중심에 오는 것이 당연하다고 생각했던 것입니다. 물론 이러한 개인적 취향이 코페르니쿠스의 학설을 신봉하게 된 결정적인 이유는 아닐지라도 상당히 영향을 주었던 것은 틀림없습니다.

케플러는 우주가 우연히 만들어진 것이 아니라 하느님이 계획한 것이라고 생각했습니다. 그런데 그 하느님은 수학자였습니다. 수학자 하느님이 우주를 창조한다면 모든 천체의 궤도는 반드시 기하학적이어

케플러
독일, 뮌헨, 독일 박물관 소장

야 한다는 것입니다. 물론 모든 천체가 기하학적 모델에 따라 운동하는 아이디어 자체는 플라톤의 유산이었습니다. 플라톤 이래로 코페르니쿠스에 이르기까지 모든 행성이 똑같은 속도로 원 운동을 한다는 것에 대해서 어느 누구도 의심하지 않았습니다. 1605년까지는 케플러도 그렇게 생각했습니다.

그런데 원 궤도에 의거한 자신의 계산과 티코 브라헤의 관측 자료가 일치하지 않는다는 사실을 알게 되면서 케플러는 차츰 기존의 이론을 대해 의심하기 시작했습니다. 그는 70회 이상 화성의 궤도를 계산하는 등 아주 고통스러운 노력을 한 끝에 타원궤도를 생각해냈습니다. 타원궤도에 의거해서 계산을 했더니 마침내 티코의 데이터와 일치하게 되었습니다.

1609년에 출판한 『새로운 천문학』에서 케플러는 이른바 '케플러의 세 가지 법칙' 중 두 가지를 발표했습니다.

케플러의 『새로운 천문학』 표지

『새로운 천문학Astronomia Nova』은 '티코 브라헤 경의 관측과 화성 운동을 고찰한 결과 얻어진 인과율 또는 천상계의 물리학에 의거한 천문학'이라는 대단히 긴 부제를 달고 있다. 부제가 의미하는 것은 새로운 천문학이 '천체물리학'이어야 한다는 것이다.

(1) 케플러 제1법칙 : 타원 운동의 법칙
모든 행성은 태양을 초점으로 하는 타원궤도를 그리며 공전한다.

(2) 케플러 제2법칙 : 면적 속도 일정의 법칙
행성은 태양과 거리가 가까울 때 빨리 돌고, 태양과 멀 때는 늦게 돈다. 거리가 가까울 때는 속도가 빠르고 거리가 멀 때는 속도가 느려서

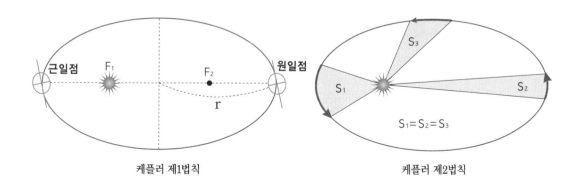

케플러 제1법칙   케플러 제2법칙

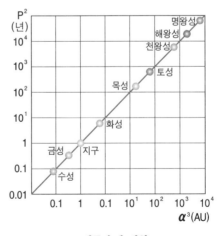

『우주의 조화』 표지

케플러는 태양과 행성 간의 평균 거리와 각 행성의 공
전 주기 사이에 수학적 관계가 있다고 생각했다. 케플러
가 말하는 수학적 관계란 곧 '우주의 조화'를 의미했다.

면적 속도(거리×속도)의 값이 일정하다.

1619년에 출판한 『우주의 조화』에서는 케플러의 마지막 법칙이 발
표되었습니다.

(3) 케플러 제3법칙 : 조화의 법칙

태양으로부터 각 행성까지의 평균 거리의 세제곱은 각 행성의 공전
주기의 제곱에 비례한다.

케플러 제3법칙

케플러 이전에 천문학자들은 여러 개의 원을 이용해서 행성의 운동을 설명했습니다. 그러나 원 궤도 대신에 타원궤도를 채택하면서 한 개의 타원만으로도 행성의 위치를 간단하게 계산할 수 있게 되었습니다. 그리고 행성이 불균등한 속도로 운동하는 현상은 면적 속도의 법칙에 의해 말끔하게 설명될 수 있었습니다. 이로써 천문학은 역사상 처음으로 원에 대한 집착에서 벗어날 수 있게 된 것입니다.

케플러의 우주는 매우 세련된 모습을 하고 있습니다. 케플러가 행성들을 주전원으로부터 해방시켜 태양 둘레를 우아하게 돌도록 만들었으니까요. 매우 예리한 케플러는 행성과 태양 사이에 존재하는 오묘한 관계에 대해 곰곰이 생각했습니다. '티코가 증명한 것처럼, 혜성이 여러 천구들을 통과해서 돌아다닌다면 그때마다 천구에 구멍이 뿡뿡 뚫린다는 것인데, 그렇다면 무색투명한 천구 따위는 없다고 봐야 되지 않을까? 만약 천구가 없다면 행성들은 어떻게 자기 궤도를 유지할 수 있는 걸까? 그리고 왜 행성들은 모두 태양의 둘레를 도는 것일까?' 태양 숭배자였던 케플러는 태양으로부터 어떤 힘이 마치 바퀴살처럼 뻗어 나간다고 생각했습니다. 태양이 회전할 때 바퀴살들이 행성들을 밀

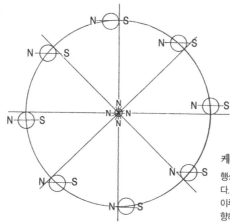

케플러의 천체물리학
행성이 태양 주위를 회전할 때, 그 축은 일정한 방향을 유지한다. 태양은 그 표면이 하나의 극, 그리고 그 중심이 다른 극을 이루는 특이한 자석이다. 궤도의 절반에 걸쳐서 행성은 태양을 향해 잡아당겨지고 다른 절반을 지나는 동안에는 밀쳐진다.

어서 태양의 회전 방향으로 움직이게 한다는 것입니다. 그리고 그는 태양이 일종의 자석과 같은 힘을 발휘해서 행성을 끌어당기기도 하고 밀쳐내기도 한다고 생각했습니다. 한마디로 행성은 태양이 발산하는 힘에 의해 운동한다는 것입니다. 이러한 가설은 뉴턴에 의해서 폐기되고 말았습니다.

어쨌든 케플러는 태양이 모든 행성 운동의 원인이자 원천이고, 태양으로부터 멀리 떨어져있을수록 행성을 움직이게 하는 힘이 줄어든다고 생각했습니다. 이러한 논리는 행성이 태양에서 멀리 있을수록 더 느리게 움직인다는 제3법칙에 의해 정당화되었습니다. 케플러는 모든 행성을 연관짓는 제3법칙의 존재 자체가 태양중심설을 '물리학'적으로 뒷받침하는 확실한 근거라고 생각했습니다.

케플러 이전의 천문학은 천체의 위치와 운동을 정확하게 예측하는 것을 목적으로 했습니다. 그러나 케플러 이후의 천문학은 천체가 운동하도록 만드는 근본적인 원인을 추구하게 되었습니다. 케플러는 천문학 역사상 최초로 물리학에 기초해서 천체의 운행을 설명하는 '천체물리학', 혹은 '천체역학'을 창시했습니다. 이제 천문학은 물리학의 일부로서 자연 현상의 원인을 추구하는 과학이 되었습니다. 뉴턴은 케플러가 최초로 닦아 놓은 길을 따라 인력의 법칙을 발견할 수 있었습니다.

케플러가 죽은 지 2년 후에 태어난 왕 시츠안도 케플러와 비슷하게 행성이 자기력磁氣力에 의해 해의 둘레를 회전한다고 설명했습니다. 케플러를 전혀 알지 못했던 중국의 지식인이 어떻게 케플러와 비슷한 결론을 내렸는지 매우 놀랍기만 합니다. 하지만 이러한 왕 시츠안의 발상은 더 이상 발전하지 못했습니다. 중국의 천문학자들은 대체로 천체가 운동하는 패턴에 대해서는 관심이 많았지만 천체가 운동하는 원인에 대해서는 무관심했습니다. 서양 천문학의 수용도 중국 천문역산학을 근본적으로 바꾸지 못한 것입니다.

물론 17~18세기 당시 중국의 지식인들 입장에서 보았을 때, 자신들의 천문학이 서양 천문학에 의해 대체되어야 할 필요는 거의 없었습니다. 단지 전통 천문학의 결함을 서양 천문학으로 보충하기만 하면 되었으니까요.

조선의 지식인, 처음으로 서양 선교사를 만나다

조선에 서양 천문학이 전래된 경로는 중국이나 일본과는 상당히 다릅니다. 서양 선교사가 직접 와서 서양 천문학을 가르치지 않았다는 점에서 말입니다. 사람보다는 책, 서양인보다는 서양 천문학이 먼저 들어온 것입니다.

조선에 소개된 최초의 서양 과학책은 마테오 리치의 〈곤여만국전도〉입니다. 1603년에 들어왔죠. 1631년에 사신 정두원鄭斗源(1581~?)이 중국 떵저우(등주登州)에서 예수회 선교사 로드리게즈Jeronimo Rodriquez, 陸若漢(1521~1634)를 만난 것이 최초의 인적 교류입니다. 로드리게즈는 정두원에게 서양의 화포와 망원경, 자명종 등 과학기구와 『천문략』, 『건곤체의』 등 과학책들을 선물로 주었습니다. 정두원을 수행한 사람 중에 서양 천문학에 관심을 가지고 예수회 선교사에게 접근한 사람은 역관譯官 이영준李榮俊이었습니다. 그는 『천문략』을 읽고 로드리게즈에게 편지를 보냈습니다.

저는 지금까지 혼천설이 진리와 가장 가까운 우주 구조라고 알고 있었습니다. 그런데 하늘이 열두 겹의 투명한 천구로 되어 있다니, 이는 옛 성인들도 알지 못했던 것입니까? … 항성들이 하나의 천구를 이룬다면, 다섯별의 천구에는 별들이 없다는 것입니까?

전통 천문학에서는 커다란 하나의 천구를 가정하고 그 위에서 겉보기 운동을 하고 있는 천체의 위치를 중심으로 계산해 왔기 때문에, 이

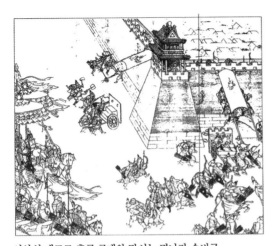

서양식 대포로 후금 군대와 맞서는 명나라 수비군

『청실록(淸實錄)』에 수록된 삽화. 1626년 랴오둥(요동遼東)의 닝위앤성(영원성寧遠城)에서 명나라와 후금 간에 전투가 벌어졌다. 오른쪽의 성벽 위에서는 명나라 군대가 홍이포를 설치하고 성을 공격하는 후금 군대에게 포격을 가하고 있다. 왼쪽에 말을 타고 있는 장군이 누르하치다. 누르하치는 이 전투에서 포격을 받아 치명적인 상처를 입었다. 반면 이번 전투에 참가했던 쑨 위앤후아는 후금을 물리치는 데 큰 공을 세웠다.

영준은 프톨레마이오스의 우주 구조를 전혀 이해할 수 없었습니다. 하늘이 여러 겹으로 쌓여 있으며, 각 행성들이 지구와 일정한 거리를 유지하고 있으면서 공간을 차지하고 있다는 이론은 동아시아의 지식인들에게 너무도 생소한 내용이었습니다. 전혀 생경한 서양 천문학의 지식에 어리둥절하면서도 이영준은 서양 천문학에 대해 막연하게나마 호감을 갖고 있었던 듯합니다. 서양 천문학이 〈대통력〉보다 일·월식을 정확하게 예보한다는 것을 알고 있었던 것입니다.

그러나 이영준과 로드리게즈의 교류는 오래 지속되지 못했습니다. 당시 로드리게즈는 떵저우 방어 책임을 맡은 쑨 위앤후아(손원화孫元化, 1582~1632)의 밑에서 서양식 대포의 도입과 군사훈련을 담당하고 있었습니다. 쑨 위앤후아는 쉬 꾸앙치의 제자로서 독실한 천주교 신자였는데, 서양식 대포의 힘을 빌려 후금의 침략을 막기 위해 로드리게즈를 불렀던 것입니다. 그런데 정두원 일행이 로드리게즈를 만난 그 다음 해(1632)에 쑨 위앤후아의 부하 장수들이 반란을 일으켜 떵저우가 함락되고 말았습니다. 쑨 위앤후아가 처형되자 후원자를 잃은 로드리게즈는 마카오로 돌아갈 수밖에 없었습니다.

정두원이 가져온 서양 과학책들이 과연 얼마나 많은 사람들에게 읽혔는지, 얼마나 제대로 이해되었는지는 알 수 없습니다. 아마도 후금(청나라)의 침략과 명·청 교체기의 혼란 때문에, 조선의 지식인들은 서양 천문학에 관심을 가질 여유가 없었을 것입니다.

조선, 오랑캐를 천자로 받들고 오랑캐의 역법을 받들다

인조 15년(1637) 1월 30일, 인조仁祖(재위 1623~1649)는 세자와 신하들을 거느리고 남한산성을 나와 삼전도에서 청나라 태종에게 굴욕적인 항복을 했습니다. 병자호란丙子胡亂에서 조선이 패한 결과, 조선과 청나라 사이에 군신 관계를 맺는 강화조약이 체결된 것입니다. 이 조약에서 조선은 명나라와 국교를 끊고 명의 연호를 폐지하는 동시에, 청나라로부터 책봉을 받고 청나라에게 조공을 바치기로 했습니다. 이제는 달력도 청나라 조정으로부터 받아 와야 되는 상황이 된 것입니다. 청나라의 달력을 받든다는 것은 곧 청나라의 종주권을 인정한다는 것을 의미했습니다.

청과 군신 관계를 맺기 이전에 조선은 겉으로는 명나라로부터 달력을 받아 쓰는 형식을 취하면서 실제로는 〈칠정산〉에 따라 달력을 제작했습니다. 독자적인 역법에 의한 달력임을 알리기 위해 달력의 겉표지에는 명나라의 연호를 사용하지 않고 간지를 사용해 "~년역서某年曆書"라고만 썼습니다. 그러다 조ㆍ일 전쟁 때 명나라 군대가 조선에 주둔하면서 달력의 표지에 명나라의 연호를 사용하게 되었습니다. 그런데 이러한 관행은 청나라와 사대관계를 맺자마자 즉각 문제가 되었습니다. 강화를 맺은 그 해 5월에 편찬된 달력에 "대명숭정대통력大明崇禎大統曆"이라는 연호를 쓴 것이 논란이 된 것입니다. 이것은 외교적으로 큰 문제였습니다.

당시 조정에서는 청나라에게 당한 수모를 원통해 하고 명나라의 은혜를 사모하는 분위기가 지배적이었습니다. 그렇다고 해서 청나라의 눈치를 보지 않을 수는 없었습니다. 그래서 논의 결과, 조정에서 쓰는 것과 평안ㆍ함경ㆍ황해도에 반포할 달력은 청나라의 연호를 쓰고, 경기ㆍ충청ㆍ전라ㆍ경상도와 왜관倭館에 보내는 달력은 간지만 쓰기로 결정했습니다. 일본인들에게 청나라에게 당한 수치를 알리고 싶지 않았기 때문이었죠. 어쨌든 〈칠정산〉에 의해 달력을 제작하는 관행은 효종 4년(1653) 이전까지 계속되었습니다.

조선, 〈시헌력〉으로 역법을 고치다

한흥일
조선시대의 문신. 청나라에 볼모로 잡혀간 봉림대군(효종)을 수행했다.

관상감
조선시대 천문 관측, 달력 제작, 풍수지리, 택일 등을 담당하던 관청

김육
조선시대의 문신. 국가 재정을 충실히 하고 민생을 안정시키기 위해 대동법大同法의 실시를 주장했다.

1645년에 청나라에서 〈시헌력〉이 처음 시행되면서, 조선에서도 개력의 바람이 불기 시작했습니다. 인조 23년(1645)에 청나라에서 귀국한 한흥일韓興一(1587~1651)*은 처음으로 〈시헌력〉으로 역법을 고치자고 주장했습니다. 칠정산이 더 이상 천상과 일치하지 않고 〈시헌력〉이 더 뛰어난 역법이기 때문에, 역법을 개혁해야 한다는 것이었습니다. 인조는 한흥일의 건의를 받아들여 관상감觀象監*에서 검토할 것을 지시했습니다. 이에 관상감의 장관이었던 김육金堉(1580~1658)* 역시 〈시헌력〉으로 고칠 것을 주장했습니다. 그리고 청나라에 사신을 파견할 때 관상감 관원을 함께 보내서 〈시헌력〉을 배워 오게 하자고 건의했습니다. 이때부터 〈시헌력〉 습득을 위한 긴 여정이 시작되었습니다.

관상감에 소속된 조선의 천문학자들이 〈시헌력〉을 배우는 데 여러 가지 어려움이 많았습니다. 서양 천문학 자체가 대단히 난해하고 생소하기도 했지만, 청나라에 머무는 짧은 기간 동안 배워야 했기 때문입니다. 게다가 청나라 조정에서는 조선인이 서양 선교사로부터 직접 천문학을 배우는 것을 금지했습니다. 어렵게 책을 얻어서 공부하다가 모르는 부분이 나와도 물어볼 사람이 없었던 것입니다. 그러나 청나라에서 하사한 달력과 본국력 사이에 차이가 계속해서 나타나자, 개력은 더 이상 미룰 수 없는 중요한 과제가 되었습니다.

효종 2년(1651)에 관상감원 김상범金尙範(?~1655)이 뻬이징에 들어가 본격적으로 〈시헌력〉을 배워 왔고, 그 다음 해에는 〈시헌력〉에 의거해 달력을 만들었습니다. 그리하여 효종 4년부터는 조선에서도 〈시헌력〉이 시행되었습니다. 그러나 당시 김상범의 〈시헌력〉 이해 수준

은 달력의 날짜를 계산하는 정도로, 치윤법과 절기·시각 등의 내용에 한정되어 있었던 것 같습니다. 해·달·다섯별의 위치를 계산하는 방법은 전혀 배우지 못했다고 하니까요. 그 때문에 행성의 위치 계산은 여전히 〈대통력〉에 의지할 수밖에 없었습니다. 이것은 당시 조선의 천문학자들이 『서양신법역서』의 극히 일부밖에 이해하지 못했다는 것을 의미합니다.

재미있는 것은, 한흥일·김집·효종 등이 소중화小中華 사상에 입각해서 〈시헌력〉을 오랑캐의 역법으로 배척하지 않았다는 사실입니다. '소중화 사상'이란 중국을 제외하고 조선이 세계 유일의 문명국이라는 사상입니다. '진짜 중화'인 명나라가 멸망한 시점에서는 '꼬마 중국' 조선이 유일한 '진짜 중국'이라는 논리가 성립합니다. 청나라를 진정한 중화 세계의 후계자로 인정하지 않는 것이죠. 청나라에게 굴욕적인 패배를 당한 이후에 조선 사대부들의 정신세계를 지배한 것은 바로 소중화 사상이었습니다. 특히 효종孝宗(재위 1649~1659)은 청나라에 대한 강렬한 복수심에서 북벌을 추진하려고 했습니다.

그럼에도 불구하고 이들이 청나라의 역법, 특히 서양 오랑캐의 역법을 순순히 채용했다는 사실은 어떻게 이해해야 할까요? 이것은 정확한 역법을 시행해야 한다는 왕도정치의 이상이 소중화의 논리를 압도한 결과라고 보아야 합니다. 게다가 선례로 세종 때 〈회회력〉을 참고해서 〈칠정산외편〉을 편찬한 적도 있기 때문입니다.

조선, 〈시헌력〉을 마스터하기 위해 노력하다

〈시헌력〉이 시행된 이후에도 『서양신법역서』에 실린 서양 천문학을 마스터하려는 시도는 계속 진행되었습니다. 그렇지만 행성의 위치를 정확하게 계산하고 일·월식을 정확하게 예보할 정도의 수준에 이르는 데는 상당히 긴 시간이 필요했습니다. 『서양신법역서』의 규모 자체가 방대하기도 했지만, 전통 천문학의 지식을 지닌 사람으로는 이해하기 어려운 내용을 많이 담고 있었기 때문이었습니다. 가장 근본적인 원인은 〈시헌력〉을 배우려고 하는 열의가 더 이상 높아지지 않았다는 데 있었습니다.

〈시헌력〉이 시행된 후에도 여전히 〈대통력〉은 제작되었습니다. 특히 국가의 중요 제사는 〈대통력〉에 따라 시행되었습니다. 보수파들은 〈시헌력〉을 폐지하는 주장을 끊임없이 제기했습니다. 보수파로부터 집중 공격을 받은 것은 역시 정기법 문제였습니다. 정기법을 채용하면 무중치윤의 원칙을 지키기 어렵다는 이유에서였습니다. 게다가 1665년에 청나라에서 보수파가 승리해 일시적으로 〈시헌력〉이 폐지되고 〈대통력〉이 사용되자, 조선에서는 〈시헌력〉과 〈대통력〉 중 어느 역법을 써야 할 것인가를 놓고서 큰 혼란에 빠졌습니다. 이러한 상황에서 〈시헌력〉의 학습열이 높아질 것을 기대하기란 어려운 일이었습니다.

〈시헌력〉이 처음 시행된 지 50년이 지나서야, 관상감의 천문학자들은 행성의 위치 계산과 일·월식의 예보에 대해서 〈시헌력〉의 지식을 완전히 적용할 수 있게 되었습니다. 그렇지만 『서양신법역서』에 수록된 서양 천문학의 지식을 모두 이해한 것은 아니었습니다. 천문학자들은 우주 구조론이나 행성 운동론에 대해서는 거의 관심이 없었습니다. 순전히 달력의 제작과 일·월식 예보에 필요한 실용적인 지식을 익히는 데 힘썼던 것입니다. 전통적으로 우주를 논하는 것은 유학자들의 몫이지 천문학자들의 몫이 아니었기 때문입니다. 앞으로 우리가 살펴보게 되겠지만, 지구설이나 지전설에 대해 관심을 가졌던 사람들도 유학자들이었지 천문학자들이 아니었습니다.

조선, '우리나라 달력' 을 시행하다

조선이 중국과 비슷한 수준의 달력을 만들어 내고 천문역산학의 운용에 어느 정도 자신감을 갖게 된 것은 18세기 후반 이후였습니다. 그것은 『역상고성』과 『역상고성후편』의 지식까지 소화한 결과였습니다.

그런데 『역상고성』을 적용하는 과정에서 청나라에서 수입한 달력과 조선에서 제작한 달력 사이에 발생한 차이가 문제로 대두되었습니다. 영조英祖 10년(1734)의 달력에서는 몇몇 절기의 시각에 차이가 생겼고, 그 다음해의 달력에서는 윤달과 월의 대·소까지 차이가 났습니다. 물론 이러한 현상은 이전 시기에도 여러 차례 발생했습니다. 그러나 이번에는 관상감원들이 계산을 잘못했기 때문이 아니었습니다. 조선의 경도와 위도를 기준으로 계산했기 때문에 뻬이징을 기준으로 계산된 청나라 달력과 차이가 생긴 것이었습니다.

당시 조선에서는 뻬이징을 기준으로 계산된 달력을 '청나라 달력'이라고 부르고, 한양을 기준으로 계산된 조선의 달력을 '우리나라 달력'이라고 불렀습니다. 앞으로 이러한 조선의 달력을 '우리나라 달력' 혹은 '조선 달력'이라고 부르도록 하겠습니다. 물론 청나라 달력이나 조선 달력이나 똑같이 〈시헌력〉으로서 『역상고성』 혹은 『역상고성후편』에 의거한 것입니다.

뻬이징과 한양의 경도차로 인해 청나라 달력과 조선 달력 사이에 차이가 나는 일이 자주 일어나지는 않았지만, 이러한 일이 있을 때마다 어느 쪽에 따를 것인지 대단히 어려운 결정을 해야 했습니다. 영조 11년의 달력은 결국 청나라 달력을 채택했습니다. 비록 한양의 경위도에 맞는 달력을 제작할 수 있는 실력을 쌓았지만, 사대관계를 무시할 수 없었기 때문입니다. 청나라의 눈치를 보지 않을 수 없었던 것이죠.

영조 말년에 이르러, 조선 팔도 각지의 북극고도北極高度와 동서편도東西偏度를 산정算定하려는 움직임이 나타났습니다. 북극고도는 지평선에서 북극까지의 고도로서 밤·낮(일출·일몰)의 시각을 계산하는 데 사용됩니다. 동서편도는 뻬이징을 기준으로 한 동·서 간의 경도차經度差로서 절기의 시각을 계산하는 데 사용됩니다.

영조 어진

조석진趙錫晋(1853~1920) 외 그림, 〈영조어진英祖御眞〉, 비단채색(1900), 보물 932호, 궁중유물전시관 소장. 초상화를 그릴 당시 영조의 나이는 51세(1744)였다. 이 그림은 1744년에 그려진 원작을 바탕으로 그대로 본떠서 그린 그림이다.

『조선왕조실록』에서는 '청력淸曆'으로, 『서운관지』에서는 '청서淸書'라고 불렀다.

『조선왕조실록』에서는 '아국역서我國曆書'로, 『서운관지』에서는 '향서鄕書'라고 불렀다.

이전까지 조선의 달력은 오직 한양의 북극고도(37도 39분 15초)와 빼이징으로부터의 편동도偏東度(10도 30분)만 수록되어 있어서, 오직 밤·낮의 시각과 절기의 시각 만 계산할 수 있었습니다. 경기도 이외의 다른 지역의 시각은 정확하게 계산할 수 없었던 것이죠. 이에 전국 팔도의 북극고도와 동서편도를 산정하자는 주장이 대두되었습니다. 한편 중국에서는 이미 각 성省에서 측정한 북극고도와 동서편도를 이용해 각 성마다 밤·낮의 시각과 절기의 시각을 산출하고 있었습니다.

정조正祖(1776~1800)는 요 임금이 "경건히 백성들에게 시간을 알리게" 했듯이, 조선 팔도 각지의 경·위도에 맞는 정확한 시각을 백성들에게 내려주는 것이 제왕으로서 가장 중요한 통치 행위라고 생각했습니다. 마침내 정조 15년(1791), 관상감에게 명해 각도의 북극고도와 한양을 기준으로 한 동서편도를 산정하게 했습니다. 그리고 그 성과는 그 다음해의 달력에 반영해 시행하기로 결정했습니다. 그러나 북극고도와 동서편도 산정 작업 결과는 일부 신하들의 반대로 결국 달력에 반영되지 못했습니다. 반대의 논리란 제후국에서 사사로이 달력을 만들어서는 안 된다는 것이었습니다.

정조 22년(1798) 겨울, 관상감의 장관 서호수徐浩修[*](1736~1799)는 정조에게 다음과 같이 건의했습니다.

서호수

서호수는 조선시대의 문신·천문학자. 서호수는 영조·정조시기 최고의 천문학자로서 『국조역상고國朝曆象考』 (1795), 『동국문헌비고東國文獻備考』 「상위고象緯考」 등 천문역산 서적의 편찬을 주도했다.

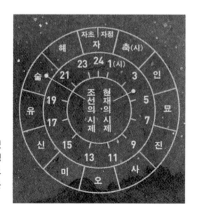

전근대 동아시아의 시법

〈시헌력〉을 시행하기 이전에는 하루를 12시와 100각으로 나누었으나, 그 이후에는 12시와 96각으로 나누었다. 각 시는 초初와 정正으로 등분해 '자초子初(23~24시)', '자정子正(24~1시)' 하는 식으로 불렸다. 1시는 4각이고, 1각은 15분이다. '술정 3각 3분'은 오늘날의 시법時法으로 따지면 대략 오후 8시 48분에 해당한다.

2월 경칩이 청나라에서는 정월 29일 술정戌正(20~21시) 3각 3분 인데, 우리나라에서는 정월 29일 술정 3각 13분이고, 2월 춘분이 청나라에서는 15일 해정亥正(22~23시) 1각 10분인데, 우리나라에서 는 15일 해정 2각 3분이며, … 11월 대설이 청나라에서는 11일 사 초巳初(9~10시) 2각 11분인데, 우리나라에서는 11일 사초 2각 10분 입니다. 여러 군데에서 서로 일치하지 않으니, 그 차이가 10분 이내 일지라도 그 원인을 철저히 규명하지 않을 수 없습니다. 신들이 해 당 추보관推步官*들과 함께 일제히 『역상고성』의 본법에 따라 산가 지를 벌여놓고 상세히 살폈더니, 우리나라 달력의 계산은 모두 『역 상고성』의 본법과 일치했는데, 청나라 달력은 모두 일치하지 않았 습니다. 모두 우리나라 달력에 따라 시행하는 것이 어떻겠습니까?

추보관
역법 계산을 담당한 관상감의 관리

이전까지 조선의 천문학자들은 달력을 만들기 위해 수행한 계산의 결과가 중국의 계산 결과와 다를 경우, 대개 자신들의 계산을 그대로 따르지 않고, 관리를 중국의 흠천감에 보내서 문의했습니다. 그만큼 자신들의 계산 능력에 대해 확신하지 못했기 때문이었습니다. 그런데 정조 말년에 이르러 조선의 천문학자들은 자신들의 계산이 정확하다 는 것을 확신하면서 오히려 중국 측의 계산이 잘못되었다고 비판하게 되었습니다. 이것은 당시 조선의 천문학자들이 『역상고성』의 계산 방 법을 완전히 소화했다는 것을 보여 줍니다. 서호수의 제안은 바로 청 나라 달력 대신에 '우리나라 달력'을 시행하자는 것이었습니다. 정조 는 이를 받아들였습니다.

그러나 이처럼 청나라 달력 대신에 조선 달력을 시행한 것은 정조 말 년에 반짝 시도되고 말았던 것 같습니다. 중국의 제후국인 조선으로서 는 중국의 달력과 다른 독자적인 달력을 마음대로 시행할 수 없었습니 다. 대신 청나라에서 보내 주는 달력을 그대로 시행하는 것이 아니라 조선에서 자체 제작한 달력을 사용하는 것으로서 만족해야 했습니다. 물론 그 달력은 청나라 달력과 차이가 나지 않는 것이어야 했습니다.

〈시헌력〉, 조·청 관계의 표상

〈시헌력〉은 기본적으로 조선과 청나라 사이의 책봉·조공 관계를 표상했습니다. 병인박해丙寅迫害(1866) 때 새남터(용산)에서 순교한 프랑스 선교사 베르뇌Simeon-Francois Berneux(1814~1866) 주교는 파리 외방전교회 신학교장에게 보낸 편지(1865)에서 다음과 같이 말하고 있습니다. "조선에서는 종속의 상징으로 해마다 중국에 가서 그 달력을 받아 와야 합니다."

그러나 조선은 단순히 청나라의 달력을 수용하는 것만으로 만족하지 않았습니다. 조선은 〈시헌력〉을 배워 와 자체적으로 달력을 만들어 냈습니다. 그것은 200여 년 동안 본국력(칠정산)을 독자적으로 제작해 온 전통을 계승한 것이었습니다. 이러한 조선의 달력 제작에 대해서 청나라 조정은 알면서도 모른 척 했던 것 같습니다. 내놓고 허락할 수는 없었지만 조선에 대해서는 특별대우를 해준 셈입니다. 〈시헌력〉은 중국을 중심으로 하는 동아시아 세계에서 조선이 차지하는 위치를 잘 보여 줍니다.

일본인, 최초로 유럽인과 만나다

1543년, 폭풍우가 몰아치던 어느 여름날, 일본 큐우슈우九州의 남쪽 어느 섬마을 바닷가에 커다란 중국 배가 떠밀려 올라왔습니다. 이 배에는 100여 명이 타고 있었는데, 이 중에는 포르투갈 상인이 포함되어 있었습니다. 그렇다면 어떻게 해서 포르투갈 사람들이 먼 일본까지 오게 되었을까요?

중국의 무역선

〈당선도권唐船圖卷〉, 마쯔우라松浦 사료박물관 소장. 당시 동아시아와 동남아시아의 바다에서 활약하던 중국 무역선들. 소속된 지역에 따라 배의 색깔이나 장식에 차이가 있었다. 그림에 나오는 배는 '난징 선(남경선南京船)' 이다.

일본에 온 포르투갈 사람들

가노오 나이젠狩野內膳(1570~1616) 그림, 〈남만인도래도병풍南蠻人渡来圖屏風〉(부분), 16세기, 코오베神戸 시립박물관 소장. 이국적인 건물 앞에서 다양한 옷을 입은 포르투갈 사람들. 빨간 모자에 울긋불긋한 패션이 인상적이다. 검은 모자에 검은 망토를 입은 사람들은 예수회 선교사들이다. 포르투갈 사람들을 시중드는 흑인 노예들도 보인다.

당시 세계 경제의 중심은 아시아, 그중에서도 중국이었습니다. 유럽은 아시아에 수출할만한 경쟁력 있는 상품을 생산하지 못했습니다. 주로 아시아의 상품을 수입했던 것입니다. 그 때문에 만성적인 적자에 시달렸습니다. 이 적자를 메운 것은 바로 아메리카로부터 착취한 막대한 양의 은이었습니다. 유럽 상인들은 아메리카에서 아시아로 은을 열심히 퍼 날랐던 것입니다.

유럽이 그나마 경쟁해 볼만한 분야는 해운업이었습니다. 확실히 조선업은 16세기에 유럽인이 자랑하던 최첨단 산업이었습니다. 그렇지만 18세기까지만 하더라도 유럽은 중국과 인도의 조선술과 항해술을 열심히 모방해야 했습니다. 따라서 포르투갈 상인들이 중국 배를 탔다는 것은 전혀 이상한 일이 아니었습니다.

유럽 상인들은 중국 상인들과 경쟁하면서 아시아 내부의 국가 간 무역에 뛰어들었습니다. 예를 들어, 중국의 상품을 동남아시아로 실어 나르거나 반대로 동남아시아의 상품을 중국으로 실어 나르면서 그 차익을 챙겼던 것입니다. 아시아 지역 간 무역에서 유럽은 톡톡히 재미를 보았습니다. 유럽의 상품을 아시아에 실어다 파는 것보다 훨씬 더 많은 이익을 얻었습니다.

어쨌든 최초로 일본에 표착한 포르투갈 상인과 일본인 사이에 교역이 이루어졌는데, 이때 일본 측이 구입한 물건 중에 조총(화승총)이 있었습니다. 조총이 일본 각지에 퍼져서 전투 방식에 혁신을 가져오고 더 나아가 통일을 촉진시킨 것은 너무도 유명한 일입니다.

이제 포르투갈인들은 일본과의 무역에 관심을 갖게 되었습니다. 왜냐하면 당시 일본은 중국 상품을 가장 많이 수입하는 나라 중에 하나였기 때문입니다. 당시 아시아 지역간 무역의 핵심은 일본과 신세계의 은을 중국으로, 중국의 비단을 일본으로 실어 나르는 것이었습니다. 1557년, 포르투갈이 중국 남쪽의 한 귀퉁이 마카오에 거점을 마련한 것은 다른 이유에서가 아니었습니다. 기본적으로 중·일 무역에서 생기는 이익을 챙기기 위해서였습니다.

상인들의 뒤를 이어 일본에 도착한 사람들은 바로 예수회 선교사들

일본에 온 포르투갈 상선
가노오 나이젠 그림, 〈남만인도래도병풍〉(부분). 당시 일본인들은 16세기 이후에 일본에 온 유럽인 중에 포르투갈·에스파냐 등 가톨릭 국가 사람들을 '남만인南蛮人'이라고 불렀다. 그리고 남만인의 배를 '남만선南蛮船'이라고 불렀다.

마카오

1557년, 포르투갈인들은 중국 관리로부터 마카오澳門에서 거주할 수 있는 권리를 인정받음으로써 동아시아에 무역 거점을 마련할 수 있었다. 마카오의 포르투갈인들은 중국으로부터 1년에 1~2번 교역을 위해 꾸앙똥(광동廣東)에 가는 것을 허락받았다. 그들이 꾸앙똥에서 매입하는 상품들은 주로 일본에 팔기 위한 것이었으므로, 마카오의 무역 활동은 일본 정세에 좌우되는 일이 많았다. 중국의 예수회 선교사들은 마카오에서 선교 자금을 지원받았다. 마카오는 또한 동남아시아와 중국과의 무역을 중계하는 역할을 했다. 1622년, 네덜란드 함대가 마카오를 침공했다. 그림은 네덜란드 함대가 마카오에 함포 사격을 하는 장면을 묘사하고 있다. 산 위에 있는 포르투갈 요새에서도 네덜란드 함대를 향해 대응 사격을 하고 있다. 이 전투에서 네덜란드 함대는 큰 손실을 입고 퇴각했다.

이었습니다. 1549년, 사비에르Francisco Xavier(1506~1552)가 선교 사업을 시작한 이래, 일본은 가톨릭 교회의 신천지가 되었습니다. 1605년, 일본의 천주교 신자는 대략 75만 명이나 되었습니다. 예수회 선교사들이 먼저 도착한 곳은 중국이 아니라 일본이었습니다. 마테오 리치가 마카오를 떠나 처음으로 중국에 들어간 것이 1583년이었으니, 무려

일본인에게 세례를 주는 사비에르

안토니오 다 토레스Antonio da Torres 그림, 18세기, 멕시코 국립미술관 소장. 사비에르가 최초의 일본인 개종자에게 세례를 주는 장면을 묘사하고 있다.

로욜라와 사비에르

교토 대학 도서관 소장. 그림의 아래에 있는 두 인물 중 왼쪽에 있는 사람이 로욜라, 오른쪽에 있는 사람이 사비에르다.

34년이나 차이가 나는 셈이죠. 게다가 중국의 가톨릭 신도 수도 일본보다 훨씬 적었습니다. 그렇다면 서양 천문학의 수용도 일본이 중국보다 더 빨랐어야 되지 않을까요? 그러나 실제로는 그와 정반대였습니다.

왜 일본은 서양 천문학을 늦게 수용했는가?

중국의 예수회 선교사들과 달리 일본에 파견된 선교사들은 고도로 전문적인 천문학 지식을 필요로 하지 않았습니다. 천문학이 관료제 속에 뿌리를 내린 중국과는 달리, 16세기의 일본은 전란의 시대로서 고도의 천문학 지식을 받아들일만한 전문가 집단이 거의 존재하지 않았습니다. 중국과는 달리 천문학이 포교의 도구가 될 수 없었던 것입니다.

리치는 중국에서 주로 사대부들에게 접근했지만 일본에서 선교사들은 주로 민중들을 대상으로 선교 활동을 벌였습니다. 물론 지배층인 무사들도 포교의 대상이었고, 최상층 무사라고 할 수 있는 다이묘大名* 중에서도 가톨릭 신자가 된 사람도 있었습니다. 예를 들어, 조선 침략의 선봉장이었던 고니시 유키나가小西行長(1555?~ 1600)*는 독실한 가톨릭 신자였습니다. 그런데 다이묘들은 천문학 따위에는 관심이 없었습니다. 천문학이 돈 버는 것과는 무관했기 때문이었죠. 그들이 가톨릭으로 개종한 이유는 대체로 신앙을 갖고 있는 것이 유럽 상인들과 무역하는 데 편리했기 때문이었습니다.

서양 천문학의 수용을 늦추게 했던 보다 근본적인 원인은 도쿠가와 막부의 대외 정책에 있었습니다. 막부는 천주교(가톨릭) 신자들이 막부의 권위를 무시하거나 반란을 일으키지 않을까 경계했습니다. 특히 가톨릭의 배후에 포르투갈과 에스파냐가 있다는 사실에 주목했습니다. 당시 유럽과 아시아에서는 가톨릭 국가들(에스파냐, 포르투갈 등)과 프로테스탄트 국가들(영국, 네덜란드 등) 사이에 전쟁이 한창 진행 중이었

다이묘
영지가 1만 석石 이상인 봉건 영주를 '다이묘'라고 한다. 다이묘는 가신단家 臣團을 거느리고 자신의 영지를 다스렸다. '석石'이란 쌀 수확량을 기준으로 다이묘 간 서열을 정하는 단위다.

고니시 유키나가
일본 전국시대의 다이묘. 도요토미 히데요시의 가신. 조일전쟁에도 참전했다. 세키가하라 전투에서 도쿠가와 이에야스에게 패배했다. 그는 기독교 신앙 때문에 할복 자살을 택하지 않고 참형을 받아들였다.

시마바라의 난

〈시마바라합전도병풍島原合戰圖屛風〉(부분), 1837년, 아키즈키秋月 향토관 소장. 1637년, 큐우슈우의 시마바라島原와 아마쿠사天草의 농민들은 영주의 가혹한 착취와 기독교 탄압에 저항해 무장 봉기를 일으켰다. 1638년, 막부는 12만 대군을 보내 하라성原城에 농성하고 있는 3만 명의 농민군을 전멸시킴으로써 농민 봉기를 평정할 수 있었다. 그림의 오른쪽에서 농민들이 성벽 위에서 돌을 던지고 창으로 찌르면서 토벌대와 격렬하게 싸우고 있다.

농민군의 깃발

깃발 속에서 두 명의 천사가 성배를 향해 예배드리고 있다.

습니다. 아시아 무역의 후발 주자였던 네덜란드 상인들은 가톨릭과 가톨릭 국가들에 대한 막부의 불안을 부추겼습니다. "예수회는 종교의 신성함을 핑계 삼아 일본인을 자신들의 종교로 개종시키고, 일본을 분열시키고 내전으로 몰아넣으려고 합니다." 반면에 자신들은 포교에는 관심이 없고 오로지 무역에만 관심이 있다는 점을 강조했습니다.

막부는 천주교 신자들을 잔혹한 방법으로 탄압했습니다. 그 과정에서 천주교 신자들이 주도하는 대규모 봉기가 일어나기도 했습니다. 1637년 무렵, 그 수가 30만 명 정도로 추정되었던 가톨릭 신자들 가운데 절반이 처형당하거나 신앙을 버렸습니다. 그 후 얼마 안 가서 일본에서 천주교 신자가 거의 소멸되었습니다. 살아남은 사람들은 해외로 피신하거나 지하로 잠복할 수밖에 없었습니다.

후미에

〈피에타(후미에 예수상)〉, 도쿄 국립 박물관 소장

후미에 밟기

〈후미에 그림〉, 네덜란드, 라이덴Leiden 국립 민족학 박물관 소장.
십자가나 메달을 새겨 놓고 기독교 신자로 의심되는 사람들로 하여
금 밟게 한 판때기를 '후미에踏み繪'라고 한다. 후미에는 막부의 수
사관들이 잠복한 기독교 신자들을 가려내기 위해 고안한 장치였다.
후미에는 배교자들이 기독교 신앙을 버렸다는 것을 증명하는 수단이
기도 했다.

천주교 박해와 거의 동시에 진행되었던 것은
이른바 '쇄국'이었습니다. 우선 일본인이 해외
로 나가는 것을 금지하고 이를 어기는 자들을
사형에 처한다는 법을 반포했습니다. 그리고 에
스파냐와 포르투갈인들을 추방하고 그들과의
무역을 단절했습니다. 이러한 막부의 조치에 네
덜란드인들이 환호한 것도 잠시뿐이었습니다.
막부는 네덜란드 상인들에게 통상을 허용하기
는 했으나 엄격하게 통제를 가했습니다. 네덜란
드인들은 사실 오랫동안 일본 무역을 독점할 수
는 있었습니다. 그러나 그들의 무역 활동은 나
가사키長崎 한 곳으로 제한되었고, 그나마도 막
부의 관리들에게 의해 철저하게 감시당해야 했습니다. 이후 나가사키
는 일본이 중국과 네덜란드와 교역하는 유일한 창구가 되었습니다.

사람에 대한 통제와 동시에 실시된 것은 바로 책에 대한 통제였습니
다. 이른바 '금서禁書' 정책. 금지의 대상이 되었던 책들은 주로 예수
회 선교사들이 한문으로 저술하거나 번역한 책들이었습니다. 중국과
의 무역은 유럽과의 무역보다 상대적으로 더 자유로웠기 때문에, 불온
한 한문 서적들이 중국에서 수입된 상품들 틈에 끼어서 일본에 침투할
가능성이 있었습니다. 『천주실의』와 같은 종교 서적뿐만 아니라 『천문
략』이나 『건곤체의』 같은 과학 서적들도 검열의 대상이 되었습니다.
이러한 상황은 1721년에 제8대 쇼오군 도쿠가와 요시무네德川 吉宗(재
위1716~1745)가 금서 정책을 완화할 때까지 계속되었습니다. 그 결과
일본의 서양 천문학 수용은 중국과 조선에 비해서 100년 이상 늦을 수
밖에 없었습니다.

서양 천문학으로 역법을 개혁하려던 요시무네

도쿠가와 요시무네는 역대 쇼오군 중에 가장 훌륭한 쇼오군으로 평가 받는 인물입니다. 그가 즉위할 당시 막부는 사치와 대외무역 적자 때문에 심각한 재정 적자에 시달렸습니다. 요시무네는 개혁을 통해서 막부의 재정을 재건하려고 했습니다. 특히 무역 불균형을 바로잡기 위해 중국에서 들여오는 상품의 수입을 억제했습니다. 그 대신 그동안 수입에 의존해왔던 물품(비단, 약재 등)의 국내 생산을 늘리려고 했습니다. 그러한 목적을 실현하기 위해 중국으로부터 전문가를 초빙했습니다. 그리고

개혁의 군주, 도쿠가와 요시무네
〈도쿠가와 요시무네의 초상화〉, 도쿠가와 기념재단 소장

나가사키를 통해 수입되는 서적에 대한 규제를 완화했습니다. 이때부터 네덜란드어로 된 서양 과학책들이 본격적으로 들어온 것은 물론 한문으로 번역된 서양 과학책들이 '합법적으로' 수입되었습니다. 더 나아가 요시무네 자신이 서양 문물, 특히 서양 천문학에 관심을 갖게 되었습니다.

요시무네는 수학자의 지도를 받아 천문역산학을 공부했고 학자들을 시켜 메이 원뗑의 천문학 전집을 번역하게 했습니다. 그리고 에도江戶 성 안에 천문기계를 설치하게 했습니다. 요시무네는 서양 천문학의 성과에 의거해 역법을 개정하고 싶어 했습니다. 그러나 요시무네의 집권기 내내 달력과 천상과의 오차가 발견되지 않았습니다. 천상과의 불일치는 개력의 동기가 아니었던 것입니다. 그렇다면 왜 굳이 개력을 추진하려고 했을까요? 아마도 요시무네는 비록 체계적으로 서양 천문학을 공부하지는 못했지만, 한문으로 번역된 서양 과학책들을 접하면서 서양 천문학이 전통 천문학보다 더 우수하다는 확신을 가졌던 것 같습니다.

개력 사업이 본격적으로 시작된 것은 1740년대였습니다. 그러나 당

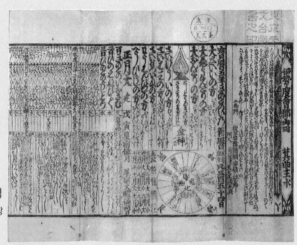

호오레키 5년의 달력
도쿄, 국립천문대 미타카三鷹 도서실 소장

달력의 오른쪽 부분에 적힌 내용을 정리하면 다음과 같다.

행	원 문	해 석
제1행	伊勢島會郡山田 箕曲圭水	이세국伊勢國 와타라이 군島會郡 야마다 마찌山田町 미노와箕曲 주수
제2행	土御門 從三位 陰陽頭 安倍泰邦 門生 澁川 圖書 天文生 源光洪	토어문 종삼위 음양두 아베 야스쿠니安倍泰邦 문생 시부카와澁川 도서 천문생 미쯔히로光洪
제3행	寶曆五年きのとのい乃新曆 尾宿植年 凡三百五十四日	호오레키 5년 을해乙亥 신력 / 미수尾宿에 해당하는 해 총 354일

첫 번째 행은 달력의 출판 장소와 그것을 출판한 사람을 기록한 것이다. 원래 달력의 인쇄는 교토의 토어문가가 담당했지만, 교토에서 발행되는 달력만으로는 전국 각지의 수요를 만족시킬 수 없었다. 그래서 일부 지역에서는 토어문가로부터 원고를 받아 와 지역 실정에 맞는 달력을 만들었다. 사진에 속의 달력은 이세신궁伊勢神宮에서 발행된 '이세력伊勢曆'이다. '이세력'은 에도시대에 가장 인기리에 판매된 달력이었다. 두 번째 행에는 토어문가의 아베 야스쿠니安倍泰邦(1711~1784)의 서문이 있고, 막부의 천문방 시부카와 미쯔히로澁川光洪(1722~1771)가 그 뒤를 이어 이름을 기록하고 있다. 흥미로운 것은 미쯔히로를 야스쿠니의 "문생門生"이라고 표기하고 있다는 점이다. 이것은 토어문가가 천문방보다 우위에 서서 달력 제작을 주도했다는 사실을 보여 준다. 세 번째 행에서는 달력이 발행된 해를 표기하고 있다.

시 에도에는 서양 천문학을 제대로 이해하고 있는 사람이 없었습니다. 그래서 요시무네는 나가사키에서 니시카와 마사요시西川正休(1693~1756)를 불러 새로운 천문방의 책임자로 앉히고 개력을 추진하게 했습니다. 그러나 마사요시는 서양 천문학의 해설가로 유명했지만 역법 제작의 실무에는 밝지 못했습니다.

개력 사업이 지지부진하던 차에, 요시무네가 죽자(1751), 교토의 토어문가로부터 반격이 시작되었습니다. 죠오쿄오 개력 이래 달력 제작의 실권은 토어문가로부터 에도의 천문방에게 넘어간 상황이었습니다. 토어문가는 요시무네의 죽음으로 천문방의 힘이 약화된 틈을 타서 달력 제작의 주도권을 탈환하려고 했습니다. 결국 토어문가가 주도해 개력이 추진되었고, 호오레키寶曆 5년(1755)부터 새로운 역법이 시행되었습니다. 이것이 바로 〈호오레키력寶曆曆〉입니다.

그러나 〈호오레키력〉은 완전히 〈죠오쿄오력〉의 아류로서 그 천문상수를 약간 수정한 것에 지나지 않았습니다. 관측에 의거하지 않고 상수만 조작한 것이기 때문에, 개량이라기보다는 개악에 가까운 역법이었습니다. 호로레키 개력은 토어문가의 세력 만회를 위한 것으로 과학적으로는 전혀 의미가 없었습니다. 요시무네가 의도했던 서양 천문학의 도입은 거의 이루어지지 않았던 것입니다.

호오레키 5년 달력의 표지
도쿄, 국립천문대 미타카 도서실 소장. 달력은 여러 단으로 접어서 휴대 · 보관할 수 있었다.

일식 예보의 실패, 〈호오레키력〉의 수정

호오레키 13년(1763), 즉 〈호오레키력〉이 시행된 지 9년째 되던 해 9월 초하루에 부분일식이 일어났습니다. 그런데 호오레키 13년의 9월 1일자 달력에서는 일식 자체가 예보되어 있지 않았습니다. 일식이 발생하던 시각에 날씨가 맑았기 때문에 〈호오레키력〉의 오류는 유난히 돋보일 수밖에 없었습니다. 막부로서는 이러한 오류를 그냥 방치할 수 없었습니다. 그 다음해에 곧바로 역법의 수정 사업에 착수한 것입니다.

메이와 8년의 달력

도쿄, 국립천문대 미타카 도서실 소장. 〈수정 호오레키력〉은 〈호오레키갑술원력寶曆甲戌元曆〉이라고도 한다.

〈호오레키력〉 수정 사업을 추진한 것은 막부의 천문방이었습니다. 일식예보 실패에 책임이 있는 토어문가로서는 또다시 주도권을 천문방에게 넘겨줄 수밖에 없었습니다. 반면에 천문방은 이 수정 사업을 통해서 토어문가와 대등한 위치에 설 수 있게 되었습니다.

6년 동안 지속되었던 역법 수정 사업은 메이와明和 7년(1770)에 완성되었습니다. 그 다음해부터 수정된 〈호오레키력〉에 의거한 달력이 시행되었으니, 이것이 '메이와 8년의 달력'입니다. 〈수정 호오레키력修正寶曆曆〉은 1771년부터 1797년까지 26년 동안 사용되었습니다. 〈죠오쿄오력〉이 70여 년 동안 사용된 것에 비하면 대단히 짧은 기간인 셈입니다.

〈수정 호오레키력〉은 〈호오레키력〉과 마찬가지로 〈죠오쿄오력〉의 아류로서 천문상수만 개정한 것에 지나지 않았습니다. 그래서 '수정'이라는 수식어가 붙은 것입니다. 조잡하나마 관측에 의거해 동지 시각과 1태양년의 일수 등을 개정하기는 했지만, 이 1태양년의 일수로서 채택된 수치는 〈죠오쿄오력〉과 〈호오레키력〉의 평균값과 거의 일치했습니다.

그러나 역법 수정 사업이 진행되는 과정에서 항상 천체를 관측하고 그 기록을 보존할 필요성을 인식하게 되었습니다. 이 수정 사업을 위해 막부는 역법 제작을 전담하는 관청을 설치하고(1765) 여기에서 필요한 관측도 실시하게 했습니다. 수정 사업이 끝난 후에도 이 관청은 천문대 조직으로 재편되어 항상 관측을 행하게 되었습니다. 이것이 바로 막부가 설치한 최초의 상설 천문대 조직이었습니다. 그 이전까지는 일시적으로 천문대를 설치했다가 개력 사업이 끝나면 곧바로 폐지해 버렸던 것입니다. 상설 천문대의 설치는 이후 정확한 역법 제작을 위한 토대가 되었습니다.

간천의의 고리 사이로 후지산을 바라보다

가쯔시카 호쿠사이葛飾北齋(1760~1849) 그림, '토
리고에鳥越의 후지산', 〈부악백경富嶽百景〉(1835),
찌바 시千葉市 미술관 소장. 아마쿠사 천문대의 간
천의를 묘사한 그림.

간천의

상한의

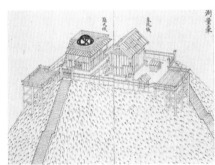

아사쿠사의 천문대

도쿄, 국립천문대 미타카 도서실 소장. '측량대測量臺', 『관정역서寬政曆書』(1844)에
수록된 그림. 측량대는 막부의 천문대로서 요시무네가 물러난 지 40여 년 후(1780
년대)에 아사쿠사淺草에 설치되었다. 천문대의 설계는 요시무네가 집권하던 시기에
이루어졌다. 왼쪽에 설치된 것이 간천의簡天儀, 오른쪽에 설치된 것이 상한의象限儀
다. 간천의는 중국식 천문기계이지만 상한의는 서양식 천문기계다.

　원래 막부는 요시무네가 생전에 이루지 못한 뜻을 반드시 관철시키
겠다는 각오로 역법 수정 사업에 임했습니다. 그러나 서양 천문학에
능통한 인재를 얻지 못했고, 개력을 위한 여건도 무르익지 않았기 때
문에, 미온적인 수정 작업에 머물 수밖에 없었습니다. 따라서 막부가
머지않아 개력을 추진하리라는 것은 명백했습니다. 그러한 목적에서
상설 천문대 조직을 운용하고 아마쿠사淺草에 천문대를 건설했던 것
입니다.

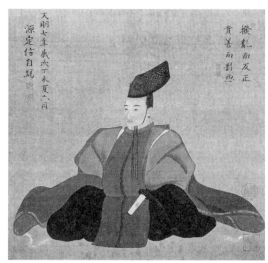

개혁 정치가, 마쯔다이라 사다노부

〈마쯔다이라 사다노부의 자화상〉, 1787년, 찐코쿠슈코쿠 신사鎭國守國神社 소장. 사다노부가 막부의 정치를 총괄하는 로오쥬우(노중老中)에 취임할 당시에 그린 그림. 그림 오른쪽 위에 적혀있는 "난리가 발생한 원인을 규명해 올바른 정치를 회복한다[撥亂而反正]. 착한 사람에게는 상을 주고 악한 사람에게는 벌을 내린다[賞善而罰惡]"라는 글에서 30세의 청년 정치가의 패기를 느낄 수 있다. 청렴한 도덕주의자 사다노부는 긴축재정과 농촌 재건, 풍속과 사상에 대한 통제를 특징으로 하는 복고적인 개혁을 추진했으나 6년 만에 물러나야 했다. 사다노부가 개력을 발의한 것은 할아버지 요시무네의 유지遺志를 받들기 위해서였다. 사다노부는 비록 사상 통제 정책을 실시하기는 했으나 그 자신은 서양 천문학에 대해 관심이 많았다.

당시 천문방의 당면 과제는 태양과 달의 위치 계산을 더욱 정밀하게 하고 그때까지 손도 대지 못했던 다섯별의 위치 계산도 정확하게 할 수 있는 새로운 역법을 제작하는 일이었습니다. 이러한 과제를 실현하기 위해서는 서양 천문학의 성과를 도입하는 것 외에 방법이 없다는 것이 당시 일본 천문학자들의 공통된 견해였습니다. 그들은 중국과 조선에서 서양 천문학에 의거해 달력을 제작하고 있다는 사실을 잘 알고 있었습니다. 그러나 1789년, 요시무네의 손자로서 막부의 요직에 취임했던 마쯔다이라 사다노부松平定信(1759~1829)가 개력을 발의할 당시, 천문방에서는 개력을 추진할만한 인재가 없었습니다. 따라서 서양 천문학에 정통한 전문가를 외부에서 영입할 수밖에 없었습니다.

칸세이 개력 — 서양 천문학에 의거해서 역법을 개정하다

호오레키 13년 9월의 일식이 일어나기 1년 전에 이 일식을 거의 정확하게 예측한 사람들이 있었습니다. 그중에는 당시 젊은 아마추어 천문학자였던 아사다 고오류우麻田剛立(1734~1799)도 있었습니다. 아사다는 원래 어떤 다이묘 밑에 있던 의사였지만 역법 연구에 전념하기 위해 의사직을 버리고 오사카에 숨어 살았습니다. 이곳에서 그는 여러 제자들을 거느린 이른바 '아사다 학파'의 우두머리가 되었습니다. 아사다의 제자 중에 가장 뛰어난 인물은 타카하시 요시토키高橋至時(1764~1804)와 하자마 시게토미間重富(1756~1816)였습니다. 특히 시게토미는 오사카의 부유한 상인으로서 아사다 학파의 후원자 역할도 했습니다.

아사다 학파는 『숭정역서』·『역상고성』 등 서양 천문학 서적을 연구했습니다. 특히 시게토미가 거금을 들여 입수한 『역상고성후편』은 당시 일본에서 구하기 힘든 책이었습니다. 그들은 그때까지 일본에 알려져 있지 않았던 태양과 달의 타원운동 이론을 연구하는 데 몰두했습니다.

『역상고성후편』 표지

『어제역상고성후편御製曆象考成後編』 서권序卷·권1·권2의 표지, 필사본, 1830년, 오사카 시립 과학관 소장

『역상고성후편』 권9의 목차

도쿄, 국립천문대 미타카 도서실 소장. 요시토키의 도장 '高橋印', '至時印'이 찍혀 있다.

『역상고성후편』에 수록된 타원궤도의 그림

『어제역상고성후편』 권1에 수록된 타원궤도의 그림, 필사본(1830), 오사카 시립 과학관 소장

아사다의 명성은 널리 퍼져서 막부의 귀에까지 들리게 되었습니다. 막부에서는 개력 사업에 참가시키기 위해 아사다를 불렀으나, 이미 60대의 노인이었던 아사다는 초청을 고사하고 대신 제자 요시토키와 시게토미를 추천했습니다. 이에 막부는 아사다의 요청을 받아들여 요시토키를 천문방에 임명하고, 시게토미를 아사쿠사 천문대의 관리로 임명했습니다(1795). 시게토미가 요시토키에 비해 낮은 관직에 임명된 것은 무사가 아니라 상인이었기 때문이었습니다.

어쨌든 시게토미와 요시토키는 서로 협력하면서 개력을 추진했습니다. 이들이 역법 제작의 이론적 토대로 삼았던 것은 『역상고성후편』이었습니다. 역법 계산에 케플러의 타원궤도 모델이 적용된 것은 물론입니다. 그 결과 칸세이寬政 9년(1797)에는 개력이 완료되었고, 그 다음해부터 새로운 역법에 의거해 달력을 제작했습니다. 이 역법이 바로 〈칸세이력寬政曆〉입니다. 〈칸세이력〉은 1798년부터 1844년까지 46년 동안 사용되었습니다.

중국에서 〈시헌력〉이 처음 시행된 것은 1646년, 조선에서 〈시헌력〉이 처음 시행된 것은 1653년이다.

〈칸세이력〉은 서양 천문학에 의거해서 제작된 최초의 일본 역법입니다. 서양 천문학의 수용 시점이라는 측면에서 평가한다면 분명히 일본은 중국과 조선보다 대략 150년 정도 뒤졌다고 볼 수 있습니다. 그러나 서양 천문학을 먼저 배운 중국과 조선이 『역상고성후편』 단계에서 멈춰 섰다고 한다면, 늦깎이로 배운 일본은 한 걸음 더 나아가게 됩니다.

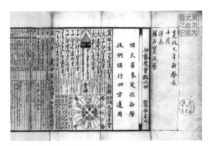

칸세이 10년의 달력
도쿄, 국립천문대 미타카 도서실 소장

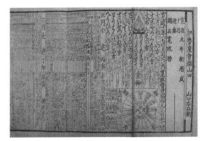

칸세이 11년의 달력
칸세이 11년(1799)의 달력, 오사카 시립 과학관 소장

요시토키, 서양 언어로 된 서양 과학책을 읽다

〈칸세이력〉은 태양과 달에 대해서는 『역상고성후편』에 따라 타원궤도를 도입했지만 다섯별에 대해서는 타원궤도를 적용하지 못하고 주전원을 사용해야 했습니다. 타카하시 요시토키는 바로 이점에 주목했습니다. '태양과 달에 대해서와 마찬가지로 다섯별에 대해서도 타원궤도를 적용해야 일관성 있는 역법이 될 수 있지 않을까?' 요시토키는 『역상고성후편』에 결여되어 있었던 타원궤도에 의한 행성 운동 이론을 자신이 직접 규명해 보리라고 생각했습니다. 네덜란드어를 체계적으로 배우지 못해 잘 읽지는 못했지만 네덜란드어로 된 서양 과학책도 열심히 읽었습니다. 여기에서 주목할 만한 것은 바로 요시토키가 스스로의 힘으로 서양 언어로 된 서양 과학책을 읽었다는 사실입니다. 이것은 중국이나 조선의 학자들이 전혀 시도해 보지 않은 일이었습니다. 어떻게 해서 요시토키는 한문으로 번역되지 않은 서양 과학책을 직접 읽어볼 생각을 해낼 수 있었을까요?

나가사키의 네덜란드인

17세기의 네덜란드는 유럽 경제의 중심이었습니다. 특히 네덜란드의 동인도 회사는 아시아 무역의 개척자 포르투갈 상인들을 밀어내고 유럽과 아시아 간 무역을 독점했습니다. 1639년, 일본에서

네덜란드의 승리
J. T. 데 브리de Vree, 『동인도』, 제7부. 파리 국립도서관 소장. 1602년 10월, 말라카 근처의 바다에서 포르투갈의 거대한 배가 영국과 네덜란드의 작은 배들의 공격을 받고 있다. 포르투갈의 카라크carrack선은 당시 유럽에서 가장 큰 배였으나 빨리 움직일 수 없었고 대포를 효과적으로 사용할 수 없었다. 반면에 영국과 네덜란드의 배는 가볍고 기동성이 뛰어났기 때문에 전투에서 훨씬 유리했다. 16세기 말과 17세기 초반에 영국과 네덜란드인들은 세계 각지에서 스페인과 포르투갈의 상선들을 습격해서 막대한 양의 화물을 약탈했다.

바타비아 : 네덜란드 동인도 회사의 거점

존 웰즈John Wells 그림, 〈바타비아의 풍경〉(1800), 대영 도
서관 소장. 1619년, 네덜란드 동인도 회사는 자바 섬의 바타
비아Batavia(오늘날의 자카르타)에 요새화된 무역 거점을 건설했
다. 바타비아는 네덜란드가 강대국의 지위를 유지할 수 있는
막대한 경제적 이익을 가져다 주었다.

나가사키와 데지마

〈나가사키 항 그림長崎港圖〉, 코오베 시립박물관 소장. 나
가사키 항에 두 척의 네덜란드 배와 4척의 중국 배가 입
항하고 있다. 그림에서 가운데 왼쪽에 부채꼴 모양의 섬
이 데지마다.

데지마

카와하라 케이가川原慶賀 그림, 〈나가사키 데지마 그림長崎出島之圖〉, 1830년 무렵, 독일, 만하임, 라이스Reiss 박
물관 소장. 나가사키의 화가 카와하라 케이가의 작업실에서는 데지마를 소개하는 다양한 그림들을 그렸는데, 이
그림들은 유럽에까지 유포되었다. 데지마는 부채꼴 모양으로 길이가 180미터, 폭이 60미터 정도였다. 데지마에
상륙한 네덜란드인들은 좀처럼 주어지지 않는 특별 허가 없이는 육지로 나갈 수 없었다. 일본인들도 관리·통
역·상인·유녀遊女 외에는 섬 안에 들어가는 것이 금지되었다.

포르투갈 배의 내항을 금지하는 법령이 발표되자, 네덜란드는 일본에
서 무역을 허락 받은 유일한 유럽 국가가 되었습니다. 그러나 1641년
에 네덜란드인들은 나가사키 항의 인공섬인 데지마出島로 강제로 이
주당해야 했습니다.

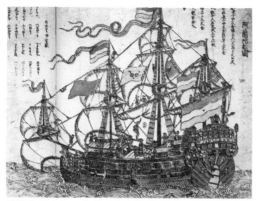

일본인 화가가 그린 네덜란드 배

〈네덜란드 배 그림阿蘭陀船圖〉, 판화. '오란다阿蘭陀'는 네덜란드를 가리키는 일본말이다. 그림에서 메인마스트main mast에 걸린 'V자'가 그려진 오렌지색 깃발이 돋보인다. 오렌지색은 네덜란드 왕실의 상징이고, 'VOC'는 네덜란드 동인도 회사의 약자이다. 네덜란드는 전 세계에서 가장 자유로운 상인들의 나라였다. 네덜란드 배는 여름 계절풍과 함께 7월에 나가사키에 입항했다가 11월에 다시 가을 계절풍을 타고 바타비아로 출항했다.

도쿠가와 쯔나요시

〈도쿠가와 쯔나요시의 초상화〉, 도쿠가와 미술관 소장. 제5대 쇼오군. 네덜란드인들을 마치 원숭이 취급하듯 무례하게 대했던 쯔나요시는 일본을 방문한 중국 승려들에게는 깍듯하게 경의를 표했다. 그는 중국 문화를 배우려고 애쓰는 진지한 학생이었으며 자신의 중국 고전 지식을 자랑스럽게 생각했다.

네덜란드 배들은 오직 나가사키 항에만 들어올 수 있었고, 네덜란드인들은 오직 데지마에서만 생활해야 했습니다. 그리고 막부의 관리로부터 일거수일투족을 감시당해야 했습니다. 말레이나 자바에서 주인 행세를 했던 네덜란드인들은 일본에서는 야만인 취급을 당해야 했습니다. 네덜란드 상관장商館長*로서 도쿠가와 쯔나요시德川綱吉(재위 1680~1708)를 알현했던 켐퍼Engelbert Kaempfer(1651~1716)*는 쇼오군 앞에서 몇 시간 동안 광대 짓을 하도록 강요당했습니다. 네덜란드인들이 지루하고 불편하기 짝이 없으며 굴욕적이기까지 했던 데지마의 생활을 감수했던 이유는 일본과의 무역에서 얻는 이익이 매우 컸기 때문이었습니다.

네덜란드 동인도 회사가 벌어들이는 이익 중에 일본-네덜란드 간 직접 교역이 차지하는 비중은 그리 크지 않았습니다. 동인도 회사가 주력했던 것은 아시아 역내 무역이었습니다. 무역이 최고조에 달했던 17

상관장
네덜란드 동인도 회사에서 파견되어 데지마에 체류하는 사람들을 지휘하는 직책을 '네덜란드 상관장'이라고 한다. 상관장의 가장 중요한 임무는 네덜란드 동인도 회사를 대표해서 매년 11월마다 쇼오군을 알현하는 일이었다.

켐퍼
네덜란드의 상인으로 데지마의 상관장(1690~1691)을 역임했다.

세기에 네덜란드인들이 일본에 팔기 위해 중국에서 구입한 상품 중에 가장 중요한 품목은 비단이었습니다. 일본인들은 처음에는 은으로, 17세기 중반 이후에는 구리로 대가를 지불했습니다. 17세기 초반에 해외로 수출된 중국산 비단의 20퍼센트는 일본으로 향했습니다. 1560 년과 1640년 사이에 일본은 전 세계 은 생산량의 30퍼센트를 공급했습니다. 이 은의 대부분은 중국 상품을 구입하는 데 투자되었습니다. 네덜란드는 중국─일본 간 무역 노선에 끼어들어 일종의 거간꾼으로 한 몫 잡을 수 있었습니다.

18세기에 들어와 일본과 네덜란드 간의 무역량은 점차 감소하는 추세에 있었습니다. 그럼에도 불구하고 일본과 네덜란드와의 무역은 계속되었습니다. 그렇다면 일본이 200년이 넘도록 네덜란드와의 무역을 유지한 이유는 무엇이었을까요? 네덜란드와의 무역에서 생기는 이익이 매우 컸기 때문이었을까요? 더 나아가 다른 유럽인들은 다 추방하고도 오직 네덜란드인만 추방하지 않은 이유는 무엇이었을까요?

200여 년 내내 나가사키에 닻을 내린 네덜란드 배는 대체로 1년에 여덟 척을 넘지 않았습니다. 그러나 17세기 당시 나가사키의 중국 배는 1년에 80~200척이나 되었습니다. 나가사키 무역은 사실상 대對 중국 무역이었습니다. 아시아 역내 무역에서, 중일 무역에서 네덜란드가 차지하는 비중은 대단히 적었던 것입니다. 켐퍼가 지적했듯이, "네덜란드인들로부터 한 해 동안 수입하는 양보다 더 많은 양의 비단과 각종 재료가 이 나라에서는 일주일 만에 소비되었던" 것입니다.

나가사키에 도착한 네덜란드 배의 선장들은 막부의 관리들에게 유럽 정세에 대한 보고서를 제출해야 했습니다. 이것이야말로 일본이 네덜

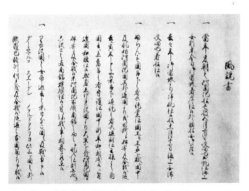

네덜란드 상관장이 막부에게 제출한 보고서
에도 도쿄 박물관 소장. 네덜란드 상관장이 네덜란드 통사의 번역을 거쳐 막부의 관리에게 제출한 해외 정보를 '풍설서風說書'라고 한다. 사진의 풍설서는 1797년의 것으로, 현존하는 유일한 원본이다. 제1 조에서는 네덜란드 배가 바타비아로부터 도착했다고 보고하고, 제3 조에서는 프랑스 혁명 이후의 유럽 사정을 서술하고 있다.

란드와의 교역을 유지한 가장 중요한 이유였습니다. 막부는 네덜란드인들을 계속 묶어둠으로써 세상의 반대편에서 일어나고 있는 일들을 알아낼 수 있으리라고 기대했습니다. 17세기에 이미 일본인들은 유럽의 정치적 동향에 대해서 관심을 가졌던 것입니다. 18세기가 되면서 일본인들은 유럽의 과학, 특히 의학과 천문학에 대해서도 관심을 가지게 되었습니다.

난학 — 네덜란드어를 통해 서양 과학을 배우다

네덜란드와 교역을 하게 되자 일본인들도 네덜란드어를 배울 필요가 있다고 생각하게 되었습니다. 그 때문에 나가사키에는 네덜란드어를 익혀서 네덜란드인과 의사소통을 하고 네덜란드 책을 번역하는 전문가 집단이 생겨나게 되었습니다. 이 전문가 집단을 '네덜란드 통사通詞'라고 불렀는데, 네덜란드 동인도회사와의 교류를 위해 약 20개의 집안이 대대로 통역 업무에 종사했습니다. 이들은 막부의 관리로서 무역·외교·문화교섭 등의 사무를 담당했습니다.

흥미로운 것은 네덜란드인들이 일본어를 배우지 못하게 했다는 사실입니다. 이것은 외국인들이 일본 사정에 대해서 지나치게 많이 아는 것을 막기 위한 조치였습니다. 중국어를 익힌 서양 선교사들로부터 서양 사정을 알아내는 것으로 만족했던 중국이 서양 언어를 배울 필요를 전혀 못 느꼈던 것과는 정반대의 태도였습니다. 서양 세력이 침략해올까봐 전전긍긍했던 나라와 그럴 필요를 전혀 느끼지 못했던 나라와의 차이입니다. 이러한 차이는 결과적으로 두 나라의 서양 과학 수용에 대한 태도에도 영향을 주었습니다.

어쨌든 네덜란드 통사의 활약으로 서양 사정이 일본인들에게 조금씩 알려지게 되었습니다. 그리고 18세기에 들어와서 네덜란드(유럽)의 과학·기술에 대한 관심은 증가하게 되었습니다. 이것은 실용적인 학문,

스기타 겐파쿠

이시카와 타이로石川大浪(1765~1817) 그림, 〈스기타 겐파쿠의 초상화〉, 비단채색, 1812년, 와세다 대학 도서관 소장. 1771년 어느 날, 겐파쿠와 동료들은 사형수의 시체를 해부하는 작업을 감독했다. 그들은 네덜란드어 해부학 책을 들고 있었는데, 이 책에는 인체 각 부분에 대한 그림과 명칭이 나와 있었다. 이 작업을 통해서 겐파쿠와 친구들은 옛 중국 의학 이론이 그들이 직접 경험한 내용과 일치하지 않다는 것을 발견했다. 반면에 서양 해부학 책은 실제로 그들이 본 것과 일치했던 것이다. 이 사건을 계기로 해서 겐파쿠와 친구들은 네덜란드어 스터디 그룹을 조직하고 네덜란드어 해부학 책을 번역하기 시작했다.

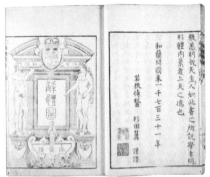

『해체신서』의 속표지 그림

오다노 나오타케小田野直武(1750~1780) 그림, 와세다 대학 도서관 소장

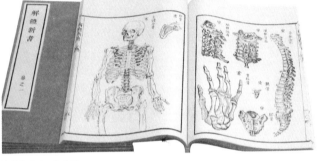

『해체신서』의 삽화

오다노 나오타케 그림, 도쿄, 국립과학박물관 소장. 나오타케는 겐파쿠의 요청으로 『해체신서』의 속표지 그림과 삽화를 그렸다. 그는 서양회화 기법을 자기 것으로 소화해 일본 전통 회화와 서양화를 융합한 스타일을 확립했다. 『해체신서』는 독일인 쿨무스Johann Adam Kulmus(1689~1745)의 『해부학도표Anatomische Tabellen』(1722)를 네덜란드어로 번역한 책(1734)을 번역한 것이다. 겐파쿠는 죽을 때까지 독일어 원전의 존재를 몰랐다.

특히 의학과 천문학 분야에서 새로운 지식을 추구하는 지적 경향을 반영한 것입니다. 그 결과 네덜란드어로 된 책을 통해 서양 과학을 배우는 학문, 즉 '난학蘭學', 혹은 '양학洋學'이라는 학문이 에도에서 탄생하게 되었습니다. 쇼오군 요시무네가 네덜란드어 학습을 장려한 것도 난학이 발전하는 데 한 몫 했습니다. 난학은 점차 일본의 일부 지식인들 사이에서 유행처럼 퍼지게 되었습니다.

난학을 연구했던 사람들은 크게 두 부류였습니다. 한 부류는 에도의 의사들이었고, 다른 한 부류는 에도의 천문학자들, 즉 막부 천문방이었습니다. 에도에서 네덜란드어 스터디 그룹을 조직했던 의사 스기타 겐파쿠杉田玄白(1733~1817)가 그의 동료들과 함께 네덜란드어로 된 서양 해부학 책을 번역한 일은 동·서 과학문명 교류사상 획기적인 사건이었습니다. 동아시아 세계의 사람으로서 최초로 유럽 언어로 된 의학책을 동아시아의 언어로 번역했던 것입니다.

료에이, 번역을 통해 코페르니쿠스를 소개하다

한편 겐파쿠만큼 유명하지는 않았지만 그보다 좀 더 일찍 서양 과학책을 번역한 사람이 있었습니다. 나가사키에서 태어난 모토키 료에이本木良永(1735~1794)는 가업을 계승해 네덜란드어 통역관(네덜란드 통사)이 되었습니다. 료에이는 분명히 네덜란드어 전문가였지 과학의 전문가는 아니었습니다. 그러나 언어적인 장벽 때문에 일본인 최초로 코페르니쿠스의 태양중심설에 접한 사람은 천문학자가 아니라 통역관이었던 료에이였습니다. 오히려 전통 천문학의 구속으로부터 상대적으로 자유로웠기 때문에 태양중심설을 쉽게 받아들일 수 있었던 듯 합니다. 네덜란드어를 능숙하게 구사하는 능력 덕분에 료에이는 동아시아 세계에서 최초로 코페르니쿠스의 학설을 받아들인 사람이 될 수 있었습니다.

처음에 료에이가 번역한 책들은 서양의 지리서와 천문학 서적이었습니다. 『네덜란드 지구설阿蘭陀地球說』(1771), 『네덜란드 지구설』의 개정·증보판인 『네덜란드 지구도설和蘭地球圖說』(1772), 『천지이구용법天地二球用法』(1774) 등 이 책들은 모두 코페르니쿠스의 태양중심설에 관한 내용을 담고 있습니다. 특히 『천구이구용법』은 전적으로 코페르니쿠스의 학설을 선전하기 위한 책이었습니다.

모토키 료에이
〈모토키 료에이 부부의 초상〉, 나가사키 현립 도서관 소장

타누마 오키쯔구
1767년에서 1786년 사이에 막부의 정치를 주도했다. 적극적인 경제성장 정책을 통해 막부의 재정을 강화하려고 했으나 천재지변과 농민 봉기, 그리고 보수파의 격렬한 반대에 부딪쳐 물러나야 했다.

료에이가 번역한 책들은 당시 서양 과학에 관심을 가진 막부 고관들의 눈길을 끌었습니다. 그 중에 한 사람이 타누마 오키쯔구田沼意次(1719~1788)였습니다. 그는 〈호오레키력〉 수정사업의 총감독을 맡은 인물이었습니다. 네덜란드 통사로서 서양 천문학에 밝았던 료에이는 서양 천문학에 의거해 개력을 추진하고 싶어 했던 막부의 관료들에게 매우 매력적인 존재가 되었습니다. 오키쯔구의 뒤를 이어 막부의 정치를 주도했던 마쯔다이라 사다노부 역시 료에이에게 큰 기대를 걸었던 것 같습니다. 비록 료에이는 칸세이 개력에는 참여하지 않았지만, 막부의 관료들에게 네덜란드어로 된 서양 천문학책의 필요성을 일깨워 주었습니다. 네덜란드어를 거의 못했던 타카하시 요시토키가 네덜란드어로 된 천문학 서적에 도전하게 된 것은 바로 그러한 지적인 분위기 속에서였습니다.

요시토키, 랄랑드의 『천문학 개론』 연구에 자신의 모든 것을 바치다

1803년 봄 어느 날, 요시토키는 막부의 고관으로부터 최근에 수입된 서양 천문학 서적 한 질(9권)을 조사하라는 명령을 받았습니다. 프랑스의 천문학자 랄랑드Joseph Jérôme Lefrançois de Lalande(1732~1807)의 『천문학 개론』을 네덜란드어로 번역한 책이었습니다. 랄랑드의 『천문학 개론』은 18세기말 당시 유럽에서 최고의 천문학 교과서로 호평을 받았던 책이었습니다. 랄랑드의 저서를 조사하던 요시토키는

랄랑드
랄랑드 18세기에 활약했던 프랑스의 천문학자 겸 저술가. 21세의 젊은 나이에 베를린 아카데미와 파리 아카데미의 전속 천문학자가 되었다. 랄랑드가 작성한 『행성위치표』(1759)는 18세기 당시 가장 정확한 것이었다. 그는 1762년부터 46년 동안 콜레주 드 프랑스Collège de France의 교수로 있으면서 많은 천문학자를 길러 냈으며, 천문학에 공헌한 사람에게 주는 랄랑드상을 제정하기도 했다. 저서로는 『천문학 개론』(초판, 2권, 1764; 제3판, 3권, 1792), 『프랑스 천문학사』(1801) 등이 있다.

이 책이야말로 자신이 오랫동안 고대하던 책이라는 것을 깨달았습니다. 이 책에서 그는 타원궤도에 의거해서 다섯별의 운동을 정확하게 계산할 수 있는 방법을 찾아낼 수 있었습니다.

그러나 안타깝게도 랄랑드의『천문학 개론』은 십 수 일의 짧은 기간 동안 조사를 마친 후에 원래 주인에게 돌려주어야 했습니다. 교통이 불편했던 당시에 서양 과학책을 구한다는 것은 대단히 어려운 일이었습니다. 데지마의 네덜란드인을 통해 서양 과학책을 주문하려면 2~3년은 족히 걸렸던 것입니다. 게다가 다이묘나 막부 고관의 후원이 없다면 책을 구하기는 더더욱 어려운 일이었습니다. 요시토키는 막부의 고관에게 랄랑드의 책을 오랫동안 두고 볼 수 있게 해달라고 간청했습니다. 40세의 장년 요시토키, 자신의 삶이 얼마 남지 않았다는 것을 예감하고 있었던 걸까요?

같은 해 여름, 드디어 막부는 랄랑드의『천문학 개론』을 천문방에 하사했습니다. 이후 요시토키는 오직 이 책의 해독에만 매달렸습니다. 다음 해 정월에 병으로 죽을 때까지 반년 동안, 요시토키는 짧은 네덜란드어 실력으로 방대한 분량의 책을 읽어가면서『서양인 랄랑드 역서 관견曆書管見』을 저술하는 초인적인 힘을 발휘했습니다. 어떤 사람은 요시토키가 랄랑드의 책에 지나치게 몰두한 나머지 과로로 병을 얻어 죽음을 앞당겼다고 말하기도 합니다. 어쨌든 요시토키는 진리를 위해서 자신의 모든 것, 생명까지도 아낌없이 바쳤던 것입니다.

'관견管見'이란 대롱을 통해서 어떤 사물을 본다는 뜻입니다. 작은 구멍으로 무엇인가를 보려면 얼마나 답답하겠습니까. 보는 것도 힘들지만 매우 적은 부분만 보일 것입니다. 보통은 '소견이 좁다'는 뜻으로 사용합니다. 하지만 옛날 책 제목에는 '관견' 두 글자가 들어가는 경우가 많이 있습니다. 그것은 저자가 자신의 지식을 과시하지 않는다는 겸손의 뜻으로 사용한 것이죠. 요시토키가 '관견' 이라고 제목을 단 것은 겸손의 표현이기도 하겠지만, 다른 한편으로는 얼마나 고생고생

랄랑드의『천문학 개론』초판

오사카 시립 과학관 소장. 랄랑드의 『천문학 개론Traite d'astronomie』 초판은 1764년에 출판되었다. 당시 유럽 천문학의 전반을 해설한 개설서였다.

네덜란드어로 번역된 랄랑드의 『천문학 개론』표지

도쿄, 국립천문대 미타카 도서실 소장. 요시토키가 입수한 것은 랄랑드『천문학 개론』의 개정증보판(제2판, 4권, 1771~1781)을 네덜란드의 수학자 스트라베Arnoldus Bastiaan Strabbe가 네덜란드어로 번역한 책Astronomia of Sterrekunde(9권, 1773~1780)이다. 표지 왼쪽 맨 위에 '번서조소蕃書調所' 라는 도장이 찍혀 있는 것으로 보아 막부 천문방에 소장되었다는 사실을 알 수 있다. '번서蕃書'란 에도시대에 유럽에서 수입된 책을 가리킨다. '번서조소'는 1856년에 막부가 서양 학문의 연구와 교육을 위해 천문방에 설치한 관청이다.

해서 책을 썼는지 독자들에게 보여 주려는 의도도 있었을 것입니다. 실제로도 그는 『천문학 개론』의 상당 부분을 이해하지 못했습니다. 요시토키의 서양 천문학 이해는 케플러의 타원운동론 이상을 넘지 못했습니다. 랄랑드의 원저 속에 있는 뉴턴 역학은 요시토키가 감당할 수 있는 범위를 완전히 뛰어넘는 것이었습니다.

카게야스, 랄랑드의 『천문학 개론』을 번역하다

요시토키의 사후에 천문방 타카하시가高橋家를 계승한 것은 요시토키의 장남 타카하시 카게야스高橋景保(1785~1829)였습니다. 카게야스는 아버지의 유지를 받들어 20세의 젊은 나이에 '『천문학 개론』의 번역'이라는 막중한 책임을 떠맡게 되었습니다. 『천문학 개론』의 번역은 타카하시 천문방의 공식 사업이 된 것입니다. 이 번역 사업에는 아버지의 오랜 벗 하자마 시게토미를 비롯해 동생 시부카와 카게스케澁川景佑(1796~1865) 등 여러 학자들이 참여했습니다. 1811년에는 막부 천문방에 네덜란드어 전문 번역 기관이 설치되어 유능한 네덜란드어 전문가들이 『천문학 개론』 번역 사업에 참여할 수 있게 되었습니다.

『랄랑드의 별』 표지
나루미 후우鳴海風(1953~)의 신작 역사 소설 『랄랑드의 별』(2006). 병으로 쓰러지기 직전까지 랄랑드 『천문학 개론』의 번역에 매진하는 요시토키의 모습을 아들 카게야스의 시점에서 묘사한 소설. 카게야스를 아버지에게 반항하면서 성장하는 인물로 설정하고 있다.

『랄랑드 역서 역초』 표지
시부카와 카게스케 옮김, 『랄랑드 역서역초曆書譯草』. 도쿄, 국립천문대 미타카 도서실 소장. 요시토키가 번역하지 않은 부분에 대해 카게스케가 해석한 것으로, 랄랑드의 『천문학 개록』 번역 초고본의 일부다.

당시 일본인들은 랄랑드의 『천문학 개론』을 '랄랑드 역서ラランデ 曆書'라고 불렀습니다. 이것은 정확한 역법을 만드는 것이 천문학의 가장 중요한 과제라고 하는 천문역산학의 입장을 반영한 것입니다. 이러한 입장은 번역에도 그대로 관철되었습니다. 카게야스와 그 동료들은 『천문학 개론』중에서도 해·달·다섯별의 운동 이론 부분만 번역하고 그것을 자료로 해서 전통적인 역서 형식으로 편찬했습니다. 그 결과 탄생한 것이 바로 『신교역서新巧曆書』(1826)입니다. 『신교역서』는 『역상고성후편』보다 최신의 서양 천문학 성과를 반영하고 있습니다. 물론 『신교역서』역시 『숭정역서』나 『역상고성후편』과 마찬가지로 유럽 천문학의 재료를 녹여서 전통 천문학의 틀 안에 부어 넣은 것입니다. 어쨌든 『신교역서』의 완성에 의해 20년 이상 지속되었던 번역 사업도 대단원의 막을 내리게 되었습니다. 그리고 그 번역 성과에 입각해서 새로운 역법을 제작할 수 있게 되었습니다.

텐포오 개력─서양 천문학에 의한 전통 역법의 완성

텐포오(천보天保) 12년(1841), 시부카와 카게스케에게 막부로부터 개력의 명령이 떨어졌습니다. 카게스케는 원래 타카하시 요시토키의 아들이었지만 최초의 막부 천문방인 시부카와 집안의 양자로 들어갔기 때문에 시부카와라는 성을 사용했습니다. 일본에서는 전문직의 대를 잇기 위해 성씨가 다른 집안에서도 양자를 들이는 경우가 많이 있는데, 종가의 대를 잇기 위해 혈연적으로 가까운 집안에서 양자를 들였던 조선의 풍속과는 상당히 달랐습니다. 1809년에 시부카와 천문방이 된 카게스케는 형 카게야스가 죽은 후(1829) 일본의 천문역산학을 주도하고 있었습니다.

개력을 추진하게 된 가장 중요한 동기는 서양의 일류 천문학 서적을 번역했다는 막부 천문방의 자신감이었습니다. 새로운 천문학 지식을

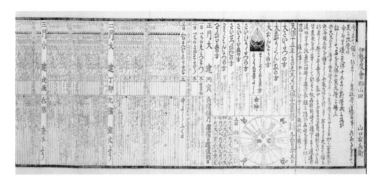

코오카 원년의 달력

코오카 원년弘和元年(1844)의 달력, 일본 국립국회도서관 소장

활용해 새로운 역법을 만들고 싶다는 욕구가 생기는 것은 자연스러운 일이었을 것입니다. 이 시기에 이르러 막부 천문방은 개력의 주도권을 완전히 쥐게 되었습니다. 반면에 교토의 토어문가는 개력에 대해서 어떠한 적극적인 역할도 하지 못했습니다. 〈호오레키력〉 수정 작업 이래 막부 천문방은 서양 천문학을 적극적으로 수용했지만, 토어문가는 전통 속에 안주하고 말았습니다. 이러한 태도의 차이가 토어문가에 대한 막부 천문방의 우위를 결정해 버렸던 것입니다.

새로운 역법은 『신교역서』에 입각해 제작되었습니다. 칸세이 개력 때에는 예수회 선교사들이 한문으로 번역한 천문학 서적에 의존해야 했습니다. 그러나 이번에는 일본인이 직접 번역한 네덜란드어 천문학 서적에 의거해 개력을 추진한 것입니다. 그리하여 텐포오 14년(1843), 일본 최후의 태음태양력인 〈텐포오력天保曆〉이 탄생하게 되었습니다. 〈텐포오력〉은 그 다음 해(1844)부터 메이지 5년(1872)에 태양력을 채용할 때까지 29년 동안 사용되었습니다.

〈텐포오력〉의 가장 큰 특징은 타원궤도에 입각해서 다섯별의 운동을 계산했다는 점입니다. 칸세이 개력 이래 요시토키의 염원이 46년 만에 성취된 것입니다. 그리고 이 시점에서 일본의 천문역산학은 중국

『텐포오역서』 표지

도쿄, 국립천문대 미타카 도서실 소장

과 조선의 천문역산학보다 한 걸음 더 전진할 수 있었습니다. 〈텐포오력〉의 특징으로서 또 한 가지 주목할 만한 것은 정기법이 채택되었다는 점입니다. 〈시헌력〉의 시행 이래 200년만의 일이었습니다. 〈텐포오력〉은 역대 일본의 역법 중에서 가장 정밀한 역법이었습니다. 그렇지만 전통적인 역법에서 크게 벗어난 것은 아니었습니다. 오히려 전통적인 역법을 완성한 역법이었습니다. 서양 천문학의 성과는 전통 천문학의 틀 속에서 정리되었던 것입니다.

막부 천문방─서양 인식의 첨병

『천문학 개론』 번역 사업을 계기로 막부는 천문방에게 새로운 임무를 맡겼습니다. 유럽 사정을 조사하는 임무로 여기에는 당연히 번역 사업도 포함되어 있었습니다. 일본인이 해외로 나가는 것을 엄격하게 금지했던 막부 체제에서 서양의 사정을 알 수 있는 유일한 통로는 오직 데지마를 통해 들어오는 서양 서적밖에 없었습니다.

1807년에 막부는 천문방에 세계지도를 편찬하라는 명령을 내렸습

켐퍼의 『일본지』

1690년부터 2년 동안 데지마에 머물렀던 켐퍼는 죽기 전에 일본의 지리·정치·종교·역사·무역에 대한 책 『일본지日本誌』를 독일어로 저술했다. 켐퍼가 죽은 후, 영국의 귀족 슬론Hans Sloane(1660~ 1753)이 켐퍼의 원고를 사들여 영어로 번역해 출판했다(1727).

러시아의 사절 레자노프

1804년, 러시아의 상인 레자노프Nikolai Petrovich Rezanov(1764~1807)는 일본과의 통상관계를 수립하기 위해 나가사키에 내항했으나 막부로부터 통상 허가를 받지 못했다. 이에 레자노프는 당시 일본 영토였던 사할린을 공격해 통상교섭을 시도했으나 실패로 돌아갔다. 레자노프의 무력 도발은 당시 막부와 일본의 지식인들에게 러시아에 대한 경각심을 일깨워 주었다.

니다. 그리고 1811년에는 유럽(네덜란드) 서적을 전문적으로 번역하는 관청을 아사쿠사 천문대 안에 설치했습니다. 이곳에서 외교문서의 번역, 서양 지리서의 번역, 서양 백과사전의 번역 등이 이루어졌습니다. 1807년, 카게야스는 켐퍼의 『일본지 日本誌』의 일부를 번역해 러시아의 침략에 대비해야 한다는 내용의 보고서를 막부에 바쳤습니다. 막부 천문방이 다루는 업무의 규모가 크게 확대된 것입니다. 요컨대, 19세기의 막부 천문방은 시대의 요청에 부응해 외국 사정의 조사와 서양 과학의 도입 등에 관해 막부의 자문에 응하는 전문가

영국 군함 페이튼 호

〈페이튼 호 그림〉, 나가사키 시립 박물관 소장. 1808년, 당시 네덜란드와 적대 관계에 있었던 영국의 군함 페이튼Phaethon 호가 나가사키 항에 침투하는 사건이 일어나자, 막부는 관련 책임자들을 엄중하게 처벌했다.

집단의 우두머리였습니다. 당시 막부 조직 내에서 서양 사정을 조사했던 별도의 기관이 없었기 때문에, 천문방이 서양과의 창구 역할을 수행하게 된 것입니다.

당시 중국의 흠천감이나 조선의 관상감에서는 서양 사정을 조사한다든가, 서양 서적을 직접 번역한다든가 하는 일을 도저히 상상도 할 수 없었습니다. 서양을 알아야 할 필요성을 거의 느끼지 못했던 것입니다. 이와는 달리 네덜란드로부터 서양 사정을 입수할 수 있었던 일본은 유럽 열강의 위협에 대해 더욱 절실하게 느끼고 있었습니다.

지볼트 사건, 천문방의 활동을 위축시키다

서양을 향해 성큼 다가섰던 천문방을 잔뜩 움츠리게 만들었던 것은 바로 '지볼트 사건' 이었습니다. 이 사건에 깊이 연루되어 있었던 카게야스는 감옥에서 비참한 최후를 마쳐야 했습니다. 당시 일본에서 가장 뛰어

난 천문학자이자 서양 전문가였던 카게야스를 죽음으로 몰고 간 이 사건은 도대체 어떻게 해서 일어난 것일까요?

지볼트 사건의 주인공은 바로 독일인 군의관 지볼트Philipp Franz Balthasar von Siebold(1796~1866)였습니다. 1823년, 지볼트는 네덜란드령 동인도 총독의 요청으로 데지마의 의사로 부임했습니다. 그의 임무는 일본과의 무역활동에 기여할 다양한 분야에 걸친 '일본 연구'였습니다. 일본에 대한 광범위한 정보 수집으로 일종의 스파이 임무였던 셈이죠.

나루타키쥬쿠
〈나루타키 숙사 그림鳴瀧塾송之圖〉, 나가사키 대학 부속 도서관 소장. 나루타키쥬쿠鳴瀧塾는 1824년에 지볼트가 세운 의학교 겸 병원이었다.

지볼트는 처음에는 막부 관리의 허락을 얻어 데지마에서 일본인 의사들에게 서양 의학을 가르쳤습니다. 그 다음에는 데지마를 나와 환자를 진찰하거나 약초를 채취하는 것을 허락받을 수 있었습니다. 그는 나가사키의 통역들에게 의학을 강의할 기회도 얻었습니다. 지볼트는 대단히 어려운 수술을 여러 차례 성공적으로 수행함으로써 큰 명성을 얻었습니다. 막부는 지볼트가 나가사키 교외에 학교를 개설할 수 있도록 허가해 주었고, 그곳에서 그는 총 56명의 학생들을 가르쳤습니다. 지볼트는 일본인들에게 최신 서양 의학을 소개함으로써 일본 의학의 발전에 크게 기여했습니다. 그런 한편 지볼트는 학생들에게 일본의 산업·물산 등에 대한 정보를 네덜란드어로 리포트를 제출하게 하는 등, 주어진 기회를 최대한으로 활용해 정보 수집에 노력했습니다.

군의관 지볼트
카와하라 케이가 그림. 〈지볼트의 초상〉, 나가사키 현립 나가사키 도서관 소장

지볼트는 타카하시 카게야스와 접촉하면서 고급 정보를 얻을 기회를 얻게 되었습니다. 지볼트는 카게야스에게 서양 탐험가들이 쓴 보고서들을 구해다주었습니다. 이에 카게야스는 답례로 〈대일본연해여지전도大日本沿海輿地全圖〉(1821)를 건네주었습니다. 〈대일본연해여지전도〉는 요시토키의 제자였던 이노오 타다타카伊能忠敬(1745~1818)가

〈대일본연해여지전도〉

도쿄 국립 박물관 소장. 일본 최초의 실측에 의한 일본 지도. '이노오의 지도'라고
도 한다. 타다타카가 죽은 후에 타카하시 카게야스가 완성했다. 카게야스가 지볼트에
게 넘겨준 '이노오의 지도'는 막부의 수사관들에게 몰수되었다. 그러나 몰수되기 전에
이미 지도의 상당 부분을 베껴놓았던 시볼드는 귀국한 후에 자신의 일본 연구를 집대성
한 『일본』에 지도를 이용할 수 있었다. '이노오의 지도'는 당시로서는 대단히 정확한 지도였기
때문에, 구미 열강이 일본을 침공할 때 사용되었다. 결과적으로 '이노오의 지도'는 일본의 문호개
방에 적잖이 영향을 준 셈이다.

실측한 자료를 토대로 해서 카게야스가 완성한 일본 지도입니다. 당시
막부는 일본 지도의 해외 반출을 엄격하게 금지하고 있었습니다. 카게
야스는 지볼트와의 우정을 지나치게 믿었던 걸까요?

1828년, 임기가 끝난 지볼트가 귀국하려고 할 때, 나가사키에 엄청
난 폭우가 쏟아졌습니다. 그 바람에 지볼트의 화물을 실은 배가 좌초
하고 말았습니다. 그런데 좌초한 배에서 나온 지볼트의 짐 속에서 일
본 지도가 발견되었습니다. 막부의 대응은 단호했습니다. 지볼트 자신
은 체포되었다가 추방되었고, 카게야스는 탁월한 재능과 업적에도 불
구하고 심문을 받다가 옥중에서 사망했습니다(1829). 막부는 그의 사
체를 소금에 절여 에도로 싣고 와서 법에 따라 목을 베었습니다. 그 외
에도 지볼트의 제자들과 타카하시 천문방의 관계자들도 체포되어 처
벌을 받았습니다. 지볼트 사건으로 타카하시 집안은 절멸되고 타카하
시 천문방은 폐쇄되고 말았습니다. 일본에서 가장 유능한 서양
전문가 집단이 순식간에 소멸된 것입니다. 서양과의 접촉은 바
로 이러한 위협을 감수해야 했던 것입니다. 막부는 이후로도 서

이노오 타다타카

〈이노오 타다타카〉, 이노오 타다타카 기념관 소장. 상인의 아들로 태어난 타다타카는 어려서부터
천문학에 관심이 많았다. 그러나 50세(1794)가 되어서야 타카하시 요시토키의 문하에 들어가
천문학을 배울 수 있었다. 천문학을 배우던 중에 타다타카는 자오선상의 위도 1도의 길이를 계
산함으로써 지구의 크기를 잴 수 있다는 사실을 깨달았다. 요시토키는 타다타카가 지도제작을
위해 전국 각지를 측량할 수 있도록 막부에 요청했다. 국방을 위해 정확한 지도가 필요했던 막
부는 타다타카에게 전국 해안선의 측량과 지도제작을 명하였다. 막부의 허가를 얻은 타다타카는
17년 동안(1800~1817) 10차례에 걸쳐 일본 전국을 측량했다. 그 측량 거리는 4만 킬로미터가
넘고 약 6만 회의 방위 측정이 이루어졌다.

1854년. 일본의 개항을 요구하는 미국 함대

치카하루近晴 그림, 〈무주조전원경武州潮田遠景〉, 니이가타현新潟縣 카시와자키시柏崎市 쿠로후네관黑船館 소장. 1853년에 에도 만에 나타나 개항을 요구했던 미국 동인도함대 사령관 페리Matthew Calbraith Perry(1794~1858) 제독은 그 다음해 1월에 다시 와서 개항을 요구했다. 페리가 이끌고 온 군함은 일본에서 가장 큰 배보다 6배 이상 컸으며, 검게 칠한 선체 때문에 '쿠로후네黑船'이라고 불리게 되었다. 미국 함대의 위용에 기가 꺾인 막부는 그해 3월에 미일화친조약을 체결할 수밖에 없었다.

양 학문에 대한 탄압을 몇 차례 시행했습니다. 서양 과학의 수용보다는 체제 수호가 우선이었던 것입니다. 이러한 막부의 정책이 얼마나 근시안적이었던가는 카게야스가 죽은 지 25년 후에 밝혀졌습니다. 막부는 미국 함대의 무력시위에 굴복하고 말았던 것입니다.

지볼트 사건 이후에 막부 천문방의 실력자가 된 사람은 카게야스의 동생이었던 카게스케였습니다. 그는 시부카와 집안으로 입적되었기 때문에 화를 면할 수 있었습니다. 그러나 친형 카게야스의 죽음은 카게스케에게 상당히 큰 충격을 주었던 것 같습니다. 형과는 달리 카게스케는 막부 천문방의 활동을 천문역산학의 범위 내에서 제한했던 것입니다.

03 17세기 이후 동아시아의 우주론

콜럼버스의 초상화
르네상스 시대의 화가 피옴보Sebastiano del Piombo(1485~1547)가 그린 초상화

지구는 둥글다—중세 유럽의 상식

콜럼버스Christopher Columbus(1451~1506)가 아메리카 대륙에 도착하기 이전, 중세 유럽 사람들은 땅이 평평하다고 생각했을까요? 정답은 '아니오!' 입니다. 중세 유럽 역사에 등장했던 유명 인사 중에 '평평한 지구'를 주장한 사람은 거의 없었습니다. 성직자를 비롯한 중세의 지식인들은 땅이 공처럼 둥글다고 생각했습니다. 이것이 중세 유럽 사람들의 상식이었습니다.

콜럼버스가 에스파냐의 국왕으로부터 탐험에 필요한 막대한 재정 지원을 얻어낼 수 있었던 것은 바로 콜럼버스와 그의 동시대인들이 땅이 둥글다는 믿음을 공유하고 있었기 때문이었습니다. 만약에 그러한 믿음이 없었다면, 콜럼버스는 에스파냐로부터 서쪽으로 항해해 인도에 도착할 수 있다는 확신을 가질 수 없었을 것입니다.

땅이 공처럼 둥글다는 사상, 이른바 '지구설地球說'은 고대 그리스

철학의 유산이었습니다. 피타고라스와 그의 제자들은 가장 완벽한 기하학적 형태가 '구형球形'이라고 생각했습니다. 플라톤 역시 눈썹 하나 까닥하지 않고 우주 안에 존재하는 모든 형태 중 가장 완벽하고 완전한 것이 공 모양의 땅, 지구라고 단언했습니다. 형이상학적 사변에 의존했던 선배 철학자들과 달리 아리스토텔레스는 지구설의 경험적 증거를 제시했습니다. 그는 "지구의 그림자 때문에 달 표면에 곡선 모양의 어두운 그늘이 생긴다"고 올바르게 추론했습니다. 그러나 땅이 공처럼 둥글다고 하는 대전제가 없었다면, 아무리 아리스토텔레스라도 달 표면에 곡선이 생긴 이유를 멋있게 추론해내지 못했을 것입니다. 지구설을 전제로 관찰했기 때문에 달 표면의 곡선에 대해 주목할 수 있었던 것이죠.

달 표면에 드리운 지구의 그림자

아리스토텔레스보다도 더 면밀하게 달을 관찰했던 동시대의 중국인들이 달 표면의 곡선에 주목하지 않았던 이유는 지구설을 믿지 않았기 때문입니다. 예수회 선교사들이 오기 이전까지 동아시아의 지식인들은 하늘은 둥글고 땅이 평평하다고 하는 전통적인 우주론을 신봉하고 있었던 것입니다.

지구는 둥글다? - 전근대 동아시아의 비상식

예수회 선교사들이 새로운 세계지도를 선보이기 전, 동아시아의 지식인들에게 지구설은 상식 밖의 일이었습니다. 동아시아 세계에 지구설을 본격적으로 처음 소개한 것은 마테오 리치의 〈곤여만국전도〉 (1602)입니다. 이 지도에는 리치의 협력자이자 제자였던 리 즈자오의 서문이 실려 있습니다. 이 서문에는 지구설에 대해 곤혹스러워하는 동아시아 지식인들의 심정이 잘 묘사되어 있습니다.

〈곤여만국전도〉에서는 땅이 원 모양이라고 했는데, 차이 용蔡凚

의 『주비산경』 주석에 이미 하늘과 땅이 각각 가운데가 높고 바깥쪽이 낮다는 학설이 있고, 『혼천의주』에서도 땅이 달걀의 노른자처럼 하늘의 안쪽에 홀로 위치해 있다고 했다. 〈곤여만국전도〉에서는 각지의 밤낮의 길이가 다르다고 했는데, 원나라 사람들이 27곳에 관측소를 설치해 하짓날의 해 그림자와 밤낮의 길이를 측정한 것도 우리나라의 문헌에 분명히 기재되어 있다. 다만 〈곤여만국전도〉에서 바닷물이 땅에 붙어있으면서 땅과 함께 원 모양을 이루고 원 둘레 전체에 걸쳐 생명체가 살고 있다고 한 것은 난생 처음 듣는 이야기라 매우 놀랄 만하다.

"난생 처음 듣는 이야기라 매우 놀랍다!" 지구설을 처음 접하고서 당혹해하는 리 즈자오의 표정이 눈에 선하지 않습니까? 『주비산경』의 새 개천설과 『혼천의주』의 혼천설은 지구설과 전혀 다른 우주 구조를 논하고 있습니다. 땅이 가운데가 솟아올랐든, 하늘이 달걀처럼 생겼든 간에, 평평한 땅 모양을 전제로 하고 있는 것입니다. 억지로 말을 지어내자면, 지구설이 아니라 '지평설地平説'입니다. 리 즈자오가 중국에도 지구설에 해당하는 것이 있다는 것을 강조하기 위해 개천설과 혼천설을 끌어댄 것은 분명 억지입니다. 서양의 우주 구조론과 전통적인 우주 구조론 간에 분명히 존재하는 차이를 애써 무시하려고 한 것이죠. 그렇지 않다면 그 차이점에 대해서 명확하게 인식하지 못했다고 생각할 수밖에 없습니다. 중국인 동료들에게 지구설을 납득시키려면 전통 천문학의 개념을 동원하지 않을 수 없었을 것입니다.

리 즈자오가 지구설의 증거로서 들고 있는 것은 위도에 따라 밤낮의 길이가 다르다는 사실입니다. 위도가 높아질수록 낮의 길이가 짧아지고, 위도가 낮아질수록 낮의 길이는 길어집니다. 만약 땅이 평평하다면 위도에 따라 밤낮의 길이에 차이가 생길 수 없습니다. 위도에 따른 밤낮의 길이 차이 자체가 지구설의 강력한 증거가 됩니다. 사실 리 즈

자오가 〈곤여만국전도〉의 서문을 작성하기 300여 년 전에 꾸어 서우
징이 남중국해에서 북극권 부근에 이르기까지 위도 10도마다 관측소
를 설치해 밤낮의 길이를 측정한 적이 있었습니다. 그 당시에는 위도
에 따른 밤낮 길이의 차이가 '평평한 땅'이라고 하는 전통적인 우주론
을 부정한다는 생각을 아무도 하지 못했습니다. 그러나 이제 이론이
달라지면서 과거에 주목하지 못했던 현상에 대해 새삼스럽게 인식하
게 되었던 것입니다.

그런데 지구설의 전도사였던 리 즈자오조차도 도저히 이해할 수 없
는 부분이 있었습니다. '만약에 땅이 공처럼 둥글다면 공 밑에 있는 바
닷물이랑 사람들이 아래로 떨어져야 하는 것이 이치상 당연한 것이 아
닐까? 그런데 마테오 리치 선생님께서는 절대로 그러한 일이 일어나지
않는다고 하니, 어떻게 된 것일까?' 중학교를 건성으로 다닌 학생이라
도 리 즈자오에게 한수 가르쳐줄 수 있습니다. 리 즈자오가 이해하지
못한 것이 무엇입니까? 바로 '중력'입니다. 중력 개념이 전무한 상태
에서 지구설을 온전하게 이해하는 것은 어려울 수밖에 없습니다. 그렇
다면 지구설을 가르친 예수회 선교사들은 혼란에 빠진 문하생들에게
어떻게 설명했을까요?

마테오 리치는 말했습니다. "원래부터 위·아래란 존재하지 않는다.
하늘의 안쪽에서 어디를 본들 하늘이 아니겠는가? 지구상 어디에 있든
지 간에 발을 붙이고 서 있는 곳이 곧 아래가 되고 머리를 향한 곳이 곧
위가 된다. 오직 자신이 사는 곳을 기준으로 위·아래를 나누는 것은
옳지 않다." 리 즈자오를 비롯한 동아시아의 지식인들이 생각할 때 위
란 바로 자신들이 발을 딛고 있는 지구의 한 지점이었습니다. 그 반대
편은 아래가 되는 것이죠. 이것이 동아시아 사람들의 상식이었습니다.
자신들의 지점 반대편, 즉 지구의 아래쪽에 사람들이 무사히 땅에 발을
붙이고 있다는 것은 상식적으로 이해하기 어려운 일이었습니다.

마테오 리치는 이러한 상식을 깨부수려고 했습니다. 리치가 보기에,

위·아래의 관념은 관찰자의 위치에 따라 달라지는 상대적인 구분에 불과했습니다. '지구의 어느 쪽을 위라고 할 것이며, 아래라고 할 것인가? 지구상의 어느 쪽에서나 자신이 서 있는 곳이 '위'라고 주장할 수 있다. 그렇다고 한다면 지구의 특정 지점을 가지고 위·아래를 따지는 것은 아무런 의미가 없다. 만약에 위와 아래를 따진다면, 땅의 중심 쪽을 아래라고 부르고 하늘 쪽을 위라고 불러야 할 것이다.' 이처럼 개념상의 혼돈을 피하기 위해서는 위·아래의 개념보다는 중심과 주변, 혹은 안과 밖의 개념을 사용하는 것이 훨씬 적절합니다. 즉 우주적 차원에서 무거운 것은 아래로 떨어지는 것이 아니라 우주의 중심, 즉 땅의 중심으로 모인다고 말하는 것이 지구설의 본의에 가깝다고 볼 수 있습니다.

우주 공간에서의 위·아래에 대해서 동아시아의 우주론과 중세 유럽의 우주론은 서로 완전히 다른 개념을 가지고 있었습니다. 그렇기 때문에 지구설이 처음 전래되었을 당시, 그리고 그 뒤로도 오랫동안 동아시아의 지식인들은 지구설을 이해하는 데 큰 어려움을 겪었습니다. 위·아래의 문제가 해결되더라도 해결해야 할 또 다른 문제가 있습니다. "지구 표면 위에 있는 사람들은 어째서 지구 밖으로 이탈하지 않고 땅에 붙어있을 수 있을까? 왜 지구 위의 사물들은 하늘 쪽이 아니라 땅의 중심 쪽을 향할까?" 이 문제에 대해 리치의 후배 선교사 우르시스Sabbathino de Ursis, 熊三拔(1575~1620)가 어떤 해법을 제시했는지 한번 들어보겠습니다.

첫째, 천하의 만물은 각각 본연의 위치를 가지고 있다. 가장 높은 존재는 본연의 위치가 하늘의 위에 있고, 가장 낮은 존재는 본연의 위치가 땅의 중심에 있다. 둘째, 사물 간에는 본래 무겁고 가벼운 차이가 있다. 가장 가볍고 산뜻한 존재는 가장 높은 곳으로 올라가니, 불과 같은 것이 그것이다. 가장 무겁고 뭉치는 존재는 가장 낮은 곳으로 내려가니, 흙과 같은 것이 그것이다. 셋째, 무게를 가진 물체는 각각 물체의 무게 중심을 가지고 있다. 무게 중심은 무게를 가진 물체의 가운데에 있다. … 넷째, 원래 땅의 중심은 모든 무게를 가진 물체의 무게중심이 되어야 할 본연의 위치이다. 물체의 무게중심은 모두 이곳으로 향한다.

우르시스의 설명은 다음과 같이 간단하게 정리할 수 있습니다. '사람은 무게를 가진 존재다. 따라서 가볍고 산뜻한 부류가 아니라 무겁고 뭉치는 부류에 속한다. 모든 사물은 자신의 본연의 위치로 향하려고 하는 성질을 가지고 있다. 따라서 사람이 있어야 할 본연의 위치는 땅의 표면을 이탈한 공중이 아니라 땅의 표면이 된다. 그렇기 때문에 사람이 63빌딩 꼭대기에서 뛰어내리면 공중에 떠 있는 것이 아니라 땅으로 떨어지게 된다. 그곳이 본연의 위치이기 때문이다.' 예수회 선교사들이 소개한 것은 근대 과학의 중력 이론이 아니라 아리스토텔레스의 4원소 이론이었습니다.

마테오 리치의 문하생으로서 서양 천문학의 전도사였던 리 즈자오가 지구설을 이해하는 데 어려움을 느낀 것은 두 가지 이유 때문이었습니다. 첫째, 전통적인 위·아래 개념에서 벗어나지 못했습니다. 둘째, 아리스토텔레스의 4원소 이론을 이해하지 못했습니다. 이 두 가지는 이후 동아시아의 지식인들이 지구설을 완벽하게 이해하는 데 두고두고 걸림돌이 되었습니다.

1605년, 〈곤여만국전도〉를 놓고 가톨릭 신자와 논쟁을 벌인 일본의 유학자 하야시 라잔林羅山(1583~1657)은 다음과 같이 부르짖었습니다. "만물을 보아도 모두 위·아래가 있습니다. 위·아래가 없다는 것은 이치에 맞지 않습니다!" 그로부터 60여 년 후에 아담 샬과 논쟁을 벌였던 양 꾸앙시엔은 상당히 공격적인 어투로 지구설을 논박했습니다. "그대는 위로 올라가서 아래로 떨어지지 않는 물을 본 적이 있는가?"

하야시 라잔
일본 최초의 자각적인 주자학자. 1605년(23세), 도쿠가와 이에야스에 의해 발탁된 이래 도쿠가와 막부를 위해 봉사했다. 오직 주자학을 숭상하고 불교와 기독교, 양명학 등을 이단으로 배척했다. 주자학을 막부의 관학으로 만드는 데 크게 기여했다.

18세기, 조선의 유학자 이간李柬(1677~1727)*은 다소 점잖은 어투로
지구설을 반박했습니다. "과연 우주에 위·아래가 없다면, 물이 비록
아래로 내려가려고 해도 실로 내려갈 아래가 없게 될 것이다." 무거운
것이 아래로 떨어진다는 것은 동아시아 지식인들이 일상적으로 경험
할 수 있는 상식이었습니다. 지구설은 상식에 어긋나는 비상식적인 이
론으로 비춰졌기 때문에 쉽사리 수용될 수 없었습니다. 지구설의 수용
은 일상적인 경험과 상식을 포기하는 종교적 개종에 가까운 사고의 전
환을 요구했습니다.

지구설, 어떻게 받아들였나?

어쨌거나 지구설은 동아시아 삼국에서 서서히 지지자를 확보하게
되었습니다. 청나라와 조선에서는 17세기 중엽, 〈시헌력〉이 채택됨으
로써 서양 천문학의 우수성이 국가적 차원에서 인정받게 되자, 자연스
럽게 지구설을 받아들이는 사람들이 생겨났습니다.

하야시 라잔이 천주교도와 떠들썩하게 논쟁을 벌인지 100여년이 지난
일본에서도 지구설은 더 이상 놀랄만한 내용이 아니었습니다. 일본의 유
학자 아라이 하쿠세키新井白石(1657~1725)는 『서양기문西洋紀聞』(1715)
이라는 책에서 〈곤여만국전도〉의 지식을 담담하게 말하고 있습니다.

대지와 바닷물이 서로 합쳐져 그 형태가 둥근 것이 마치 공과 같
으며, 이는 둥근 하늘 속에 있다. 이를테면 달걀의 노른자가 흰자
속에 있는 것과 같다. 지구의 둘레는 90만 리이니, 위·아래·사방
에 모두 사람이 있다.

아라이 하쿠세키
에도 시대의 정치가이자 학자이자 시인. 주자학, 역사학, 지리학·언어학, 문학을 두루 연구했다. 제 6대
쇼오군 도쿠가와 이에노부德川家宣(재위 1709~1712)와 제 7대 쇼오군 도쿠가와 이에미쯔德川家繼(재위
1713~1716)의 고문으로서 개혁 정치를 시행했다.

「서양기문」

일본 국립공문서관 소장. 일본에 잠입했다가 체포된 선교사 시도티Giovanni Battista Sidotti(1668~1714)를 심문한 하쿠세키가 그를 통해 알아낸 내용을 토대로 서양 사정에 대해 저술한 책. 하쿠세키는 시도티를 심문하기 전에 예비 조사로 〈곤여만국전도〉를 비롯해서 한문으로 저술된 세계 지리와 기독교에 대한 책들을 검토했다. 따라서 「서양기문」에는 시도티로부터 직접 들은 내용뿐만 아니라 하쿠세키가 책을 통해 섭렵했던 지식들도 포함되어 있다. 물론 조사를 위해 하쿠세키가 읽었던 책들 중 상당수가 '금지된 책'들이었다. 그러나 하쿠세키는 당시 막부의 실권자였기 때문에 자유롭게 '불온서적'들을 열람할 수 있었다. 「서양기문」은 저술 당시에는 공개되지 않고 비밀리에 필사본으로 전해지다가 19세기 초에 널리 유포되어 일본인들의 세계 인식을 확대시키는 데 크게 기여했다.

　흠천감이나 관상감에서 하급 관료로 근무했던 전문적인 천문학자들은 대체로 지구설을 받아들였던 듯 합니다. 그러나 흠천감원이나 관상감원 중에 적극적으로 지구설을 옹호하는 글을 발표한 사람은 거의 없었습니다. 그들은 역법 계산 등 업무상 필요 때문에 지구설을 수용한 것이지, 지구설 자체에 대한 과학적·철학적 분석에는 별 관심이 없었던 것 같습니다. 업무 수행에 도움이 된다면 혼천설이든 지구설이든 상관이 없다는 태도가 아니었을까요?

　우주론의 전환에 대해서 좀 더 진지하게 고민했던 쪽은 유학자들이었습니다. 일부 유학자들은 전통적인 위·아래 관념에서 벗어날 수 있었습니다. 메이 원띵은 물이 아래로 흐른다는 지적을 의식한 듯, 다음과 같이 말했습니다. "물의 본성은 아래로 흐르는 것이다. 땅의 사방이 모두 하늘이라면 땅이 위치하는 중앙이 가장 아래가 된다. … 물이 땅에 붙어있는 것이 어찌 이상하단 말인가?"

　메이 원띵이 '주변·중심'의 개념을 '위·아래'로 바꾸어 표현함으로써 지구설 반대론자들을 설득하려고 했다면, 조선의 유학자 이광사李匡師(1705~1777)는 아예 위·아래의 개념 자체를 폐기해 버렸습니다.

주자朱子께서는 "하늘의 운행이 잠깐이라도 멈추면 땅이 아래로 떨어질 것이다"라고 말씀하셨다. 이것은 이곳의 하늘을 위라고 여기고 지구 반대편 발밑의 하늘을 아래라고 여기셨기 때문이다. 가령 하늘에 큰 이변이 일어나 운행하지 않는 때가 있더라도, 땅의 사방이 모두 하늘이고 위이니, 땅이 어느 곳에 떨어진단 말인가?

그러나 대부분의 유학자들은 메이 원띵이나 이광사처럼 상식을 폐기하는 대신, 전통적인 위·아래 개념을 지구설과 조화시키는 '상식의 개량'을 택했습니다.

지구를 떠받치는 것은 무엇인가?

지구설을 지지한 유학자들은 대체로 지구가 우주 공간 속에 있으며 우주의 중심에 있다는 전제를 받아들였습니다. 그러나 전통적인 위·아래의 개념을 포기하지 않는 한, 지구가 무엇인가에 의해 지탱되거나 들려져야 된다고 생각하지 않을 수 없게 됩니다. 당시 사람들이 거대한 땅덩어리인 지구를 떠받칠만한 것으로 생각한 것이 있었다면, 그것은 도대체 무엇이었을까요? 조선의 유학자 이익李瀷(1681~1763)의 이야기를 한번 들어보도록 하겠습니다.

이익

『성호사설』

몰락한 남인 출신인 이익은 벼슬을 단념하고 평생 독서인으로 자처하며 학문 연구로 일생을 보냈다. 그러나 그는 당시 사회 모순에 대해 예리하게 비판하고 대안을 모색해나간 사상가였다. 경전해석학·예학·문학 등 다방면에 걸친 방대한 저술을 남겼는데, 그중 가장 유명한 책이 『성호사설星湖僿說』이다. 『성호사설』은 이익이 틈틈이 기록해 둔 글을 이익이 죽은 후에 그의 조카들이 정리한 책으로, 지구설을 비롯한 자연과학에 대한 내용도 일부 포함되어 있다.

땅은 하늘의 가운데에 위치하며 위·아래가 없다. 하늘은 하루에 한 바퀴 왼쪽으로 돈다. … 하늘의 안쪽에 있는 것은 그 형세로 보아 가운데를 향해 모이지 않을 수 없다. 이제 둥근 쟁반 안에 물건을 올려놓고 기계 장치를 작동시켜서 쟁반을 회전시킨다면, 물건은 반드시 뱅글뱅글 돌다가 한 가운데에 이른 후에야 멈추게 될 것이니, 이것만으로도 충분히 입증할 수 있을 것이다. 그러므로 땅이 아래로 떨어지지 않는 것과 위로 떠밀리지도 않는 것은 똑같은 형세다. 우주 공간 어느 곳에서나 땅을 아래로 삼고 하늘을 위로 삼는다. 만약 땅 아래, 즉 지구 반대편의 하늘에서 물건을 떨어뜨리면 반드시 땅에 닿아 멈출 것이다.

둥근 쟁반의 비유, 어디에서 많이 들어본 이야기 같지 않습니까? 이 책을 열심히 읽으신 분들은 기억나시죠? 주 시朱熹가 기의 회전(혹은 하늘의 운행)에 의해 땅이 지탱된다는 것을 어디에 비유했던가요? 밥공기에 비유했죠. 두 개의 밥공기 안에 물을 넣고 두 개의 밥공기를 합친 다음에 끊임없이 돌리면 물이 아래로 떨어지지 않는다고 했습니다. 밥공기의 비유에서 밥공기는 하늘을, 물은 땅을 의미했습니다. 다른 사대부 집안의 자제와 마찬가지로 유학을 배웠던 이익 역시 밥공기의 비유를 익히 알고 있었습니다. 이익이 주 시의 비유를 모방했다는 것은 의심의 여지가 없습니다. 둥근 쟁반은 하늘을 상징하는 것이고 그 위에 놓인 물건은 땅을 상징하는 것이었습니다.

이제 힌트를 드렸으니, 조금 전에 드렸던 질문에 답변하실 수 있을 것입니다. 이익이 지구를 떠받친다고 생각했던 물질은 무엇이었을까요? 정답은 '기氣' 입니다. 둥근 쟁반이 끊임없이 회전한다는 것은 '기의 회전' 을 비유적으로 표현한 것입니다. 앞에서 이광사가 '하늘의 운행' 이라고 했던 것도 '기의 회전' 을 의미한다고 보아야 되겠죠. 하늘을 기의 회전으로 보는 것은 장 짜이와 주 시 이래로 동아시아의 유교적 지식인들이 공유하던 천문학 이론이었던 것입니다.

이익은 지구설과 관련해 분명히 "위·아래가 없다"고 주장했습니다. 그러나 이익은 이와 모순되는 발언도 하고 있습니다. "땅이 하늘의 중심에서 아래로 떨어지지 않는 것은 하늘의 회전 때문이다." 그러니까 하늘이 운행을 멈춘다면, 땅이 '아래로' 떨어지고 만다는 것입니다. 진정으로 위·아래의 개념을 버렸다면 지구의 추락을 걱정할 이유가 없었을 것입니다. 그러나 이익은 주 시와 마찬가지로 지구가 '아래로' 추락할지도 모른다는 상황을 가정했습니다. 이익은 끝내 전통적인 위·아래 개념을 포기하지 못했던 것입니다. 이것은 사상가가 그의 시대로부터 벗어나기가 얼마나 어려운 것인가를 단적으로 보여 줍니다.

한편 지구설이 '기'의 이론을 통해 수용되었다는 것은 서양 과학이 아무런 여과 없이 그대로 수용된 것이 아니라 전통 과학이라는 필터를 통해서 수용되었다는 역사적 사실을 보여 줍니다. 예수회 선교사들의 지구설은 아리스토텔레스의 4원소 이론과 결부된 것이었지만, 동아시아에서 지구설은 낯선 아리스토텔레스의 이론과 결합한 것이 아니라 동아시아의 지식인들에게 대단히 친숙한 개념이었던 기의 이론과 결합했던 것입니다.

그런데 지구설과 기의 회전 이론이 결합한 것은 유럽이나 동아시아에 일찍이 없었던 새로운 천문학 이론을 탄생시켰습니다. 이 새로운 천문학 이론은 '지전설地轉說'이라고 부르는데, 주로 조선에서 발전했습니다.

만약 지구의 주위에서 기가 회전한다면 그 회전의 영향을 받아 지구가 어떤 식으로든 움직인다고 생각해 볼 수 있지 않을까요? 이러한 생각을 최초로 제기한 사람은 재미있게도 지구설의 맹렬한 반대자였던 양 꾸앙시엔이었습니다.

만약 땅이 허공에 떠 있다면 이 허공 속의 대지는 반드시 기가 두 들기는 대로 끊임없이 움직일 것이다. 만일 하늘이 하루에 한 바퀴 돌아야 안정적으로 자신의 위치를 유지할 수 있다면, 그리고 이미 하늘이 끊임없이 회전하고 있다면, 땅의 위·아래 사방에 있는 여러 나라의 사람들이 땅의 움직임에 따라 뱅글뱅글 돌면서 떠내려가 낮에는 땅 위에서 똑바로 서있고 밤에는 땅 아래에서(지구 반대편에서) 거꾸로 붙어 있을 것이니, 사람과 사물들이 자신의 위치를 안정적으로 유지하지 못할 것이다.

양 꾸앙시엔의 이야기를 읽다보면 절로 미소를 띠지 않을 수 없습니다. 그 당시 사람들이 지구설에 대해 느꼈을 당혹감을 너무나도 잘 표현했기 때문입니다. 거대한 공이 있고 그 위에 어떤 사람이 있다고 가정해 봅시다. 그 공이 회전한다면, 그 위에 있는 사람이 밑으로 떨어지는 문제는 논외로 치더라도, 그 사람 머리가 어지러워지지 않을까요? 아마도 롤러코스터를 탔을 때의 느낌과 비슷할 것입니다.

"사람과 사물들이 자신의 위치를 안정적으로 유지하지 못할 것이다!" '만약 기의 회전에 따라 지구가 움직이게 된다면 지구 위에 있는 인간 세계는 완전히 파괴될 수밖에 없다. 그러나 실제로는 사람과 사물들이 땅 위에 잘 붙어 있지 않는가? 따라서 지구설은 허무맹랑한 이단 잡설이다!' 이렇게 양 꾸앙시엔이 지구가 회전하는 상황을 가정한 이유는 지구설을 부정하는 데 있었습니다. 그러나 그의 주장은 지구가 돈다고 주장하는 이론이 해결해야 할 문제를 정확하게 지적하고 있습니다. 어떻게 지구가 도는데, 지구 위에 있는 사물들이 자신의 위치를 유지할 수 있을까? 태양중심설을 지지하든, 지전설을 주장하든, 이 문제를 해결하지 않고서는 다른 사람들에게 자신의 주장을 설득시킬 수 없었습니다.

아리스토텔레스와 프톨레마이오스 — 그래서 지구는 돌지 않는다

유럽의 역사에서 코페르니쿠스의 혁명 이전까지, 아니 그 이후에도 상당히 오랫동안 지구가 우주의 중심에 있으면서 절대로 움직이지 않는다는 이론을 보증해 주었던 것은 아리스토텔레스와 프톨레마이오스의 권위였습니다. 프톨레마이오스는 『알마게스트』에서 지구의 자전에 반대하는 논거들을 인간의 경험과 상식에 의존해서 다음과 같이 열거했습니다.

만약 지구가 남·북극을 관통하는 축을 중심으로 동쪽으로 회전한다면, 구름을 포함해서 지표면 위에 떠 있는 모든 물체들이 서쪽으로 움직여서 뒤처지는 것처럼 보일 것인데, 이것은 실제 경험과 상반되는 현상이다. 만약 지구의 회전 운동에 따라 공기가 움직인다면, 공기 중에 있는 모든 것은 서쪽으로 움직이는 것처럼 보일 것이다. 그러나 실제로 그러한 현상은 일어나지 않는다. 따라서 지구는 회전하지 않는다.

만약 지구가 회전한다는 가정 하에서 동쪽으로 매우 빨리 달리는 배 속에서 어떤 사람이 화살을 수직으로 쏘아 올리면 그 화살은 배보다 상당히 뒤져서 서쪽에 떨어져야 할 것이다. 이와 비슷하게 돌을 수직으로 던져 올리면 그 돌은 그것이 던져진 위치보다 훨씬 서쪽에 떨어져야 할 것이다. 그러나 실제로는 화살은 쏘아올린 바로 그 자리에, 돌은 던져진 바로 그 자리에 떨어진다. 따라서 지구는 정지해 있다.

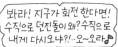

프톨레마이오스

과학에 관심 있는 학생이라면 프톨레마이오스에게 한 수 가르쳐줄 수 있을 것입니다. 프톨레마이오스가 이해하지 못한 것은 무엇일까요? 바로 '관성'입니다. '관성'이란 물체에 가해지는 외부의 힘이 전혀 없을 때, 좀 더 정확하게 표현하면 외부에서 가해지는 힘의 합이 0일 때, 자신의 운동 상태를 지속하는 성질을 말합니다. 모든 물체에는 관성이 있습니다. 그 때문에 정지한 물체는 계속 정지해 있으려 하고, 운동하는 물체는 원래의 속력과 방향을 그대로 유지하려고 합니다. 외부에서 힘이 가해져 관성이 깨지기 전까지 말입니다.

예를 들어 여러분이 인천 국제공항에서 비행기를 타고 수직으로 하늘을 향해 상승했다가 일정 시간이 지난 후에 수직으로 하강해서 땅에 착륙을 한다고 가정해 봅시다. 여러분이 착륙한 곳은 어디겠습니까? 다시 인천 국제공항이죠. 인천에서 바다 건너 서쪽에 있는 중국의 옌타이(연대煙臺)에 착륙하는 일 따위는 결코 일어나지 않습니다. 그 이유는 비행기가 지구의 표면을 이탈한 후에도 관성에 의해 지구의 자전과 같은 방향으로 운동하기 때문입니다. 비행기는 이륙 이전부터 지구의 운동에 참여해 왔던 것입니다.

프톨레마이오스와 중세 유럽인들이 관성을 생각해내지 못한 이유는 아리스토텔레스의 운동 이론 때문이었습니다. 아리스토텔레스에게 '운동'이란 물체의 본연의 성질이 실현되는 과정을 의미했습니다. 우리가 생각하는 '운동'이란 아리스토텔레스가 '장소상의 이동'이라고 부른 것으로, 아리스토텔레스의 운동 개념의 일부에 불과합니다. 우리가 운동이라고 생각하지 않는 것들, 예를 들어 어린이의 성장이나 식물의 생장도 아리스토텔레스에게는 똑같이 운동에 속하는 것이었습니다. 씨앗이 식물로 자람으로써 그 가능성을 완전히 실현하는 것과 마찬가지로, 무거운 물체는 그 본연의 위치인 땅의 중심으로 움직임으로써 자신의 본성을 실현한다는 것입니다.

아리스토텔레스의 운동 개념은 오늘날 우리들의 운동 개념과 근본적으로 다릅니다. 우리에게는 물체의 정지 상태나 운동 상태나 다 같이 물체의 상태입니다. 그러나 아리스토텔레스는 운동을 어떤 상태에서 다른 상태로의 변화 과정으로 보았습니다. 그러니까 운동이란 물체의 상태가 아니라 하나의 정지 상태에서 또 하나의 정지 상태로 변화시켜주는 과정이 되는 셈입니다. 예를 들어, 돌의 낙하 운동은 공중 위에 정지해 있는 상태에서 땅 위에 정지해 있는 상태로의 변화 과정으로 표현할 수 있습니다. 다른 식으로 표현하자면, 부자연스러운 위치에 있었던 돌이 자연스러운 위치로 이동함으로써 자신의 본성을 실현한다고도 할 수 있습니다.

아리스토텔레스는 운동을 '자연적 운동'과 '강제적 운동(비자연적 운동)'으로 구분했습니다. '자연적 운동'이란 물체 자체의 본연의 성질 때문에 발생하는 운동을 말합니다. 땅의 세계에서는 무거운 물체가 우주의 중심인 지구의 중심을 향해 내려가고 가벼운 물체는 위로 올라갑니다. 하늘의 세계에서는 천체들이 항상 같은 속도로 원운동을 합니다. 자연적 운동이란 바로 이 세 가지 운동, 즉 땅의 세계에서의 수직 상승·낙하 운동과 하늘의 세계에서의 원운동을 가리킵니다.

'강제된 운동'이란 자연적 운동이 아닌 모든 운동, 즉 물체의 성질에 반하는 운동을 말합니다. 예를 들어, 돌을 머리 위로 던지면 그 돌이 공중의 어느 지점에서 정지할 때까지 땅의 중심과 반대 방향으로 올라가는데, 이것이 강제된 운동입니다. 수직 낙하 운동을 하려는 무거운 물체의 본성에 반하기 때문이죠.

강제적 운동은 반드시 '외부'로부터 '운동 원인'의 작용이 있어야 합니다. 사람이 팔에다 힘을 실어 힘껏 던져야 돌이 날아갈 것입니다. 만약 외부로부터의 운동원인이 소멸하면 강제적 운동은 중지되어야 합니다. 그 때문에 머리 위로 던진 돌이 어느 지점까지 올라가면 일순간 멈추게 됩니다.

자연적 운동의 경우, 운동원인은 물체의 '내부', 즉 본성 안에 갖추어져 있습니다. 무거운 물체는 외부로부터의 힘이 가해지지 않더라도 자신의 본성에 따라 스스로 땅의 중심을 향해 나아갑니다. 그 때문에 공중에 정지 상태로 떠 있던 돌이 땅으로 떨어지는 것입니다.

땅의 세계에서 자연적 운동은 수직 운동밖에 존재하지 않는다는 아리스토텔레스의 운동 이론에 따른다면, 관성은 존재할 수 없게 됩니다. 즉 지구의 회전과 같은 방향의 운동이란 불가능해지는 것이죠. 관성을 인식하지 않는 한, 지구의 자전 가능성은 부정될 수밖에 없습니다.

뷔리당과 오렘 ― 과연 지구는 돌지 않는 걸까?

14세기에 들어, 비록 소수이지만 지구의 자전 가능성을 조심스럽게 검토한 사람들이 나타났습니다. 프랑스의 철학자 뷔리당Jean Buridan (1300~1358)*은 운동의 상대성에 대해 날카롭게 인식하고 있었습니다. 즉 지상의 관찰자가 보기에 지구가 정지해 있고 태양이 지구 둘레를 회전하는 것처럼 보이지만, 그 반대의 경우도 사실일 수 있다는 것입니다. 지구가 정지해 있든 지구가 회전을 하든, 지상의 관찰자에게 보이는 천체 현상은 동일할 것이기 때문입니다. 뷔리당은 마치 실제로 정지한 배 옆을 통과하는 움직이는 배 위의 사람처럼 지구 위의 관찰자가 지구의 회전 운동을 느끼지 못할 것이라고 주장했습니다.

"만일 움직이는 배 위에 있는 관찰자가 자기 자신이 정지해 있다고 상상한다면, 실제로 정지한 배가 운동하는 것처럼 보일 것이다. 이와 마찬가지로, 만약 태양이 정지해 있고 지구가 회전한다고 해도 지구 위의 관찰자는 정반대로 인식하게 될 것이다."

어느 쪽이 올바른 이론일까요? 뷔리당이 보기에, 지구의 자전 쪽을 선호할만한 몇 가지 근거가 있었습니다. 첫째, 뷔리당은 정지가 운동보다 더 고귀한 상태라는 아리스토텔레스와 가톨릭의 교리를 적용했습니다. 그 교리에 따르면, 하느님의 나라에 더 가까운 곳에 있는 천구가 정지해 있고 가장 저급한 지구가 회전하는 것이 더 타당합니다. 둘째, 가능한 가장 단순한 방법으로 현상을 규정하는 것이 바람직하다고 주장했습니다. 지구는 항성 천구보다 훨씬 느린 속도로도 하루에 한

뷔리당
중세 말의 가톨릭 성직자. 파리 대학의 학장을 지냈다. 관성의 근대적 개념으로 향하는 첫 단계인 임페투스 impetus의 개념을 발전시켰다. 임페투스의 개념은 갈릴레오가 관성의 개념을 착안하는 데 지대한 영향을 주었다. 지구의 자전 가능성을 언급해 코페르니쿠스 혁명의 씨앗을 뿌린 인물로 평가되고 있다.

바퀴 도는 운동을 완수할 수 있기 때문에, 지구가 회전하고 항성 천구가 정지해 있다고 가정하는 것이 더 타당합니다. 그러나 뷔리당은 수직으로 쏘아올린 화살이 왜 항상 그것이 발사된 원래의 장소에 떨어지는가를 설명하지 못했기 때문에 지구가 회전하지 않는다는 전통적인 입장으로 돌아오고 말았습니다.

프랑스의 철학자 오렘Nicole d' Oresme(1325~1382)은 뷔리당이 멈춰선 곳에서 한발짝 더 나아갔습니다. 오렘은 화살이 지표면에 놓여 있거나 공중으로 발사되었거나 상관없이 지구의 원운동을 공유하고 지구와 함께 같은 속도로 회전하기 때문에 발사된 바로 그 자리에 떨어질 것이라고 생각했습니다. 그리고 화살이 수직운동과 수평 원운동의 두 가지 운동을 동시에 하고 있지만, 지구의 원운동을 공유하는 관찰자에게 화살은 수직운동만 하는 것으로 보인다는 점도 지적했습니다. 따라서 오렘은 지구가 회전을 하지 않는다는 것을 경험에 의해 결정하는 것이 불가능하다고 주장했습니다.

오렘이 보기에, 지구가 자전한다는 가정은 여러 가지 장점을 가지고 있었습니다. 첫째, 지구가 자전한다고 가정하는 것은 지구가 정지해 있다고 가정했을 때보다 우주를 훨씬 더 조화롭게 만들 수 있었습니다. 기존의 이론에서 행성은 서에서 동쪽으로, 항성은 동에서 서쪽으로 회전해 상반되는 운동들이 동시에 일어났지만, 지구 자전설에서는 모든 천체들이 같은 방향으로, 즉 서에서 동쪽으로만 회전하도록 설정할 수 있었습니다. 자연 현상은 가능한 가장 적은 수의 단순한 운동에 의해 설명될 수 있어야 했던 것입니다.

둘째, 지구가 일주운동을 한다고 가정함으로써 가장 거대하고 먼 거리에 있는 천구에 지나치게 빠른 속력이 주어지는 상황을 피할 수 있었습니다. 더 나아가 모든 행성 천구와 항성 천구의 일주운동을 만들어내는 것이 유일한 기능이었던, 보이지도 않고 별도 없는 종동천을 불필요한 것으로 만들었습니다. 오렘은 신이 창조한 우주란 복잡한 것이

오렘의 초상화

오렘의 『구체론球體論』에 수록된 세밀화. 파리, 국립도서관 소장. 중세 말의 철학자, 경제학자, 수학자, 물리학자, 천문학자. 프랑스의 국왕 샤를 5세의 고문이자 가톨릭교회의 주교. 아리스토텔레스의 고전들을 프랑스어와 라틴어로 번역했다. 뷔리당의 임페투스 개념을 발전시켰으며 지구의 자전 가능성을 정교하게 탐구했다. 뷔리당과 함께 코페르니쿠스 혁명의 씨앗을 뿌린 인물로 평가되며 역시 갈릴레오에게 큰 영향을 주었다.

아니라 근본적으로 단순한 것이라고 생각했던 것입니다.

그러나 오렘은 뷔리당과 마찬가지로 전통적인 견해로 회귀하고 말았습니다. 가톨릭교회의 성직자였던 오렘이 지구의 자전 가능성에 대해 언급한 이유는 결국엔 그것을 부정함으로써 기독교 신앙을 수호하기 위해서였습니다. 적을 알면 백전백승한다는 이유에서였을까요?

갈릴레오 — 그래서 지구는 돈다

오렘이 죽은 지 60여 년이 지난 후, 코페르니쿠스의 혁명이 일어났을 때, 많은 사람들이 혁명에 거부감을 느낀 이유는 혁명이 일상적인 경험과 상식과 상반되기 때문이었습니다. 혁명이 확산되려면 일상적인 경험과 상식이라는 장애물을 돌파해야 했습니다. 이러한 장애물의 상당 부분은 운동과 관련이 있었습니다. 운동에 대한 당시 사람들의 생각으로는 지구가 그 축을 중심으로 하루에 한 바퀴씩 돈다는 주장은 터무니없이 황당한 것이었습니다. 당시 사람들은 아리스토텔레스의 운동 이론에 입각해서 프톨레마이오스처럼 지구의 자전 가능성을 부인했습니다.

코페르니쿠스의 혁명에 공감했던 갈릴레오는 지구의 회전 가능성을 부정하는 반론에 대처하기 위해 새로운 운동 이론을 고안해야 했습니다. 새로운 운동 이론에서 핵심이 되었던 것은 바로 '관성'의 개념이었습니다.

갈릴레오는 관성의 개념을 생각해냄으로써 지구의 자전 가능성에 대한 강력한 장애물을 제거할 수 있었습니다. 왜 높은 탑에서 떨어뜨린 공은 탑 바로 아래로 수직으로 떨어지는가? 이에 대한 갈릴레오의 답변은 다음과 같습니다.

갈릴레오의 초상화
수스터만스Justus Sustermans(1597~1681) 그림

"지상의 모든 물체는 그 자체가 지구의 원운동을 그대로 지닌다. 따라서 탑에서 떨어지는 공은 수직 낙하 운동을 하면서도 동시에 지구의 원운동의 속도와 똑같이 수평 원운동을 한다."

코페르니쿠스의 우주 구조가 제기한 또 하나의 역학적 문제는 엄청난 속도로 하루에 한 바퀴씩 회전하는 지구의 운동을 어떻게 지구 위의 사람이 느끼지 못하는가 하는 것이었습니다. 아리스토텔레스의 운동 이론에 따르면, 지구 위에 있는 사람들은 엄청난 속도로 동쪽에서 휘몰아치는 광풍을 경험해야 했습니다. 실제로는 이러한 광풍이 발생하지 않기 때문에 당시 사람들은 지구의 자전 가능성을 인정할 수 없었습니다. 이러한 반론에 대한 해답으로 갈릴레오는 '운동의 상대성'의 원칙을 적용했습니다. 즉 운동은 그 운동을 하지 않는 물체에 대해 상대적으로 나타나는 것이고, 그 운동을 함께 하고 있는 물체에 대해서는 나타나지 않는다. 다시 말해서, 운동하는 물체와 같은 운동을 하고 있는 물체는 그 물체의 운동을 느끼지 못한다는 것입니다.

운동을 이렇게 상대적인 것으로 이해하게 되면, 어떤 물체가 운동을 하는지 하지 않는지를 절대적으로 구별할 수 없게 됩니다. 따라서 물체의 운동 상태와 정지 상태를 본질적으로 구별할 수 없습니다. 그리고 운동이 물체의 본성과 전혀 관계가 없으며, 운동에 의해 물체의 성질에 어떠한 변화도 생기지 않는다고 생각해야 합니다. 운동이란 물체가 처해 있는 어떤 상태에 불과합니다. 갈릴레오의 표현을 빌자면, 물체는 스스로가 정지 상태에 있는지 운동 상태에 있는지에 대해 '무관심' 합니다. '무관심' 이라는 생각은 갈릴레오가 코페르니쿠스의 우주 체계에서 운동의 문제를 해결하는 데 근본적인 단서를 제공해 주었습니다. 지구가 굉장한 속도로 운동을 하고 있으면서도 그것을 느끼지 않을 수 있는 것은 우리가 그 운동에 '무관심' 하기 때문입니다. 다시 말해서, 지구의 자전 운동 때문에 인간으로서 본연의 성질이 변화되는 일 따위는 절대로 일어나지 않습니다.

갈릴레오의 『대화』 표지

살비아티가 들고 있는 '태양 중심 체계' 모형

갈릴레오의 『대화』의 주인공들

『두 개의 주요 우주 체계에 관한 대화』(1632)의 표지. 왼쪽에 머리가 벗겨진 사람이 아리스토텔레스의 전통을 대변하는 심플리치오, 오른쪽에 있는 사람이 갈릴레오를 대변하는 살비아티, 가운데가 교양 있는 중재자 세그레도이다. 살비아티가 왼손에 들고 있는 것은 태양 중심 체계를 상징하는 모형이다.

갈릴레오는 프톨레마이오스 체계와 코페르니쿠스 체계를 공평하게 다루어 줄 것을 요구하는 교황 우르반 8세의 요청에 따라 『두 개의 주요 우주 체계에 관한 대화—프톨레마이오스와 코페르니쿠스의 체계에 대해』(줄여서 『대화』)이라는 대단히 긴 제목의 책을 저술했다. 갈릴레오는 최대한 많은 독자가 읽을 수 있도록 이탈리아어로 책을 썼고, 세 명의 등장 인물, 즉 살비아티, 세그레도, 심플리치오 간의 대화 형식으로 꾸몄다. 이해하기 쉽고 흥미로운 문학 형식으로 되어 있는 『대화』는 4일 동안 세 사람 사이에 벌어진 대화를 내용으로 한다. 그 중 두 번째 날의 대화에서는 왜 자전하는 지구에서 물체들이 날아가 버리지 않는지, 왜 우리가 지구의 자전에도 불구하고 끊임없는 동풍을 경험하지 않는지, 왜 탑에서 떨어뜨린 공이 탑의 바닥에 곧바로 떨어지는지, 왜 포탄이 동쪽으로나 서쪽으로나 동일한 거리만큼 날아가는지에 대한 대화로 구성되어 있다.

1632년 1월에 출간된 『대화』는 코페르니쿠스 혁명을 옹호하고 아리스토텔레스와 프톨레마이오스의 전통을 반박하는 내용을 담고 있었기 때문에, 가톨릭교회 측에서 즉각적이고 격렬한 반응을 보였다. 같은 해 여름, 교황의 명령에 의해 『대화』의 판매가 중지되고 유포된 책들이 회수되었다. 그리고 그 해 가을, 종교 재판소에 갈릴레오를 소환했다. 1633년 6월, 종교 재판소는 갈릴레오에게 '매우 강한 이단 혐의'가 있다는 판결을 내렸으며, 같은 해 7월부터 죽을 때까지 갈릴레오는 종교 재판소의 죄인 신분으로 가택 연금 생활을 해야 했다.

한편 갈릴레오는 운동에 관한 수학적 기초를 세우는 데 성공했습니다. 갈릴레오는 자연이 암호로 쓰였으며 이 암호를 푸는 열쇠가 수학이라고 생각했습니다. 그 때문에 자신이 발견한 운동에 관한 법칙을 수학으로 표현했습니다. 갈릴레오는 케플러와 마찬가지로 수학적 단순성 때문에 코페르니쿠스의 천문학을 받아들였습니다. 케플러는 오직 완전하고 영원한 천체의 운동만이 수학적 분석의 대상이 될 수 있다고 생각했습니다. 갈릴레오는 땅의 세계의 운동에 대해서도 수학을 적용할 수 있었습니다.

이 시점에서 우리는 갈릴레오를 향해 의문을 제기할 수 있을 것입니다. '만약 더 이상 지구가 우주의 중심이 아니라면 무거운 물체가 지구의 중심을 향해 떨어지는 현상을 어떻게 설명하겠습니까?' 이 질문에 대한 갈릴레오의 답변은 매우 놀랍게도 아리스토텔레스적입니다. '물체로 하여금 지구의 중심을 향해 떨어지게 하는 것은 외부에서 작용하는 힘이 아니라 물체 자체의 본성이다.' 갈릴레오는 여전히 물체의 수직 낙하 운동을 자연적 운동으로 간주하고 있었던 것입니다. 아무리 갈릴레오가 천재라 할지라도 과거의 전통과 완전히 단절할 수는 없었습니다. 갈릴레오는 새로운 운동 이론을 형성해 내면서도 옛 우주론의 요소들에 의해 제약을 받았던 것입니다.

갈릴레오가 묘사한 코페르니쿠스의 체계
『대화』에 수록된 그림으로 코페르니쿠스의 태양 중심 체계를 보여 준다. 목성 둘레에 4개의 위성이 그려져 있다.

갈릴레오는 태양 중심 체계를 지지하면서도 케플러의 타원궤도를 받아들이지 않았습니다. 갈릴레오는 오직 원운동만이 조화로운 우주의 관념과 양립할 수 있다는 생각을 고수했습니다. 원 위에서만 물체가 자기에게 합당한 자리를 지키면서 우주의 중심으로부터 일정한 거리를 유지하면서 영원히 운동을 할 수 있다고 생각했습니다. 그 때문에 관성 운동도 원운동을 하는 것으로 설정했던 것입니다.

갈릴레오는 새로운 운동 이론을 수립함으로써 케플러와 함께 코페르니쿠스의 혁명을 완성시켰습니다. 갈릴레오가 죽었을 당시(1642), 천문학자 중에서 태양 중심 체계를 받아들인 천문학자는 극히 소수에 불과했습니다. 그러나 케플러와 갈릴레오는 자신의 저술 속에서 태양 중심 체계의 장점을 거의 완벽하게 구현해 놓았습니다. 따라서 코페르니쿠스의 혁명이 유럽 전역으로 확산되고 수용되는 것은 이제 시간문제가 된 것입니다.

동아시아에서는 코페르니쿠스의 학설을 어떻게 수용했나?

1633년, 갈릴레오가 종교 재판소로부터 이단 판결을 받고 단죄된 사건은 가톨릭교회가 우세한 지역에서 일시적으로 혁명의 열기를 가라앉힐 수 있었습니다. 교황의 영향력이 가장 강력했던 이탈리아에서 과학자들은 코페르니쿠스의 이론에 대해 직접 언급하는 것을 회피했습니다. 교황의 영향력이 직접 미치지 않았던 프랑스의 과학자들도 매우 조심스럽게 처신했습니다. 예를 들어, 데카르트René Descartes (1596~1650)는 코페르니쿠스의 학설을 다룬 책의 출간을 뒤로 미루어야 했습니다. 이단에 대항해 투쟁을 벌였던 예수회가 약간의 승리를 거둔 것입니다. 이 무렵 예수회는 중국에서 유럽에서보다 조금 더 크고 오래 지속될 승리를 쟁취할 수 있었습니다. 갈릴레오가 단죄된 지 1년 후에 『숭정역서』(1634)가 완성된 것입니다. 게다가 중국에서는 유

데카르트
프랑스의 철학자·수학자. 데카르트는 기존의 과학과 철학에 맞서 철저히 기계적인 세계관을 주장했다. 그는 우주 자체를 모든 것이 법칙에 의해 지배되는 거대한 기계라고 생각했다. 갈릴레오의 운동 이론을 계승한 데카르트는 관성운동이 원운동이 아니라 직선운동이라고 주장했다.

럽에서보다 더 효과적으로 코페르니쿠스의 이단설을 봉쇄할 수 있었습니다. 물론 완전히 틀어막지는 못했습니다.

『숭정역서』와 그것의 증보 개정판 『서양신법역서』(1645) 속에 소개된 우주론은 프톨레마이오스와 티코 브라헤의 우주 구조였습니다. 따라서 코페르니쿠스의 우주 구조에 대해서는 거의 언급하지 않았습니다. 다만 「오위역지」에서 지구 자전의 가능성을 비교적 상세하게 소개하고 있어서 흥미롭습니다.

　　이제 지표면 위에서 보면, 뭇별들이 왼쪽으로 운행하는 것처럼 보이지만, 그것은 실제 별의 운행이 아니다. 별이 하루에 한 바퀴 회전하는 것이 아니라, 지구가 공기와 불과 함께 하나의 구球를 이루어 서쪽에서 동쪽으로 하루에 한 바퀴 회전하는 것일 뿐이다. 마치 사람이 배를 타고 강기슭의 나무 등을 보면서 자기가 움직이고 있다는 것은 생각하지 못하고 강기슭이 움직인다고 생각하는 것과 같다. 땅 위의 사람들이 뭇별들이 서쪽으로 운행하고 있다고 생각하는 것도 이것과 같은 이치이다. 그러므로 지구가 한 번 회전함으로써 여러 천구들이 회전하는 수고를 덜 수 있고, 가장 작은 천구를 가진 지구가 회전함으로써 그보다 훨씬 큰 천구들이 회전하는 수고를 덜 수 있다.

이 글에서 여러분은 코페르니쿠스와 함께 그 이전에 지구의 자전 가능성을 언급했던 중세 유럽의 철학자들인 뷔리당과 오렘을 떠올리실 수 있을 것입니다. 그들은 중국에 온 선교사들보다 300여 년 전에 운동의 상대성을 날카롭게 인식하고 가능한 가장 단순한 방법으로 자연현상을 설명해야 한다고 주장했습니다.

그런데 "땅이 공기와 불과 함께 하나의 구를 이룬다"는 말은 대체 무슨 뜻일까요? 여기에서 말하는 '땅'과 '공기', '불'은 아리스토텔레스의 4원소 중 세 가지 원소를 뜻합니다. 지구가 회전한다고 생각했던 이탈리아의 철학자 베네데티Giovanni Battista Benedetti(1530~1590)[*]는 지구를 둘러싼 물질인 공기와 불이 지구와 함께 회전하기 때문에 지구 위에 있는 사람들이 날아가거나 쓰러지는 일 따위는 발생하지 않는다고 주장했습니다. 「오위역지」의 글은 아마도 베네데티의 학설을 인용한 것 같습니다.

그러나 「오위역지」에서 지구의 자전 가능성을 언급한 이유는 그것을 옹호하기 위해서가 아니라 비판하기 위해서였습니다. "고금의 여러 학자들은 지구 자전설이 진실로 올바른 견해가 아니라고 생각했다." 예수회의 공식 입장은 지구는 우주의 중심으로서 절대로 움직이지 않는다는 것이었습니다. 물론 예수회 선교사들 중에 몇몇은 코페르니쿠스의 학설을 일부 소개하기도 했습니다. 그 때문에 중국인 학자들의 저술 속에 간간이 지구의 자전에 대한 서술이 나오기도 합니다. 그러나 코페르니쿠스의 진면목이 제대로 소개된 것은 아니었습니다.

원래 코페르니쿠스가 제기한 문제는 크게 세 가지였습니다. 수학적인 문제, 우주론적인 문제, 물리학적인 문제. '수학적인 문제'란 천체의 위치를 정확하게 계산하고 예측하는 수학적 이론을 만드는 것입니다. '우주론적 문제'란 천체의 복잡한 운동을 간명하게 설명할 수 있는 우주 구조를 만드는 것입니다. 한마디로 '지구의 공전'에 관한 문제라고 정리할 수 있습니다. '물리학적인 문제'란 지구가 회전한다고 가정했을 때 지표면 위에서 발생할 수 있는 여러 현상을 설명할 수 있는 운동 이론을 만드는 것입니다. 한마디로 '지구의 자전'에 관한 문제라고 요약할 수 있습니다.

이 세 가지 문제 중에 동아시아의 천문학자들이 가장 관

4
부

베네데티
르네상스 시대 이탈리아의 수학자 · 자연철학자. 갈릴레오보다 앞서 아리스토텔레스의 자연 철학을 비판했다.

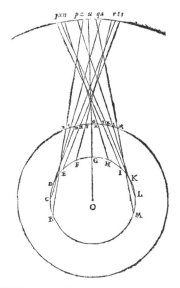

행성의 운동 모델
갈릴레오의 『대화』에 수록된 그림. 태양 중심 체계에서는 행성의 역행 운동이 자연스럽게 일어남을 보여 준다.

심을 가졌던 문제는 수학적인 문제였습니다. 그들에게 천체의 위치를 정확하게 예측할 수 있는 역법을 만드는 것이 가장 중요했기 때문입니다. 그러한 관심에서 본다면, 코페르니쿠스의 학설은 동아시아의 천문학자들에게 그다지 깊은 인상을 주지 못했을 것입니다. 왜냐하면, 그들은 『서양신법역서』, 『역상고성후편』 등을 연구하면서 코페르니쿠스보다도 훨씬 뛰어난 관측 데이터를 제시했던 티코 브라헤의 수치를 이용할 수 있었기 때문입니다. 따라서 그들은 코페르니쿠스의 이론을 티코의 이론보다 낮은 수준에 있다고 평가할 수밖에 없었습니다. 이것은 그들이 당시 유럽 천문학계의 동향을 파악할 수 없었기 때문입니다.

지구가 중심인가, 태양이 중심인가 하는 문제는 중세 유럽의 기독교적 세계관을 뒤집어엎을 수 있었기 때문에 예수회 선교사들이 가장 금기시한 주제였습니다. 그 때문에 예수회 선교사들은 코페르니쿠스를 지구 중심 체계(천동설)를 주장한 천문학자로 왜곡해서 동아시아 세계에 소개했던 것입니다. 따라서 '지구의 공전' 문제는 18세기 말까지 동아시아 세계에 거의 알려지지 않았습니다. 게다가 동아시아 천문역산학의 전통에서 우주론은 부차적인 문제로 취급되었습니다. 따라서 지구공전설이 일찍이 소개되었더라도 유럽에서처럼 전통적인 세계관에 심각한 타격을 줄 수 없었을 것입니다.

'만약 지구가 회전한다면, 지상에서는 격렬한 바람이 일어나 지구 위의 모든 물체를 날려버리지 않을까?' 이것은 물리학의 입장에서 코페르니쿠스의 학설에 대해 질문을 던진 것입니다. 이러한 질문에 대해 코페르니쿠스는 만족할만한 답변을 제시하지 못했습니다. 기껏해야 '모든 운동은 상대적이다', '거대한 하늘로 하여금 회전 운동을 시킬 수 없다'는 뷔리당과 오렘의 논리를 반복했을 뿐입니다. 「오위역지」를 통해 소개된 코페르니쿠스의 학설은 바로 물리학적인 문제였습니다. 이러한 문제에 관심을 가졌던 것은 천문학자가 아닌 유학자들이었습니다. 유학자들은 철학적 사색을 통해서 코페르니쿠스가 던진 문제

즉, 지구의 회전 가능성에 대해 진지하게 논의했습니다.

그러나 지구 자전설은 지구설만큼 중국과 조선의 지식인 사회에서 널리 수용되지는 못했습니다. 지구설은 예수회 선교사들이 널리 선전한 이론으로서 동아시아의 지식인들이 접할 기회가 많았지만, 지구 자전설은 선교사들이 소개하기 꺼려한 이론으로서 접할 기회가 상대적으로 적었기 때문입니다. 그나마 코페르니쿠스 천문학의 전모가 체계적으로 정확하게 소개된 것이 아니라 주로 물리학적인 문제를 중심으로 극히 일부분만 소개되었던 것입니다. 동아시아 삼국 중에서도 특히 조선의 유학자들은 17세기 말부터 코페르니쿠스가 제기한 물리학적인 문제를 가지고 '지전설'이라는 새로운 우주론을 전개해 나갔습니다.

주 시 — 땅도 기의 회전에 따라 회전한다

지구설과 중력을 4원소 이론으로 설명하는 예수회 선교사들의 머릿속에서는 결코 지구는 회전할 수 없습니다. 만약 지구가 회전한다고 인정하면 아리스토텔레스와 프톨레마이오스의 전통 자체가 붕괴될 것이기 때문입니다. 그러나 예수회 선교사들을 통해 중세 유럽 천문학을 수용했음에도 불구하고 동아시아의 지식인들 중 일부는 지구가 회전한다는 이론, 즉 '지전설'을 주장할 수 있었습니다. 그렇다면 어떻게 해서 지전설이 등장할 수 있었을까요? 그리고 지전설을 코페르니쿠스의 태양중심설과 비교했을 때 공통점은 무엇이고 차이점은 무엇이었을까요?

"하늘은 과연 회전하는가? 땅은 과연 정지해있는가?" 동아시아에서 이러한 생각을 제일 처음 제기한 인물은 전국시대의 사상가 장자莊子입니다. 그러나 과학적 입장에서 땅의 회전 가능성을 최초로 언급한 인물은 13세기의 사상가 주 시였습니다.

오늘날의 땅의 중심은 옛날과는 이미 같지 않다. 한나라 때에는 양츠엉陽城이 땅의 중심이었다. 지금은 위에타이岳臺가 땅의 중심이다. 이미 상당히 어긋나있다. … 하늘의 운행에 어긋남이 있으니, 땅도 하늘의 회전에 따라 어긋남이 생긴다고 생각해 볼 수 있다. 지금 여기(땅 위)에 앉아 있기 때문에 땅이 움직이지 않는다고 생각할 뿐이다. 어찌 하늘이 바깥쪽을 회전하고 있는데 땅이 거기에 따라 회전하지 않는다는 것을 알 수 있겠는가?

이 구절만 딱 떼어 놓고 보면 마치 지구의 자전을 이야기한 것처럼 들릴지 모르겠습니다. 분명히 주 시는 뷔리당과 오렘보다 100여 년 전에 '운동의 상대성'에 대해서 예리하게 인식하고 있었습니다. 그러나 자전설을 이야기한 것은 아니었습니다. 여기에서 말하는 땅의 회전이란 땅의 중심이 지표면을 따라 이동한다는 것을 의미합니다. 그것도 오랜 시간에 걸쳐 대단히 천천히 이루어지기 때문에 사람들이 인식할 수 없는 그러한 형태의 운동입니다.

주 시가 말하는 땅의 중심은 아리스토텔레스가 말하는 땅의 중심과 완전히 다른 개념입니다. 아리스토텔레스는 땅이 공처럼 둥글다고 생각했기 때문에 땅의 중심이라고 한다면 당연히 지구의 중심을 의미한다고 생각했습니다. 그러나 땅이 평평하다고 생각했던 주 시는 '지구의 중심'이라는 개념을 도저히 상상할 수 없었습니다. 주 시가 상상한 땅의 중심이란 평평한 지표면 상에서의 중심이었던 것입니다.

주 시는 땅의 중심이 이동한다는 것으로부터 땅이 회전한다는 생각을 이끌어낼 수 있었습니다. 그렇다면 땅의 중심이 이동하는 원인은 무엇일까요? 주 시는 그 원인을 "하늘의 어긋남" 즉 세차현상에서 찾았습니다. 하늘의 운행 자체가 어긋나있기 때문에 땅의 중심도 옮겨간다는 것입니다. 하늘의 어긋남과 땅의 중심 이동을 매개하는 것은 무엇일까요? 그것은 바로 기입니다. 하늘의 운행은 곧 기의 회전에 의한 것이고, 기의·회전에 의해 땅도 회전한다는 것입니다. 주 시가 말하는 땅의 회전이란 하루에 한 바퀴 돈다는 의미에서 '자전'은 아닙니다. 그러나 땅의 회전 가능성에 대해 이론적으로 언급한 것은 후대에 영향을 주었습니다. 이른바 '지전설'의 원조가 되었기 때문입니다.

조선의 김석문, 우주를 논하다

장 짜이와 주 시가 구축한 우주론의 토대 위에 서양 천문학 이론을 수용해 독창적인 우주론을 구상한 인물은 조선의 유학자 김석문金錫文(1658~1735)입니다. 김석문은 고등학교 『국사』 교과서에서 최초로 지전설을 주장한 인물로 등장하지만 비슷한 시기에 활약했던 이익[*]처럼 오늘날 대중들에게 널리 알려진 인물은 아닙니다. 그러나 조선시대를 통틀어서 가장 체계적이고 정교한 우주론을 구축한 사상가입니다.

17세기 이후 조선 사대부 사회에서는 서양 과학책을 읽는 것이 크게 유행했습니다. 이에 대해 이익의 제자 안정복安鼎福(1712~1791)[*]은 "서양 서적이 … 우리나라에 전래된 이래, 이름난 관료와 뛰어난 유학자 중에 서양 서적을 안 본 사람이 없었다"라고 증언하고 있습니다. 그렇지만 모든 사대부들이 서양 과학책에 손쉽게 접근할 수 있었던 것은 아니었습니다.

오늘날만큼 인쇄술과 제지술이 발달하지 않았던 조선시대에는 책 한 권에 담을 수 있는 정보의 양이 제한되어 있었습니다. 오늘날에는 책 한 권이면 충분한 분량의 지식을 그 당시에는 십 수권에 나누어서 담아야 했습니다. 그리고 책을 한꺼번에 몇 천 부씩 찍어내는 대량생산의 시대가 아니었기 때문에 책이 대단히 귀했습니다. 그 때문에 책값이 무척 비쌌습니다. 중국에서 수입된 책은 쉽게 구할 수 없었기 때문에 더욱 비쌀 수밖에 없었습니다. 책값이 비싸다는 것은 부자가 아

이익

이익은 장자와 주 시의 우주론에 기대어서 땅의 회전 가능성에 대해 언급하기는 했지만 결국 그 가능성을 부정하고 전통적인 견해로 돌아갔다.

안정복

이익을 스승으로 삼고 과거 시험을 외면한 채 여러 학문을 섭렵했으며 특히 경학經學과 사학史學에 뛰어났다. 주자의 가르침에 따라 만사를 판단해야 한다고 하면서도 학문이 현실 문제 해결에 기여해야 한다고 주장했다. 저서로는 『동사강목東史綱目』(1778) 등이 있다.

니고서는 책을 구입해서 보기가 어려웠다는 것을 의미합니다. 가난한 선비들은 남의 책을 빌려다가 베끼는 수밖에 없었습니다.

게다가 책의 유통이 대단히 완만한 속도로 이루어졌기 때문에 시골 선비들은 서울·경기 지역 선비들에 비해 최신 서적에 접할 기회가 적을 수밖에 없었습니다. 이에 반해 집권 붕당의 고위 관료 집안 출신으로서 서울·경기 지역에 거주하는 선비들은 중국으로부터의 최신 정보를 가장 빨리 접할 수 있었습니다. 김석문은 바로 그러한 혜택을 누릴 수 있었던 행운아였습니다. 김석문은 왕실의 외척으로서 권력의 핵심에 있었던 김석주金錫胄(1634~1684)* 의 12촌 동생이었던 것입니다.

김석문은 벼슬에는 관심을 두지 않고 평생 독서와 사색에 몰두했습니다. 독서의 범위도 대단히 광범위해서 전공인『주역』뿐만 아니라 제자백가, 천문·역산 등 다방면에 걸쳐 있었습니다. 그중에 서양 천문학 책도 포함되어 있었던 것은 물론입니다. 오늘날 전해지고 있는 김석문의 저술은『역학이십사도해易學二十四圖解』하나밖에 없습니다. 69살 때(1726) 초판을 찍었지만 실제 저술한 것은 40살 때(1697)였습니다. 김석문은 실로 오랜 기간의 사색을 통해 일생 최대의 걸작을 남겼습니다.

김석문의 우주 구조론―하늘은 아홉 겹으로 이루어져 있다

『역학이십사도해』란 주역의 원리를 24개의 그림으로 풀이한 책이란 뜻입니다. 이 책에 실린 그림 중에는 우주의 구조를 묘사한 그림이 두 개 있습니다. 그렇다면 김석문은 우주를 어떻게 묘사했을까요? 한번 구경해 보겠습니다.

김석문이 그린 우주의 구조는 우주의 중심인 천심天心을 중심으로 한 '아홉 겹의 하늘'로 이루어져 있습니다. 김석문은 아홉 겹의 하늘을 우주의 중심으로부터 차례대로 순서를 매기고 있습니다. 우주의 중

김석주
〈시헌력〉의 채택을 주장했던 김육의 손자. 붕당으로는 서인에 속한다. 경신환국庚申換局(1680) 당시 숙종의 뜻을 받들어 남인에 대한 숙청을 주도했다. 천문학에 조예가 깊었던 김석주는 〈시헌력〉 폐지 주장에 맞서 〈시헌력〉의 시행을 강력하게 주장했다.

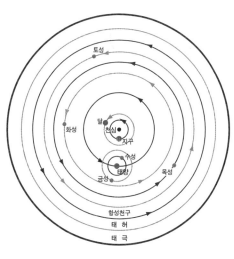

『역학이십사도해』의 우주 구조 : 「황극구천도黃極九天圖」
황도의 중심인 황심黃心(황극黃極)을 중심으로 바라 본 우주 구조. '황심'은 하늘의 중심인 천심天心과 일치한다.

심에서 지구까지가 제1천第一天, 지구에서 달까지가 제2천, 그 다음 태양까지가 제3천, 그 다음 화성까지가 제4천, 그 다음 목성까지가 제5천, 그 다음 토성까지가 제6천, 그 다음 항성까지가 제7천, 그 바깥의 태허太虛가 제8천, 그리고 태허 바깥이 태극천太極天입니다. 수성과 금성은 태양의 둘레를 돌면서 태양과 같은 층을 이룹니다.

태극천은 비록 이름은 있으나 형체가 없고, 기가 존재하지 않기 때문에 움직이지 않습니다. 반면에 태허천 안에 자리잡고 있는 천체들은 모두 지구에서 약간 떨어져 있는 천심을 중심으로 서에서 동으로 회전 운동을 합니다. 회전 속도는 바깥이 느려서 항성은 2만 5,440년에 한 번 돌고, 토성은 29년에 한 번 돌지만, 안으로 들어갈수록 점차 빨라져 태양은 1년에 한 번, 달은 12번을 돕니다. 그리고 제일 안쪽에 위치해

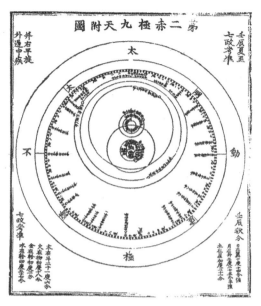

『역학이십사도해』의 우주 구조 : 「적극구천도赤極九天圖」

적도의 중심인 적극赤極을 중심으로 바라 본 우주 구조. 태양계의 구조만 놓고 보면 티코 브라헤의 우주 구조와 유사하게 보인다.

있는 지구는 두 가지 운동을 하는데, 2만 5,440년에 천심을 한 바퀴 돌고, 1년에 366번 남짓 자신을 축으로 해서 회전합니다.

    김석문의 '아홉 겹의 하늘'은 중세 유럽 천문학으로부터 일정 부분 영향을 받았습니다. 전체적인 구조는 프톨레마이오스의 우주 구조와 유사하다고 볼 수 있습니다. 서양 천문학이 들어오기 전까지 동아시아에서는 어느 누구도 다섯별이 어떠한 순서로 각기 다른 층을 구성한다고 구체적으로 이야기한 적이 없었습니다. 그리고 수성과 금성이 태양의 둘레를 회전한다고 한 것은 분명히 「오위역지」에 실린 티코 브라헤의 우주 구조를 참고한 것입니다. 그렇지만 김석문의 우주 구조는 주시의 우주론의 토대 위에 구축되었기 때문에 프톨레마이오스나 티코 브라헤의 우주 구조와 상당히 다릅니다.

티코의 우주 체계에서는 지구를 제외한 모든 행성이 태양을 중심으로 회전했다. 그러나 김석문은 수성과 금성을 제외한 모든 천체가 지구 근처에 있는 우주의 중심을 회전한다고 생각했다.

중세 유럽 천문학의 우주 구조는 딱딱한 고체로 된 투명한 천구가 여러 겹 둘러 싼 모양을 하고 있습니다. 그러나 주 시와 김석문의 우주 구조에서는 고체 상태의 천구란 존재하지 않습니다. 천구와 천구 사이의 우주 공간을 가득 메우고 있는 제5원소(에테르)라는 것도 존재하지 않습니다. 우주에는 오직 기氣가 있을 뿐입니다. 기의 맑고 탁함 그리고 밝고 어두움에 따라 9개의 층으로 나누어질 뿐입니다. 하늘의 세계와 땅의 세계 간의 구별이 없는 것은 물론입니다. 달 밑 세계나 달 위 세계나 모두 기로 이루어졌기 때문입니다. 지구가 우주의 중심에서 약 18만 리 떨어져있다고 설정한 것도 흥미롭습니다.

김석문은 중세 유럽 천문학의 종동천과 최고천의 존재를 부정했습니다. 그 대신 태허천과 태극천을 제시했습니다. 종동천은 안쪽에 있는 항성의 천구 이하 여러 천구들을 움직이게 하는 천구입니다. 천체의 일주운동을 설명하기 위해 고안되었기 때문에 하루에 한 바퀴 회전합니다. 엄청나게 빠른 속도로 회전하는 것이죠. 그러나 세차운동을 설명하기 위해 고안된 태허천은 자기 궤도를 한 바퀴 도는 데 수천 년

태극은 우주 만물의 근원으로서 우주의 생성과 운행을 주재하는 원리이다. 따라서 태극천은 형체도 없고 움직이지 않지만 태허천 이하 모든 하늘을 움직이게 하는 하늘이다.

토성 금성 달 목성 태양 수성 화성

지구

프톨레마이오스의 우주 구조
주 시의 우주론과는 달리, 프톨레마이오스의 우주는 항성의 천구 밖에는 아무것도 존재하지 유한 우주였다. 그리고 당연히 항성의 천구는 고체로 되어 있어서 가벼운 물질이 우주 밖으로 벗어나는 것을 차단했다.

이 걸립니다. 엄청나게 느린 속도로 회전하는 것이죠. 중세 유럽 천문학에서는 지구는 회전하지 않고 종동천이 가장 빠른 속도로 회전합니다. 그런데 김석문의 우주론에서는 태허천이 가장 느린 속도로 회선하고 지구가 가장 빠른 속도로 회전합니다. 하루에 한 바퀴씩, 그리고 한 해에 366바퀴씩.

예수회 선교사들은 지구가 자전을 하지 않는다고 주장했습니다. 그러나 그들이 쓴 책을 읽은 김석문은 지구가 자전한다고 주장했습니다. 김석문은 어떠한 근거에서 지구가 회전한다고 주장했을까요? 그리고 지구의 회전 가능성에 대한 반론들을 어떻게 물리칠 수 있었을까요?

김석문의 지전설―지구는 회전한다

김석문이 지구가 회전한다고 주장한 근거는 장 짜이와 주 시의 기의 회전 이론에 있었습니다. 장 짜이와 주 시는 항성이나 행성이나 모두 기의 회전에 의해 동쪽에서 서쪽으로, 즉 왼쪽으로 회전한다고 주장했습니다. 기의 회전 운동으로 모든 천체의 운동을 일관되게 설명한 것입니다. 그런데 지구가 회전한다고 해 버리면 문제가 발생합니다. 서쪽에서 동쪽으로 움직이는 지구의 자전 방향과 천체의 회전 방향이 정반대가 되기 때문입니다. 이렇게 되면 기의 회전 운동으로 천체와 지구의 운동을 일관되게 설명할 수 없게 됩니다.

이러한 난제를 해결하기 위해 김석문은 다음과 같이 주장했습니다. '행성이나 항성이나 지구나 모두 오른쪽으로 회전한다.' 즉 '오른쪽'으로 회전하는 기의 회전운동을 고안함으로써 우주의 모든 천체와 지구의 운동을 일관되게 설명할 수 있게 된 것입니다. 그는 지구가 하루에 한 바퀴씩 서에서 동으로 회전한다고 설정함으로써 천체의 일주운동을 설명했고, 모든 천체들이 우주의 중심을 중심으로 서쪽에서 동쪽으로 공전한다고 설정함으로써 천체의 연주운동을 설명했습니다.

김석문의 지전설에 의하면, 지표면 위에서 바라 볼 때 뭇 별들이 동쪽에서 서쪽으로 운행하는 것처럼 보이는 이유는 지구의 운행 속도가 다른 별의 운행 속도보다 빠르기 때문이라고 설명할 수 있다. 다른 별의 운행 속도가 상대적으로 느리기 때문에 서쪽으로 후퇴하는 것처럼 보인다는 것이다.

김석문은 지전설을 옹호하는 근거로서 「오위역지」에서 지구의 자전 가능성을 언급한 문장을 인용했습니다.

> 「오위역지」에는 "지구가 공기와 불과 함께 하나의 구를 이룬다" 라고 쓰여 있다. 공기와 불은 … 고요하고 움직이지 않으며 지구와 더불어 하나의 몸을 이룬다. 그러므로 지구 위의 하늘의 밖은 움직이고 그 안은 고요하니, 비록 지구가 회전하더라도, 구름이 가고 새가 날 때 그리고 돌을 머리 위로 던질 때, 서쪽으로 치우쳐서 날거나 떨어지는 일 따위는 절대로 발생하지 않는다.

「오위역지」에서 지구의 회전 가능성을 부정한 내용을 완전히 빼놓고 자신에게 유리한 부분만 살짝 인용한 것입니다. 그 정도로 지구의 자전에 대한 김석문의 생각은 확고했습니다. 김석문이 「오위역지」로부터 힌트를 얻어 지구의 자전 가능성을 인식했다는 것은 분명합니다. 그러나 그전에 장 짜이와 주 시의 우주론으로부터 지구의 회전 가능성을 끌어내지 못했다면 「오위역지」의 힌트를 적극적으로 활용하지 못했을 것입니다.

김석문은 서양 천문학의 우수함을 인식하고 있으면서도 그것을 일방적으로 수용한 것이 아니라 성리학의 전통, 즉 전통적인 우주론 속에 용해시켜서 수용하려는 태도를 보였습니다. 김석문이 수용한 서양 천문학은 프톨레마이오스와 티코 브라헤의 우주 구조를 위주로 한 것이었습니다. 김석문의 지전설은 코페르니쿠스 체계의 단편만 수용한 것입니다. 따라서 코페르니쿠스의 본의를 파악했다고 보기는 어렵습니다. 조선에 코페르니쿠스의 진면목이 소개된 것은 그로부터 100년이 더 지난 후의 일이었습니다.

홍대용, 그는 누구인가?

홍대용의 초상화
옌 츠엉(엄성嚴誠) 그림. 숭실대학교 한국기독교박물관 소장

사실 지전설을 주장한 사람으로서 오늘날 대중적으로 널리 알려진 인물은 김석문이 아니라 홍대용洪大容(1731~1783)입니다. 홍대용은 김석문처럼 체계적이고 정교한 이론을 제시하지는 않았지만 대단히 파격적이고 자유분방하고 확 트인 관점에서 우주를 바라본 사상가입니다.

홍대용은 집권 노론에 속한 유복한 양반 집안에서 태어났습니다. 그 때문에 45세 이전까지 백수로 있으면서 『서양신법역서』뿐만 아니라 『역상고성』, 『역상고성후편』 등 권수가 방대하고 값비싼 책들을 소장할 수 있었습니다. 몰락한 남인 출신인 이익으로서는 도저히 바랄 수도 없었던 좋은 환경이었던 셈입니다. 홍대용은 과거 시험을 위한 유교 경전 공부보다는 천문학과 수학 공부에 더 큰 관심을 가졌습니다. 그 때문인지 과거에는 여러 차례 낙방했습니다. 1775년에 드디어 낮은 벼슬자리를 얻기는 했으나 음서로 들어간 것이었습니다.

홍대용은 서양 천문학 책을 읽고서 유럽에서 천문학이 발달한 이유가 정밀한 천문기계를 사용했기 때문이라는 것을 알게 되었습니다. 홍대용은 기술자를 초빙해 혼천의, 측관의測管儀, 혼상의 등 천문기계를 만들게 했습니다. 그리고 천안에 있는 고향 집 안마당에 네모난 연못을 파고 그 가운데 둥근 섬을 만든 후 섬 위에 농수각籠水閣이라는 건물을 세워 그 안에 천문기계를 전시하게 했습니다. 탐구심 왕성한 30대 초반의 부잣집 청년이 아버지의 후원을 얻어 멋진 개인 전시관을 차린 것입니다.

1765년, 35세의 청년 홍대용은 자신의 견문을 넓히고 세계관을 확장할 수 있는 기회를 얻었습니다. 청나

홍대용의 혼천의
나경적羅景績(1690~1762) 제작, 숭실대학교 한국기독교박물관 소장

라에 사신으로 파견된 숙부를 따라 뻬이징에 3개월 동안 머무르는 행운을 얻은 것입니다. 이러한 행운은 홍대용이 집권세력인 노론 출신이었기 때문에 가능한 일이었습니다.

어쨌든 뻬이징에 간 홍대용은 직접 예수회 선교사들을 만나 필담을 나누고 천문기계를 구경할 기회를 얻을 수 있었습니다. 이전에 자신이 책으로만 접한 내용을 직접 눈으로 확인하고 싶었던 것입니다.

당시 조선의 사대부들은 청나라를 오랑캐의 나라로 인식해 그 문화를 야만스럽다고 생각했습니다. 반면에 명나라가 멸망한 이후에 세계 최고의 문명국은 조선이라고 생각했습니다. 그리고 명나라의 은혜를 갚고 청나라에 복수를 하자고 떠들어댔습니다. 홍대용의 아버지도 여행길에 떠나는 아들에게 비록 청나라에 가더라도 명나라에 대한 의리를 잊지 말라고 신신당부했습니다.

뻬이징에 머무는 기간 동안 홍대용은 청나라의 발전상에 큰 충격을 받았습니다. 당시 청나라는 건륭제의 치하에서 최고의 전성기를 누리고 있었습니다. 완숙한 중화 문명의 꽃을 흐드러지게 피우고 있었던 것입니다. 그리고 제국의 심장 뻬이징은 정치적·경제적·문화적으로 세계의 중심이었습니다. 영국이나 프랑스에서도 사절을 파견하는 수고를 아끼지 않을 정도였으니까요. 홍대용은 길게 감탄사를 내뱉습니다. "청나라가 비록 더러운 오랑캐이나 중국에 웅거해 100여 년 태평을 누리니, 그 규모와 기상은 한번 볼만하지 않겠는가?"

뻬이징에서 3개월 동안 머물면서 홍대용은 견문을 넓혔을 뿐만 아니라 중화와 오랑캐 사이의 '경계'에 대해, 더 나아가 우주에 대해 깊은 성찰을 할 수 있는 기회를 얻었습니다. 그리고 조선으로 돌아간 후에 새로운 지식과 성찰을 바탕으로

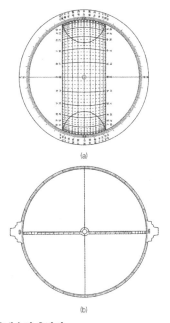

홍대용의 측관의
한영호 복원. 측관의란 절기 변화와 하루 중의 시각을 측정하는 관측 기계다.

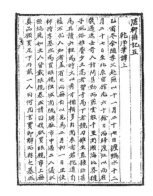

홍대용의 『담헌연기』의 내용 일부
필사본, 서울대학교 도서관 소장. 홍대용은 뻬이징 여행에서 얻은 견문과 지식을 정리해 기록으로 남겼는데, 이 기행문의 제목을 『담헌연기潛軒燕記』라고 한다. '담헌'은 홍대용의 호이고, '연기'는 옌징(연경燕京), 즉 뻬이징에 다녀온 기록을 뜻한다.

삐이징의 자금성 남문 앞 풍경

자금성紫禁城은 명나라·청나라 때 황제가 거처하던 궁전이다. 자금성의 남문은 정양문正陽門이라고
하는데, 옹성을 두르고 그 위에 높은 누각을 세웠다. 정양문 밑을 지나가는 어느 누구라도 황궁의 규
모에 압도될 수밖에 없었을 것이다.

본격적인 저술 활동에 들어갈 수 있었습니다. 이렇게 해서 탄생한 걸
출한 작품이 바로 『의산문답毉山問答』입니다.

『의산문답』은 홍대용 자신을 대변하는 실옹實翁과 전통적인 유학자
를 대변하는 허자虛子가 주고받는 가상적인 철학적 문답으로 이루어
져 있습니다. 홍대용은 자신의 분신이라고 할 수 있는 실옹을 통해서
새로운 우주론을 이야기합니다.

홍대용의 우주론─우주에는 중심도 없고 한계도 없다

새로운 우주론, 특히 지구설이 동아시아 세계에 수용되는 데 가장
큰 걸림돌이 되었던 것은 '상식'이었습니다. 동아시아 사람들이 공유
하고 있던 상식이란 우주에는 위·아래가 있고 밑에 있는 것은 당연히
아래로 떨어진다는 것이었습니다. 예수회 선교사들은 위·아래의 개

념을 주변·중심의 개념으로 바꿈으로써 중국 사대부들을 설득하려고 했습니다. 그러나 대부분의 동아시아 지식인들은 위·아래 개념을 쉽게 포기할 수 없었습니다. 그래서 이익은 기의 회전에 의해 지구설을 설명하려고 했습니다. 홍대용은 여기에서 몇 발짝 더 나아갔습니다. 상식을 과감하게 파기함으로써 새로운 우주론을 구상할 수 있었던 것입니다.

왜 지구는 아래로 떨어지지 않는가? 허자는 상식을 이야기합니다. "기가 땅을 태우고 실어주기 때문입니다." 실옹은 상식을 비웃습니다. "허어! 기처럼 힘이 없는 것이 커다란 흙덩이를 실을 수 있겠는가?" 실옹은 말합니다. "커다란 땅이 떨어지지 않는 것은 땅이 스스로의 힘에 의해 자신의 위치를 유지하기 때문이지, 하늘(기의 회전)과는 전혀 무관하다." 땅이 아래로 떨어지지 않는 이유를 기의 회전에 의해 설명했던 기존의 논리를 단번에 박살낸 것입니다. 그렇다면 실옹은 그 이유를 어떻게 설명했을까요?

사람들이 지구가 떨어지지 않는 것에 대해서는 누구나 이상하게 생각하면서도 해와 달과 별이 떨어지지 않는 것에 대해서는 아무도 이상하게 생각하지 않는다. 어째서인가? 해와 달과 별은 … 우주 공간 속에서 항상 안정적으로 자신의 위치를 유지한다. 광활한 우주 공간 속에 위·아래의 구분이 없다는 것은 이치상 매우 분명하다. 세상 사람들은 늘 보이는 현상에 얽매어서 현상을 가능하게 하는 근본적인 원인을 탐구하지 않는다. 근본적인 원인을 탐구하면 지구가 떨어지지 않는다는 것은 의심할 필요도 없다.

"광활한 우주 공간 속에 위·아래의 구분이 없다"면 아래로 떨어질 걱정을 할 이유가 전혀 없습니다. 동아시아의 상식에서 어떤 물체가 떨어진다는 것은 위·아래의 개념을 전제로 했으니까요. 실옹은 해와 달이 추락하지 않는 것으로 보아 지구도 추락하지 않는 것이 당연하다고 말하고 있습니다. 그러나 어떻게 해서 모든 천체가 자신의 위치를 유지할 수 있는지, 그 '근본적인 원인'에 대해서는 자세하게 이야기하고 있지 않습니다. 홍대용은 천체의 운동 법칙에 대해서는 그다지 관심이 없었던 것 같습니다.

그렇다면 지구 위에 있는 사물들이 어째서 지구 밖으로 이탈하지 않고 지표면 위에 머무를 수 있을까요? 바로 이 대목에서 홍대용의 '지전설'이 등장합니다.

> 땅덩어리(지구)는 하루에 한 바퀴 회전한다. 지구는 둘레가 9만 리이고 하루는 12시간(오늘날 시각 제도로 24시간)이다. 9만 리에 달하는 광대한 거리를 12시간 만에 돌파하니, 지구의 회전 속도는 천둥번개보다도 빠르고 포탄보다 빠르다. 지구가 엄청나게 빠른 속도로 회전하는 과정에서 기가 격렬하게 부딪히다가 허공에 갇혀 땅으로 모여들게 된다. 이 때문에 위에 있는 물체를 아래로 떨어지게 하면서 아래에 있는 물체를 위로 못 올라가게 붙잡아 두는 힘이 생긴다. 이러한 힘은 지표면 위에서만 발생하는 힘이다. 지표면에서 멀어지면 이러한 힘은 약해진다.

지구가 회전하면 지표면 상공에 있던 기가 왜 허공에 갇혀 지표면으로 쏠리는지, 그 '구체적인 과정'에 대해서는 자세하게 이야기하고 있지 않습니다. 홍대용은 기의 운동 법칙에 대해서는 그다지 관심이 없었나 봅니다. 어쨌든 실옹은 '지전설'을 통해서 지구설에 대한 반대 논리를 분쇄해 버립니다.

실옹의 논리에 완전히 눌려 있던 허자가 약간 용기를 내어 반격을 가합니다. "서양 천문학은 매우 정밀한 이론에 입각해서 하늘이 회전하고 지구가 정지해 있다고 말합니다. 공자께서는 중국의 성인이신데 역시 '하늘의 운행이 굳세다'고 말씀하셨습니다. 선생님 말씀대로라면 서양 천문학과 공자의 말씀은 잘못된 것입니까?"

꽤 예리한 질문이죠. 그렇지만 허자의 반격에 호락호락 넘어갈 실옹이 아닙니다. 우선 성리학의 대가 장 짜이와 서양 천문학 책에서 지구의 회전 가능성을 언급했다고 말함으로써 반격을 차단합니다. 그러고 나서 하늘의 회전을 부정하는 논설을 폅니다. 바로 이 대목에서 홍대용의 '무한우주론'이 등장합니다.

지구가 9만 리를 한 바퀴 도는데 그 회전 속도가 매우 빠르다. 그런데 저 별들과 지구와의 거리가 겨우 절반이라도 몇 천만, 몇 억 리나 될지 알 수 없다. 하물며 별 밖에 또 별이 있음에랴. 우주 공간에 한계가 없다면, 별이 분포하는 영역에도 한계가 없다. 그 별들이 한 바퀴 돈다고 말한다 해도 그 궤도의 둘레가 얼마나 길지 헤아릴 수조차 없다. 하루에 얼마나 빨리 회전할지 상상해본다면, 천둥·번개와 포탄의 속도를 계산하더라도 이보다 빠르지는 못할 것이다. … 하늘이 회전한다는 논리가 이치에 맞지 않다는 것은 두말할 필요도 없다.

홍대용보다 400여 년 전에 뷔리당과 오렘도 비슷한 이유에서 하늘이 회전한다고 가정하는 것보다 지구가 회전한다고 가정하는 것이 합리적이라고 말한 적이 있었습니다. 그러나 홍대용의 우주는 뷔리당과 오렘의 우주보다 훨씬 규모가 큽니다. 무한한 우주가 한 바퀴 돈다면 도대체 얼마나 많은 시간이 걸릴까요? 계산할 수조차 할 수 없겠죠. 그러나 지구가 회전한다고 한다면 그 시간을 계산할 수 있습니다. 홍대용은 '무한우주론'을 제시함으로써 지전설에 반대하는 논리에 반박할 수 있었습니다.

홍대용은 어떻게 해서 우주가 무한하다는 생각을 해낼 수 있었을까요? 서양 천문학 책을 통해서 무한우주론에 대한 통찰을 얻었을까요? 사실, 당시 홍대용이 구할 수 있었던 서양 과학책들의 범위를 생각하면, 그럴 가능성은 거의 없는 것 같습니다. 당시 홍대용이 읽은 책들이 소개하는 천문학이란 기본적으로 중세 유럽 천문학이었고, 기껏해야 티코 브라헤의 천문학이었습니다. 티코는 당시 대부분의 유럽 천문학자들이 그러했던 것처럼 항성 천구라는 개념을 간직하고 있었습니다. 『역상고성후편』이라 하더라도 티코 식의 지구 중심 체계를 기본으로 한 것이었고, 홍대용이 그 복잡한 타원궤도에 관련된 수식들을 제대로 이해했다고 보기는 어렵습니다. 설사 케플러의 법칙을 이해했다 하더라도 케플러로부터 우주가 무한하다는 생각을 배우기는 어려웠을 것입니다. 태양 숭배자 케플러의 관심은 오직 태양계의 행성들에게 쏠려있었으니까요.

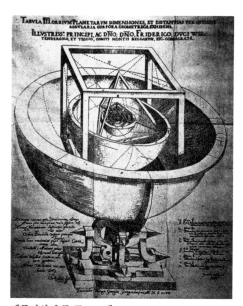

케플러의 우주 구조 모델

케플러의 『우주의 신비』(1596)에 실린 다면체 가설. 케플러는 태양계 행성의 궤도 사이의 거리를 5개의 정다면체(정육면체, 정사면체, 정팔면체, 정십이면체, 정이십면체)로 설명했다. 케플러는 5개의 정다면체를 근거로 신이 우주를 이성적으로 설계했다고 생각했다.

홍대용보다 200여 년에 코페르니쿠스의 지지자들은 항성의 시차가 발견되지 않는다는 사실로부터 우주가 무한할지도 모른다는 가설을 이끌어 냈습니다. 홍대용보다 89년 먼저 태어난 뉴턴은 자신의 중력 이론에 따라 무한우주론을 구상했습니다. 그러나 홍대용은 코페르니쿠스의 학설을 제대로 소개한 책을 구할 수 없었습니다. 하물며 뉴턴의 책을 구한다는 것은 더더욱 불가능한 일이었습니다.

만약에 홍대용이 누군가로부터 무한우주론에 대한 힌트를 얻었다면, 그 사람은 주 시와 김석문이었을 것입니다. 그들은 자신의 우주론을 전개하는 데 고체 상태의 천구라는 거추장스러운 도구를 필요로 하지 않았습니다. 우주의 한계를 별도로 설정할 필요가 없었던 것입니다. 그렇지만 주

뉴턴의 초상화

벤더뱅크John Venderbank가 그린 초상화(1726)를 기초로 제작된 판화(1833).

뉴턴은 자신의 중력이론에 따라서 항성들이 서로를 끌어당길 것이며, 그러므로 본질적으로는 정지 상태를 유지할 수 없다는 것을 깨달았다. 뉴턴은 유한한 우주 공간 속에 유한한 수의 항성들이 분포되어 있다면 실제로 그러한 일이 일어날 수 있다고 주장했다. 그러나 만약 반대로 무한한 수의 항성들이 무한한 공간 속에 거의 균일하게 퍼져있다면 이런 일은 벌어지지 않을 것이라고 추론했다. 왜냐하면, 그러한 경우 항성들이 끌려갈 어떠한 중심도 존재하지 않을 것이기 때문이다. 무한한 우주에서는 모든 점들이 중심으로 간주될 수 있다. 각각의 점은 그 점을 중심으로 모든 방향에 대해서 무한한 수의 항성을 가지기 때문이다. 이러한 주장은 우주가 팽창하거나 또는 수축한다는 주장을 아무도 제기하지 않았던 20세기 이전의 사상을 반영한다. 20세기 이후의 물리학에서는 정적이고 무한한 우주 모형이 불가능하다고 생각하고 있다.

시는 우주의 한계에 대해 관심이 없었습니다. 그 때문에 우주의 무한성을 구체적으로 지적하지 않았던 것입니다. 김석문이 말하는 '태극천'도 별이 존재하지 않는 관념적인 공간이었습니다. 홍대용처럼 구체적으로 우주의 무한성에 대해 언급하지 않았던 것입니다. 그렇다면 홍대용의 무한우주론은 어떤 배경에서 등장했을까요? 실옹의 이야기를 더 들어 보도록 합시다.

하늘에 가득한 별들은 외계外界의 천체가 아닌 것이 없으니, 외계의 별에서 본다면 지구도 외계의 천체이다. 무수히 많은 외계의 천체들이 광활한 우주의 빈 공간에 흩어져 있는데, 오직 이 지구라는 외계의 천체만이 공교롭게도 우주의 한가운데에 있다는 것은 이치상 있을 수 없는 일이다. ⋯ 무수히 많은 외계의 천체에서 보는 것도 이 지구에서 보는 것과 마찬가지로 각각 자기 자신을 중심으로 여기고 다른 별들을 외계의 천체로 여긴다. ⋯ 지구를 해·달·다섯별의 중심이라고 하는 것은 옳다. 그러나 지구를 뭇별의 한가운데라고 한다면, 이것은 우물 속에 앉아서 하늘을 바라보는 것과 마찬가지다.

관측하는 자마다 각자 자신의 위치를 중심으로 바라보기 때문에 우주에서 절대적인 중심은 있을 수 없다는 것입니다. 물론 홍대용은 지구 중심설에서 완전히 벗어나지는 못했습니다. 그렇기 때문에 프톨레마이오스의 우주 구조에 따라 지구가 해·달·다섯별의 중심이라고 말한 것입니다. 심지어는 지구가 다른 천체의 주위를 회전하지 않는다고 말하기까지 했습니다. 이것은 홍대용이 코페르니쿠스의 학설을 제대로 접하지 못했기 때문에 생긴 일입니다. 그러나 전체적으로 본다면 지구 중심설을 극복했다고 볼 수 있습니다. 그렇기 때문에 "지구를 광활한 우주 공간에 비교한다면 미세한 티끌에 지나지 않는다"고 말할 수 있었던 것입니다.

누구나 중심이 될 수 있다! 중심은 존재하지 않는다!

홍대용은 어떻게 해서 우주에 중심이 없다는 생각을 해냈을까요? 이러한 성찰은 홍대용이 청나라를 여행하면서 받은 문화적 충격에서 비롯되었습니다. 그리고 장자莊子 사상의 영향도 빼놓을 수 없습니다.

『장자』「추수秋水」편의 전반부는 후앙허黃河의 신 하백河伯과 북해의 신 북해약北海若 사이의 문답으로 이루어져 있습니다. 북해약은 하백의 소견이 좁은 것을 비웃으며 그 편견을 깨우쳐 줍니다. 홍대용의 『의산문답』이 실옹이 허자를 꾸짖는 형식으로 구성된 것은 결코 우연이 아닙니다. 실옹이 허옹을 가리켜 "우물 안에 앉아서 하늘을 바라본다"고 조롱한 것도 사실 북해약이 말한 '우물 안 개구리' 와 '가느다란 대롱으로 하늘을 본다' 는 비유를 그대로 차용한 것입니다. 북해약은 말합니다. "중국이 사해四海 안에 있다는 것을 헤아려 보면, 좁쌀 알갱이가 커다란 창고 속에 있는 것과 같지 아니한가?" 실옹은 말합니다. "지구를 광활한 우주 공간에 비교한다면 미세한 티끌에 지나지 않으며, 중국을 지구에 비교한다면 십수 분의 일밖에 되지 않는다." 홍대용

장자

『의산문답』의 다른 곳에서는 티코 브라헤의 모델에 따라 다섯별은 태양을 중심으로 공전하고, 태양과 달은 지구를 중심으로 공전한다고 말하고 있다. 홍대용은 『서양신법역서』에 수록된 『오위역지』를 통해서 티코의 우주 구조에 대해 알고 있었을 것이다. 프톨레마이오스의 우주 구조와 티코의 우주 구조 사이에는 분명히 차이가 있지만, 홍대용은 양자의 차이를 조리 있게 설명하려는 어떠한 노력도 하지 않았다.

은 말합니다. "조선의 예악문물이 비록 '소중화'라고는 하지만 중국의 한 고을을 당해내지 못한다."

'중화문명의 정수는 오직 조선만이 보존하고 있다!' 이것은 실학의 집대성자로 알려져 있는 정약용丁若鏞(1762~1836)을 포함해서 대부분의 조선 사대부들이 공유하고 있었던 신념이자 가치관이었습니다. 중화란 문명의 중심을 상징합니다. 반면에 오랑캐는 문명의 변방, 혹은 문명 지대의 바깥을 의미합니다. 홍대용도 베이징을 경험하기 전에는 조선은 진정한 중화, 청나라는 오랑캐라고 생각하고 있었습니다.

정약용의 초상화

정약용은 청나라의 발전상에 대해 들어 알고 있었지만, 조선이야말로 성인의 도가 온전하게 보존된 곳이기 때문에 청나라로부터 취할 것은 실용적인 기술밖에 없다고 생각했다. 정약용은 베이징에 갈 기회가 없었다.

여행을 통해서 홍대용은 중화와 오랑캐에 대한 편견을 버릴 수 있었습니다. "아무리 오랑캐라도 중화의 문명을 실현한다면 누구나 중화가 될 수 있다!" 이렇게 누구나 중화이고 누구나 문명의 중심이라면 사실상 문명의 중심은 존재하지 않는 셈입니다. 우주의 중심도 마찬가지입니다. 누구나 우주의 중심을 주장한다면 우주의 중심이란 존재하지 않게 됩니다.

『의산문답』에 등장하는 여러 과학 이론 중에 가장 핵심적인 것은 무한우주론입니다. 홍대용은 중심이 부재하는 광활한 우주를 상상하면서 조선 성리학의 상식적인 구분, 즉 중화와 오랑캐, 문명과 야만을 무너뜨리려고 했습니다.

『의산문답』은 과학 저술이라기보다는 '철학적 우화'에 더 가깝습니다. 홍대용은 서양 천문학 지식을 동원해 전통 천문학 이론을 비판하기는 했으나, 케플러처럼 천체의 운행 법칙을 탐구한다든가, 갈릴레오처럼 지상계의 운동 법칙을 발명하는 데에는 관심이 없었습니다. 홍대용의 주된 관심은 우물 안 개구리처럼 기존의 세계관에 안주해 있는 동시대인의 편견을 깨우쳐 주는 데 있었던 것입니다.

홍대용이 보기에, 서양 천문학의 지식은 자신의 세계에 안주해 있는 동시대인들을 놀라게 해 줄 수 있는 '기이한 학설'이었습니다. 그 때문에 홍대용의 친구 박지원朴趾源(1737~1805)은 청나라를 방문했을 때(1780)

박지원의 초상화

박지원의 손자 박주수朴珠壽가 그린 박지원의 초상화, 개인 소장. 박지원은 범 눈에 장대한 기골을 타고 났다. 그는 홍대용과 박제가朴齊家(1750~1805) 등과 함께 청나라의 선진 문화를 배워야 한다는 '북학北學'을 주장하였다. 친척 형인 박명원朴明源을 따라 청나라를 여행하면서 기록한 기행문이 『열하일기熱河日記』다.

홍대용의 지전설을 중국인 학자들에게 소개하면서 "장난삼아 한 이야기", "황당하고 종잡기 어려운" 이야기라고 평가했습니다.

『의산문답』 안의 여러 과학 이론들—지구설, 지전설, 무한우주론은 자문화 중심주의(중화사상)에 빠진 중국과 조선 사람들을 풍자하기 위한 도구였습니다. 이러한 풍자는 동아시아의 전통을 자기 문명의 기준으로 재단하고 폄하했던 예수회 선교사들에게도 적용될 수 있는 것이었습니다. 홍대용은 서양 천문학이라고 해서 무조건 받아들이지 않고 전통 천문학 이론도 참고하면서 비판적으로 수용했습니다.

료에이, 최초로 코페르니쿠스의 천문학을 소개하다

앞에서 네덜란드어 전문가 모토키 료에이가 번역을 통해 코페르니쿠스를 소개했다고만 이야기하고 그 자세한 내용은 소개하지 않았습니다. 이제 홍대용(1731~1783)과 거의 동시대에 활약했던 일본인 료에이(1735~1794)가 코페르니쿠스의 천문학을 어떻게 수용했는지 살펴볼 차례입니다.

1633년에 갈릴레오가 재판을 받은 이후, 이탈리아에서는 과학 활동이 일시적으로 침체되었지만, 과학 혁명의 무대는 이제 이탈리아를 벗어나 북쪽의 대서양 연안의 국가들인 프랑스, 네덜란드, 영국으로 옮겨갔습니다. 그중에서도 특히 네덜란드는 사회적 · 지적 관용으로 유명한 개신교 공화국이었으며, 과학 혁명이 북쪽으로 이동하는 데 결정적으로 기여했습니다. 네덜란드는 당시 유럽에서 코페르니쿠스의 학설에 대해 가장 개방적인 나라였습니다.

네덜란드의 배
홀라르Wenceslas Hollar(1607~1677)의 목판화(1647)

17세기의 네덜란드는 세계 최강의 해운 국가였습니다. 네덜란드의 배들은 유럽, 아메리카, 인도, 자바, 말레이, 나가사키 등 세계 각지에서 활개치고 다녔습니다. 안전하고 경제적인 항해를 위해 반드시 필요한 것은 정확한 지도였습니다. 그 때문에 네덜란드 동인도회사는 유럽 최고의 지도 제작자 블라외Blaeu 부자父子를 자기 회사의 공식 지도 제작자로 초빙한 것입니다.

아버지, 빌렘 블라외Willem J. Blaeu(1571~1638)는 일찍이 티코 브라헤의 학생으로 있으면서 지구의地球儀 제작자로서의 자격을 획득했습니다. 네덜란드에 돌아온 블라외는 유럽 각국 지도와 세계 지도를 제작함으로써 명성을 얻었습니다. 블라외는 갈릴레오와 케플러와 비슷한 시기에 활약한 인물로서 코페르니쿠스의 혁명을 열렬하게 지지했습니다. 그가 혁명을 선전하기 위해 지은 책이 『천구의와 지구의 이중 입문서』(1620년)입니다. 책제목에 '이중二重' 이라는 말이 들어간 것은 책 전체를 1부와 2부로 나누어 각각 프톨레마이오스의 천문학과 코페르니쿠스의 천문학을 서술했기 때문입니다. 이 책의 의도는 독자들로 하여금 프톨레마이오스의 오류를 깨닫고 코페르니쿠스의 올바른 견해에 따르도록 안내하는 데 있었습니다. 한마디로 '코페르니쿠스 천문학 입문서' 라고 할 수 있습니다.

빌렘 블라외가 제작한 지구의

빌렘 블라외의 초상화
팔크Jeremias Falck(1610~1677)의 목판화. 암스테르담, 네덜란드 해양박물관Scheepvaartmuseum 소장. 빌렘 블라외는 자기 소유의 인쇄 공장을 이용해서 자기가 제작한 각국 지도를 책의 형태로 출판했다. 594매의 방대한 세계 각국 지도를 수록하고 있는 『아틀라스 노부스Atlas Novus』는 빌렘이 죽은 후에 아들 요안 블라외 Joan Blaeu(1596~1673)가 완성시켰다(1635~1665).

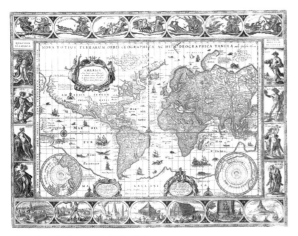

빌렘 블라외가 제작한 세계 지도(1635)

블라외의 책은 초판을 찍은 지 150년이 지난 후에 일본 나가사키에 도착해 료에이의 손에 넘어가게 되었습니다. 사실 료에이는 블라외의 책을 번역하기 전에 유럽의 항해지도를 번역해서『네덜란드 지구설阿蘭陀地球說』(1771)이라는 책을 펴낸 일이 있었습니다. 그런데 번역 대본이 된 유럽의 항해지도에는 기독교와 관련된 내용이 실려 있었습니다. 그리고 코페르니쿠스의 학설과 관련된 신학 논쟁도 소개하고 있었습니다. 당시 일본에서 기독교는 금지된 종교였습니다. 잘못 번역했다가는 목숨이 위태로워질 뿐만 아니라 가업이 자신의 대에서 끊어질지도 모르는 일이었습니다. 료에이는 기독교와 관련된 부분을 제외하고 번역해야 했습니다. 그 결과 코페르니쿠스는 불완전한 형태로 소개될 수밖에 없었습니다. 이러한 상황에서 료에이는 코페르니쿠스의 학설을 소개한 책을 두 번째로 번역했는데, 이 책이 바로 블라외의 책을 번역한『천지이구용법天地二球用法』(1774)입니다.

18세기에 코페르니쿠스의 학설은 이미 교양 있는 유럽인들 사이에서 당연한 상식처럼 간주되었습니다. 그런데 16~17세기에 살았던 블라외는 코페르니쿠스의 학설에 적대적인 사회 분위기를 고려해야 했습니다. 그 때문에 제2부에서 코페르니쿠스의 학설을 소개할 때 중세 유럽 천문학과 병행해서 서술하지 않을 수 없었습니다. 료에이가 중세 유럽 천문학에서 기독교의 신을 언급한 부분을 그냥 지나칠 수 없었던 것은 당연합니다. 현재 남아 있는 료에이의 원고에서는 제2부에 해당되는 부분이 없습니다. 대신에 블라외의 서문을 발췌해서 번역한 내용

『천지이구용법』의 표지
모토키 료에이 옮김, 나가사키 시립 박물관 소장

이 덧붙여져 있습니다. 『천지이구용법』에서도 태양중심설은 간단하게 언급될 수밖에 없었던 것입니다.

료에이, 코페르니쿠스의 학설을 본격적으로 소개하다

블라외의 책을 번역한 지 4년 후에 료에이는 네덜란드어 통사 직책에서 물러났습니다. 직분의 한계로부터 벗어나 본격적으로 자유롭게 서양 천문학을 연구하기 위해서였죠. 특히 코페르니쿠스의 천문학을 제대로 번역해서 소개하는 것이 료에이의 간절한 소망이었습니다. 이러한 료에이의 소망을 실현시켜준 인물이 바로 마쓰다이라 사다노부였습니다. 1789년에 막부의 요직에 취임한 사다노부는 서양 천문학을 이용해 역법을 개정하고 싶어 했습니다. 사다노부는 당시 일본에서 서양 천문학에 가장 정통한 사람이 료에이라고 생각했습니다. 그래서 나가사키로부터 최신 서양 천문학 서적을 입수해 료에이에게 번역을 명했습니다.

사다노부가 료에이에게 의뢰한 책은 영국인 애덤스George Adams (1720~1773)의 책을 네덜란드어로 번역한 『대중을 위한 기초 태양계 천문학』(1766)이었습니다. 애덤스는 세계적인 과학기계 제조업자 겸 상인이었습니다. 그는 천구의와 지구의를 판매하면서 부록으로 천문학 해설서를 끼워 팔았는데, 이것이 베스트셀러가 된 것입니다. 장사속 밝은 네덜란드인들이 이 책을 그냥 내버려둘 리가 없었습니다. 곧 네덜란드어로 번역되었고 급기야 나가사키에까지 도착한 것입니다.

『천지이구용법』 이후 17년 동안 침묵을 지켰던 료에이는 드디어 애덤스의 책에 대한 번역을 완성했습니다. 이 책이 바로 『성술본원태양궁리료해신제천지이구용법기星術本原太陽窮理了解新制天地二球用法記』(1791~1792)입니다. 제목이 너무 길기 때문에 줄여서 『신제천지이구용법기新制天地二球用法記』라고 부릅니다. 애덤스의 책은 코페르니

『신제천지이구용법기』의 표지
와세다대학 소장

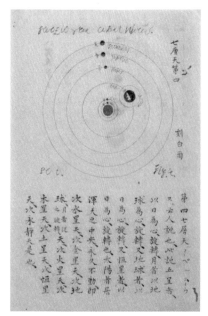

『신제천지이구용법기』에 실린 코페르니쿠스의
우주 구조
와세다대학 도서관 소장

쿠스의 우주 체계를 지극히 자명한 것으로서 받아들였
기 때문에, 기독교의 신과 관련해서 논란이 될 만한 부
분이 전혀 없었습니다. 그 때문에 료에이는 안심하고
충실하게 거의 전부를 번역할 수 있었습니다.

이 책의 첫 부분은 프톨레마이오스와 티코 브라헤,
그리고 코페르니쿠스의 우주 구조를 그림과 함께 간략
하게 설명하고 있습니다. 한번 구경해보도록 할까요?

우주 구조를 그린 그림 오른쪽 여백에 '각백이刻白
爾'라고 쓴 것 보이시죠. 무슨 뜻일까요? '코페르니쿠
스'를 한자로 표기한 것입니다. 맨 위 오른쪽 여백에
'칠층천七層天'이라고 한 것은 코페르니쿠스의 우주 구
조를 의미합니다. 그림 아래의 본문은 여러분도 해석
할 수 있을 정도로 한문으로 쉽게 쓴 문장입니다. 한 번
해석해 볼까요?

칠층천은 코페르니쿠스라는 사람의 학설이다. 여기에서 다섯별
은 태양을 중심으로 회전하고, 달은 지구를 중심으로 회전한다. 또
지구는 태양을 중심으로 회전하고, 항성은 태양을 중심으로 회전한
다. 태양은 우주의 중심에 있으면서 영원히 움직이지 않는다. 태양
다음에는 수성의 천구(첫 번째 천구), 그 다음은 금성의 천구(두 번째
천구), 그 다음은 지구의 천구(세 번째 천구) … 그 다음은 토성의 천
구(여섯 번째 천구), 그 다음은 항성의 천구(일곱 번째 천구), 그 다음은
영원히 움직이지 않는 천구다.

오늘날 우리가 사용하는 '혹성惑星(행성)'이라는 어휘는 료에이가
고심해서 만들어낸 한자어입니다. 료에이 이전의 동아시아의 지식인
들은 '오성五星'이라는 어휘를 사용했습니다. 오늘날에는 '오성'보다

는 '혹성' 이라는 어휘를 주로 사용하고 있었습니다. 서양 과학의 전문
용어에 해당하는 한자를 골라서 새로운 어휘를 만들어내는 일은 대단
히 어려운 일이었을 것입니다. 사실상 창조에 가깝다고 할 수 있습니
다. 현재 우리가 사용하는 서양 과학 용어의 일부는 료에이를 비롯한
에도시대의 번역 전문가들이 만든 것입니다.

료에이는 충실한 번역 전문가이기는 하지만 과학자나 사상가는 아
니었습니다. 료에이가 이해하고 관심을 가졌던 것은 우주의 기하학적
인 위치 관계뿐이었습니다. 단지 위치 관계를 이해할 뿐이라면 별도로
어려운 수학이나 천문학 지식은 필요 없습니다. 그에게는 코페르니쿠
스의 학설이 기존의 세계관을 혁명적으로 변화시킬 것이라는 통찰도
없었습니다. 결국 료에이에게 코페르니쿠스의 천문학은 '서양의 기이
한 학설' 에 지나지 않았던 것입니다.

그 후 에도의 화가 시바 코오칸司馬江漢(1738~1818) 등은 '서양의 기
이한 학설' 의 영향을 받아 통속적인 저술 활동을 통해 코페르니쿠스의
학설을 일본의 대중들에게 널리 퍼뜨렸습니다. 물론 그들이 이해한 코
페르니쿠스의 천문학은 료에이의 이해 수준을 한 발짝도 넘지 못한 것
이었습니다.

> 지동설地動說, 중력重力, 인력引力 등
> 의 어휘는 료에이의 제자 시즈키 타
> 다오志筑忠雄(1760~1806)가 창안한
> 것이다.

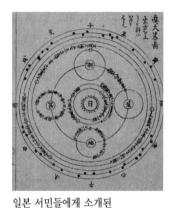

**일본 서민들에게 소개된
코페르니쿠스의 우주 구조**

19세기 초의 그림. 당시 알려져 있던 토성
까지 각 행성의 공전주기가 기입되어 있다.

**일본의 통속 작가들이 그린
코페르니쿠스의 우주 구조**

〈칠요전륜도七曜轉輪圖〉,
지볼트 기념관 소장

시바 코오칸이 그린 서양식 별자리 그림

〈네덜란드 천구도阿蘭陀天球圖〉, 채색동판화. 일본 최초로 서양 별자리에 기초한 별자리 그림. 황도면
을 경계로 해서 남반구(왼쪽)와 북반구(오른쪽)를 그렸다. 시바 코오칸은 서양화의 기법을 도입했을 뿐
만 아니라 서양 과학(난학)에 대해서도 관심이 많았다. 료에이와 친했기 때문에 료에이로부터 코페르
니쿠스의 천문학을 배울 수 있었다.

유럽에서 지구가 중심인가, 태양이 중심인가 하는 문제는 전통적인 세계관을 뒤집어엎을 수 있었기 때문에 심각한 사상적·종교적 위기를 초래했습니다. 그런데 동아시아 세계에서는 코페르니쿠스의 우주론을 유럽에서처럼 심각하게 받아들이지 않았습니다. 동아시아의 전통적인 천문학에서 우주론은 부차적인 문제로 취급되었던 것입니다. 따라서 지구 대신에 태양을 우주의 중심에 놓더라도 전통적인 세계관에 심각한 타격을 줄 수 없었습니다.

료에이는 코페르니쿠스의 학설을 번역하면서 그것이 자신이 몸담고 있는 세계에 큰 충격을 줄 것이라고는 꿈에도 생각하지 못했습니다. 그는 코페르니쿠스의 우주론을 '서양의 기이한 학설'로서 취급했을 뿐이었습니다.

일본에서 코페르니쿠스의 학설이 비교적 쉽게 수용될 수 있었던 이유는?

사실, 코페르니쿠스의 학설이 먼저 소개된 곳은 일본이 아니라 중국이었습니다. 태양중심설을 정식으로 중국에 전한 것은 예수회 선교사 브노아Michel Benoist, 將友仁(1715~1774)의 〈곤여전도坤輿全圖〉(1767)가 최초였습니다. 이것은 료에이가 『네덜란드 지구설』(1771)을 번역한 것보다 몇 년 빠릅니다. 그러나 18세기 말부터 19세기 초 당시, 태양중심설이 중국과 조선에서는 지식인 사회에서조차 거의 거론되지 않았던 데 반해서, 일본에서는 서민들에게까지 널리 알려졌습니다. 어떻게 해서 이러한 차이가 발생했을까요?

중국의 경우, 자신들이 문명 세계의 중심이라고 생각했습니다. 중국인들은 이민족을 오랑캐라고 불렀습니다. 그리고 이민족의 문화를 야만스럽게 생각했습니다. 오랑캐의 문화 중에 어쩌다가 우수한 것도 있겠지만, 오랑캐의 우수한 문화는 중국 문화를 보완하는 의미밖에 없다

1758년에 코페르니쿠스의 저서가 로마 교황청의 금서 목록에서 제외되었기 때문에 가능한 일이었다.

고 생각했습니다. 17세기 이후, 중국의 지식인들은 서양 천문학이 중국의 전통 천문학보다 더 뛰어난 부분도 있다는 것을 인정했습니다. 그러나 서양 천문학이 상고시대 중국의 천문학에 기원을 두고 있다고 말함으로써 중화문명의 우수성을 강조하려고 했습니다. 이러한 지적인 풍토에서는 서양 천문학을 적극적으로 배우려는 움직임이 확대될 수 없었습니다. 게다가 서양 선교사들을 통해 서양 천문학을 간접적으로 수용했기 때문에, 선교사들이 코페르니쿠스의 진면목을 왜곡하고 축소하더라도 알아차릴 방도가 없었습니다.

그나마 중국은 뒤늦게나마 코페르니쿠스 천문학의 진면목을 접할 수 있는 기회가 있었습니다. 그러나 조선의 경우 그러한 기회조차 주어지지 않았습니다. 조선의 지식인들이 접할 수 있는 코페르니쿠스란 물리학적 문제를 위주로 하는 단편적인 지식에 불과했습니다.

일본의 경우, 자신들이 직접 서양 과학책을 번역했기 때문에 서양 선교사들의 왜곡을 피할 수 있었고, 중국과 조선에 비해 코페르니쿠스 학설을 폭 넓게 받아들일 수 있었습니다. 게다가 일본은 중국이나 조선처럼 중화문명의 정수를 보존해야 할 이유가 없었습니다. 또한 어떠한 경우에도 반드시 고수해야 할 독자적인 문화가 있다고 생각하지도 않았습니다. 따라서 그때그때 더 좋은 쪽을 따라야 한다는 태도가 생겼습니다. 한마디로 중국이나 조선에 비해 전통으로부터의 압력이 적었던 것입니다. 이러한 지적 풍토 속에서 일본인들은 다른 두 나라에 비해 서양 천문학을 배우는 데, 코페르니쿠스의 학설을 수용하는 데 더욱 적극적일 수 있었습니다.

맺음말

　니덤은 역사에 출현했던 모든 비유럽 세계의 전통 과학을 "근대과학이라는 거대한 바다로 흘러들어가는 강물"에 비유했습니다. 이러한 비유에는 진정한 과학은 유럽의 근대과학 하나뿐이라는 서구중심주의와 지구상의 모든 전통 과학은 서구 근대과학으로 귀결될 수밖에 없다는 목적론적 역사관이 반영되어 있습니다. 이러한 전제를 받아들인다면, 비유럽 세계의 전통 과학사는 전통 과학의 굴레에서 벗어나 서구적 근대과학에 가까워지려고 노력했던 과정으로 서술될 수밖에 없습니다.

　서구적 근대를 역사적 필연이라고 생각했던 19세기 말 이후, 동아시아 삼국의 역사학자들은 17~19세기의 역사에서 근대과학의 싹을 찾아내려고 무진 애썼습니다. 특히 지전설은 코페르니쿠스의 태양중심설(지동설)을 연상시켰기 때문에 일찍이 주목을 받았습니다. 유럽에서 코페르니쿠스의 학설이 중세 유럽의 기독교적 세계관을 붕괴시킨 것과 마찬가지로, 조선에서도 지전설이 성리학적 세계관을 무너뜨리는 데 기여할 것으로 기대했던 것입니다. 그 때문에 어떤 연구자는 김석문과 홍대용의 지전설을 '코페르니쿠스적 전환'이라고 평가하면서 극찬을 아끼지 않았던 것입니다.

　그러나 많은 역사학자들이 기대했던 것과는 달리, 실제로 지구설이나 지전설 때문에 '세계관의 전환'이 일어나지는 않았습니다. 분명히 음양오행설이나 천인감응론으로 대표되는 전통적 우주론에 대해 비판적인 학자들이 등장하기는 했습니다. 그러나 정부 기구에 소속된 전문적인 천문학자들은 대체로 우주론에 대해서 관심이 없었습니다. 우주론은 아마추어 천문학자들—중국과 조선의 유학자들, 일본의 네덜란드어 전문가들—의 몫이었던 것입니다.

　이른바 '실학자'로서 높이 평가되고 있는 학자들도 근대과학적인 방법론을 실천했던 것은 아니었습니다. 예를 들어, 홍대용의 무한우주론은 관찰과 실험이 아니라 철저하게 철학적 사색의 결과였던 것입니다. 게다가 왕성한 비판 정신을 가졌던 학자들조

차도 주 시의 자연학을 전면적으로 거부한 것은 아니었습니다. 오히려 주 시의 자연학을 토대로 해서 서양 천문학을 수용했던 것입니다.

동아시아의 지식인들은 전통적인 우주론의 개념을 가지고 서양 천문학의 지식들을 수용했습니다. 서양 천문학의 지식들은 전통 천문학이라는 필터를 통해 걸러지면서 동아시아의 지적 풍토에 알맞게 변형되었습니다. 동아시아의 지식인들에게 서양 천문학의 지식들은 무조건 수용해야 하는 절대적 진리가 아니었습니다. 그들에게 서양 천문학이란 전통 천문학의 결함을 보완할 수 있는 유용한 수단 그 이상은 아니었던 것입니다.

지전설은 부분적으로 서양 천문학의 영향을 받기는 했지만 전통적인 우주론의 토양 위에서 자라났습니다. 그리고 지전설을 주장한 사람들은 자신들의 주장이 혁명적 의미를 갖는다고 생각하지 않았습니다. 아무리 코페르니쿠스가 신중했다고 하더라도 그는 분명히 자신의 학설이 가지고 있는 '혁명성'을 인식하고 있었습니다. 그에 반해, 김석문은 지전설이 주 시의 가르침과 양립할 수 있다고 생각했습니다. 홍대용에게 지전설은 전통적인 세계관을 풍자하는 수단 그 이상은 아니었습니다. 박지원은 홍대용의 지전설을 '철학적 우스개 소리'라고 말하기까지 했습니다. 여기에는 갈릴레오나 케플러에게서 찾아볼 수 있는 심각함이랄까 비장함 같은 것들을 찾아볼 수 없습니다. 홍대용이나 박지원의 입장에서 본다면, 반드시 그래야만 할 이유가 없었던 것입니다.

동아시아 삼국 중에서도 코페르니쿠스 천문학을 비교적 온전하게 수용했던 일본도 조선과 크게 사정이 다르지 않았습니다. 코페르니쿠스의 진면목을 소개했던 료에이조 차도 자신이 불온사상을 퍼뜨리고 있다고는 전혀 생각하지 않았습니다. 막부 당국도 지식인뿐만 아니라 서민들 사이에서 코페르니쿠스의 학설이 유행하는 것을 그대로 방치했습니다. 사실상 코페르니쿠스의 학설은 막부 체제에 어떠한 흠집도 내지 못했습니다. '지구의 회전'이라는 주제는 각 문명권의 지적 풍토 속에서 전혀 다른 의미를 가지고 있었던 것입니다. 똑같은 씨앗이라도 토양이 달라지면 다른 결실을 맺는 법입니다.

만약 1842년, 중국이 난징에서 영국인들에게 굴욕적인 불평등조약을 강요당하지 않았더라면, 만약 1854년, 일본이 카나가와神奈川에서 미국인들에게 불평등조약을 강요당하지 않았더라면, 만약 1876년, 조선이 강화도에서 일본인들에게 불평등조약을 강요하지 않았더라면, 어떻게 되었을까요? 근대과학의 싹이 동아시아의 풍토에서 자생적으로 자라나 꽃을 피우고 열매를 맺었을까요? 아마도 그렇지는 않았을 것입니다. 토양이 다른데 똑같은 결실을 기대할 수는 없는 일입니다.

단적으로 동아시아에서 근대 천문학이 탄생한 곳은 흠천감도, 관상감도, 천문방도 아니었습니다. 근대 천문학은 서양으로부터 이식된 '대학'이라고 하는 제도 안에서 싹을 틔웠습니다. 동아시아 삼국 중에서 가장 먼저 근대 과학을 수용한 일본에서조차 천문방은 역사의 무대에서 조용히 퇴장하고 말았습니다. 에도 시대 '서양 인식의 첨병' 치고는 너무도 쓸쓸한 퇴장이 아닐 수 없습니다. 근대과학은 철저하게 '이식'된 것이었습니다.

그렇다면 19세기 이전 동아시아 과학사에는 아무런 변화도 발전도 없었던 것일까요? 물론 그렇지는 않습니다. 단지 그것이 서양 과학사와 다르게 전개되었을 뿐입니다. 제국주의적 침략에 의해 전통 과학이 서구 근대과학에 강제로 편입되기 이전에 동아시아 세계는 전통 과학의 토대 위에서 서양 과학을 수용하는 새로운 지적 모험을 감행하고 있었습니다. 그 과정에서 전통적 우주론과는 다른 새로운 우주론이 탄생하기도 했습니다. 그 대표적인 것이 바로 지전론입니다. 비록 전통적인 우주론에서 완전히 벗어난 것은 아니었지만, 서양으로부터 수용한 새로운 지식을 주체적으로 수용한 결과라고 말할 수 있습니다. 불행히도 이러한 지적인 모험은 뿌리를 채 내리기도 전에 제국주의적 침략에 의해서 소멸되고 말았습니다. 만약 동아시아 세계가 제국주의적 침략을 받지 않았더라면 서구적 근대과학이 아닌 또 다른 형태의 '근대과학'의 꽃을 피웠을지도 모릅니다.

참고문헌

_원전(고전 중국어)

梅文鼎 纂, 『曆學答問』, 叢書集成初編 1325-2, 藝梅珠塵本排印, 北京, 中華書局, 1985.

梅文鼎 纂, 『曆學答問補』, 叢書集成初編 1325-3, 藝梅珠塵本排印, 北京, 中華書局, 1985.

聞一多, 『天問疏證』, 上海, 上海古籍出版社, 1985.

班固 撰, 顔師古 注, 『漢書』, 25史標點本, 北京, 中華書局, 1962, 전12책.

房玄齡 等 撰, 『晉書』, 25史標點本, 北京, 中華書局, 1974, 전10책.

范曄 撰, 李賢 等 注, 『後漢書』, 25史標點本, 北京, 中華書局, 1965, 전12책.

宋濂 等 撰, 『元史』, 25史標點本, 北京, 中華書局, 1976, 전 15책.

沈括 撰, 胡道靜 校注, 『新校正夢溪筆談』, 香港, 中華書局香港分局, 1975.

沈約 撰, 『宋書』, 25史標點本, 北京, 中華書局, 1974, 전8책.

王錫闡 撰, 『五星行度解』, 叢書集成初編 1325-1, 守山閣叢書本排印, 北京, 中華書局, 1985.

王圻·王思義 編集, 『三才圖會』上·中·下, 上海圖書館藏明萬曆王思義校正本影印, 上海, 上海古籍出版社, 1988.

魏徵·令狐德棻 撰, 『隋書』, 25史標點本, 北京, 中華書局, 1973, 전6책.

劉昫 等 撰, 『舊唐書』, 25史標點本, 北京, 中華書局, 1975, 전16책.

張廷玉 等 撰, 『明史』, 25史標點本, 北京, 中華書局, 1974, 전28책.

趙爽·甄鸞·李淳風 注, 『周髀算經(附音義)』, 叢書集成初編 1262-1, 聚珍板本排印, 北京, 中華書局, 1985.

陳壽 撰, 裴松之 注, 『三國志』, 25史標點本, 北京, 中華書局, 1959, 전5책.

湯炳正 外 注, 『楚辭今注』, 中國古典文學叢書, 上海, 上海古籍出版社, 1996.

何寧 撰, 『淮南子集釋』上·中·下, 新編諸子集成 第1輯, 北京, 中華書局, 1998.

_원전 번역(우리말)

김종서 · 정인지 외 편저, 한영길 · 김교식 옮김, 신서원 편집부 편집, 『북역고려사北譯
　　　高麗史』 제5책, 사료 011, 초판, 신서원, 1991.

김택민 주편, 『역주 당육전譯注唐六典 상』, 신서원, 2003.

김학주 옮김, 『신완역 시경新完譯詩經』, 명문동양고전 8, 증보중판, 명문당, 1993.

김학주 옮김, 『열자列子』, 세계의 사상 22, 을유문화사, 2000.

리 징뎌黎靖德 엮음, 허탁 · 이요성 역주, 『주자어류 1: 우주와 인간에 대한 토론 1』, 청
　　　계, 1998.

서호수 · 성주덕 · 김영 편저, 이은희 · 문중양 역주, 『국조역상고國朝曆象考』, 한국학술
　　　진흥재단 학술명저번역총서 동양편 060, 소명출판, 2004.

성주덕 편저, 이면우 · 허윤섭 · 박권수 역주, 『서운관지書雲観志』, 한국학술진흥재단
　　　학술명저번역총서 동양편 008, 소명출판, 2003.

성백효 역주, 『현토완역 시경집전懸吐完譯詩經集傳 하』, 동양고전국역총서 5, 전통문
　　　화연구회, 1993.

성백효 역주, 『현토완역 서경집전懸吐完譯書經集傳 상』, 동양고전국역총서 6, 전통문
　　　화연구회, 1998.

심괄(沈括) 지음, 최병규 옮김, 『몽계필담夢溪筆談』 상 · 하, 범우고전선 54-1 · 2, 범우
　　　사, 2002.

쓰마 치엔 지음, 정범진 외 옮김, 『사기史記 2: 표서表序 · 서書』, 까치동양학 23, 까치, 1996.

쓰마 치엔司馬遷 지음, 정범진 외 옮김, 『사기史記 7—열전列傳 하』, 까치동양학 28,
　　　까치, 1995.

안길환 옮김, 『신완역 회남자淮南子』 上, 명문동양고전 43, 명문당, 2001.

안동림 역주, 『장자』, 현암사, 1993.

이순지 · 김담 지음, 유경로 · 이은성 · 현정준 역주, 『세종장헌대왕실록世宗莊憲大王
　　　實錄 26: 칠정산내편七政算內篇』, 초판, 세종대왕기념사업회, 1973.

이순지 · 김담 지음, 유경로 · 이은성 · 현정준 역주, 『세종장헌대왕실록世宗莊憲大王
　　　實錄 27: 칠정산내편七政算外篇』, 초판, 세종대왕기념사업회, 1974.

이익 지음, 최석기 편역編譯, 『성호사설星湖僿說』, 한길그레이트북스 039, 한길사,
　　　1999.

임대희 · 김택민 엮음, 『역주 당률소의唐律疏議—각칙上—』, 한국법제연구원, 1997.

정태현 역주, 『역주 춘추좌씨전春秋左氏傳 2』, 동양고전역주총서 2, 전통문화연구회,
　　　2003.

차종천 옮김, 『동양수학의 고전: 구장산술九章算術 · 주비산경周髀算經』, 범양사출판
　　　부, 2000.

_원전번역(일본어 · 중국어)

楠山春樹 譯, 『淮南子 上』, 新釋漢文大系 54, 東京, 明治書院, 1979.

渡邊義浩 · 小林春樹 編, 『全譯後漢書, 第三册: 志(一) 律曆』, 東京, 汲古書店, 2004.

山田慶兒 · 土屋榮夫, 『復元 水運儀象臺: 11世紀 中國の天文觀測時計塔』, 東京, 新曜社, 1997.

小林勝人 譯注, 『列子』(上) · (下), 青 209-1 · 2, 東京, 岩波書店, 1987.

小林信明 譯釋, 『列子』, 新釋漢文大系 22, 東京, 明治書院, 1967.

藪內清 責任編集, 『中國の科學』, 中公バックス 世界の名著 12, 東京, 中央公論社, 1979.

藪內清 · 橋本敬造 · 川原秀城 譯, 『中國天文學 · 數學集: 劉徽註九章算術 · 周髀算經 · 靈憲 · 渾天儀 · 晋書天文志』, 科學の名著 I-02, 東京, 朝日出版社, 1980.

興膳宏 · 川合康三, 『隋書經籍志詳攷』, 東京, 汲古書院, 1995.

江曉原 · 謝筠 譯注, 『周髀算經』, 中國古代科技名著譯叢, 瀋陽, 遼寧敎育出版社, 1996.

沈括 著, 胡道靜 外 譯注, 『夢溪筆談全譯』, 上 · 下, 中國歷代名著全譯叢書 33, 貴陽, 貴州人民出版社, 1998.

中國科學技術大學 · 合肥鋼鐵公司 夢溪筆談譯注組 譯注, 『夢溪筆談譯注－自然科學部分一』, 合肥, 安徽科學技術出版社, 1979.

許匡一 譯注, 『淮南子全譯』 上 · 下, 中國歷代名著全譯叢書 30, 貴陽, 貴州人民出版社, 1993.

_과학사 · 과학일반(우리말)

게일 E. 크리스티안슨 지음, 정소영 옮김, 『만유인력과 뉴턴』, 옥스퍼드 위대한 과학자 시리즈, 바다출판사, 2002.

구만옥, 『조선후기 과학사상사 연구 I : 주자학적 우주론의 변동』, 연세국학총서 40, 혜안, 2004.

김영식, 『과학혁명: 근대과학의 출현과 그 배경』, 대우학술총서 자연과학 18, 민음사, 1984.

김영식 엮음, 『중국 전통문화와 과학』, 창비신서 72, 창작과비평사, 1986.

김필년, 『동-서문명과 자연과학』, 까치글방 77, 까치, 1992.

나가다 히사시永田久 지음, 심우성 옮김, 『역과 점의 과학』, 동문선 문예신서 55, 동문선, 1992.

나일성, 『한국천문학사』, 한국의 탐구 15, 서울대학교출판부, 2000.

나카야마 시게루中山茂 지음, 김향 옮김, 『하늘의 과학사』, 가람과학신서 1, 가람기획, 1991.

나카야마 시게루中山茂 지음, 이은성 옮김, 『점성술―동서과학사상의 위치―』, 현대과학신서 44, 전파과학사, 1975.

남문현, 『장영실과 자격루: 조선시대 시간측정 역사 복원』, 한국의 탐구 21, 서울대학교출판부, 2002.

로버트 템플 지음, J. 니담 서문, 박성래 감수, 과학세대 옮김, 『그림으로 보는 중국의 과학과 문명』, 까치글방 81, 까치, 1993.

리차드 S. 웨스트팔 지음, 정명식·김동원·김영식 옮김, 『근대과학의 구조』, 과학사총서 2, 민음사, 1992.

E. G. 리처즈 지음, 이민아 옮김, 『시간의 지도: 달력』, 까치, 2003.

문중양, 『문중양 교수의 우리역사 과학기행』, 동아시아, 2006.

박성래 엮음, 『중국과학의 사상』, 현대과학신서 10, 전파과학사, 1978.

박성래, 『박성래 교수의 민족과학 이야기: 한국사에도 과학이 있는가』, 교보문고, 1998.

박성순, 『조선유학과 서양과학의 만남: 조선후기 서학의 수용과 북학론의 형성』, 고즈윈, 2005.

박창범, 『하늘에 새긴 우리역사』, 김영사, 2002.

손영운, 『청소년을 위한 서양과학사』, 두리미디어, 2004.

스티븐 샤핀 지음, 한영덕 옮김, 『과학혁명』, 갈릴레오총서 7, 영림카디널, 2002.

스티븐 호킹 지음, 김동광 옮김, 『그림으로 보는 시간의 역사』, 까치글방 142, 확대개정판, 까치, 1998.

안상현, 『우리가 정말 알아야 할 우리 별자리』, 현암사, 2000.

알랭 시루·레일라 아다, 전세철 옮김, 『지구와 우주: 신화에서 별자리까지』, 베텔스만코리아, 2005.

야마다 케이지山田慶兒 지음, 김석근 옮김, 『주자의 자연학』, 통나무, 1991.

야마모토 요시타카山本義隆 지음, 이영기 옮김, 『과학의 탄생』, 동아시아, 2005.

야부우치 키요시藪內淸 지음, 전상운 옮김, 『중국의 과학문명』, 현대과학신서 28, 전파과학사, 1974.

야부우치 키요시藪內淸 지음, 유경로 편역, 『중국의 천문학』, 전파과학사, 1985.

에드워드 그랜트 지음, 홍성욱·김영식 옮김, 『중세의 과학』, 과학사총서 1, 민음사, 1992.

에벌린 에드슨 · 에밀리 새비지 스미스 지음, 이정아 옮김, 『중세, 하늘을 디자인하다』, 이른아침, 2006.

연세대학교 국학연구원 엮음, 『한국실학사상연구 4』, 연세국학총서 61, 혜안, 2005.

오민영, 「전한대 역법과 참위의 결합—위서력의 성립과 역법의 정밀도 문제를 중심으로—」, 고려대학교 대학원 사학과 동양사전공 문학석사학위논문, 1998.

오언 깅그리치 · 제임스 맥라클렌 지음, 이무현 옮김, 『지동설과 코페르니쿠스』, 옥스퍼드 위대한 과학자 시리즈, 바다출판사, 2006.

요시다 미쯔쿠니吉田光邦 지음, 강석태 옮김, 『일본과학사』, 한국일본학회편일본문화총서 6, 교학연구사, 1981.

움베르트 에코 · 에른스트 곰브리치 외 지음, 김석희 옮김, 『시간박물관』, 푸른숲, 2000.

유효군兪曉群 지음, 임채우 옮김, 『술수와 수학 사이의 중국문화』, 동과서, 2001.

이문규, 『고대 중국인이 바라본 하늘의 세계』, 서남동양학술총서 9, 문학과지성사, 2000.

이은성, 『역법의 원리분석』, 정음사, 1985.

자클린 드 부르구앵 지음, 정숙현 옮김, 『달력: 영원한 시간의 파수꾼』, 시공디스커버리 116, 시공사, 2003.

장 피에르 베르데 지음, 장동현 옮김, 『하늘의 신화와 별자리의 전설』, 시공디스커버리 056, 시공사, 1997.

전상운, 『시간과 시계 그리고 역사: 우리 시계 이야기』, 월간시계사, 1994.

전상운, 『한국과학사』, 사이언스북스, 2000.

전상운, 『한국의 과학사』, 교양국사총서 27, 제2판, 세종대왕기념사업회, 2000.

전용훈, 「조선후기 서양천문학과 전통천문학의 갈등과 융화」, 서울대학교 대학원 협동과정 과학사 및 과학철학 전공 이학박사학위논문, 2004.

정성희, 『조선시대 우주관과 역법의 이해』, 솔벗한국학총서 7, 지식산업사, 2005.

정인경, 『청소년을 위한 한국과학사』, 두리미디어, 2007.

제임스 맥라클란 지음, 이무현 옮김, 『물리학의 탄생과 갈릴레오』, 옥스퍼드 위대한 과학자 시리즈, 바다출판사, 2002.

제임스 E. 매클렐란 3세 · 해럴드 도른 지음, 전대호 옮김, 『과학과 기술로 본 세계사 강의』, 모티브북, 2006.

제임스 R. 뵐켈 지음, 박영준 옮김, 『행성운동과 케플러』, 옥스퍼드 위대한 과학자 시리즈, 바다출판사, 2006.

조셉 니덤 지음, C. A. 로넌 축약, 김영식 · 김제란 옮김, 『중국의 과학과 문명: 사상적 배경—축약본 1』, 까치글방 146, 까치, 1998.

조셉 니덤 지음, C. A. 로넌 축약, 이면우 옮김, 『중국의 과학과 문명: 수학, 하늘과 땅의 과학, 물리학—축약본 2』, 까치글방 147, 까치, 2000.

존 헨더슨 지음, 문중양 역주, 『중국의 우주론과 청대의 과학혁명』, 한국학술진흥재단
학술명저번역총서 동양편 039, 소명출판, 2004.

토마스 S. 쿤 지음, 김명자 옮김, 『과학혁명의 구조』, 동아출판사, 1992.

한국과학문화재단 엮음, 『우리의 과학문화재』, 한국과학문화재단 교양과학시리즈 2, 서
해문집, 1997.

한국 천문학사 편찬위원회 엮음, 『소남 유경로 선생 유고논문집: 한국 천문학사 연구』,
녹두, 1999.

_과학사 · 과학일반(일본어 · 중국어 · 영어)

橋本敬造, 『中國占星術の世界』, 東方選書 22, 東京, 東方書店, 1993.

廣瀨秀雄, 『日本史小百科: 曆』, 東京, 東京堂出版, 1993.

杜石然 外 編著, 川原秀城 譯, 『中國科學技術史』 上 · 下, 東京, 東京大學出版會,
1997, 전2책.

山田慶兒 編, 『中國の科學と科學者』, 京都, 京都大學人文科學研究所, 1978.

山田慶兒 · 土屋榮夫, 『復元 水運儀象臺: 十一世紀中國の天文觀測時計塔』, 東
京, 新曜社, 1997.

藪內 淸, 『中國の天文曆法』, 初版, 東京, 平凡社, 1969.

藪內 淸, 『中國の科學文明』, 岩波新書 靑版, 東京, 岩波書店, 1970.

藪內 淸, 『中國文明の形成』, 東京, 岩波書店, 1974.

藪內 淸, 『中國古代の科學』, 講談社學術文庫 1654, 東京, 講談社, 2004(原版: 角
川書店, 1964).

長崎大學 出島の科學 刊行會 編著, 『出島の科學—長崎を舞臺とした近代科學の
歷史ドラマ—』, 福岡, 九州大學出版會, 2002.

中山 茂, 『日本の天文學—占い · 曆 · 宇宙觀—』, 東京, 朝日文庫 な8-2, 朝日新聞
社, 2000.

川原秀城, 『中國の科學思想—兩漢天學考』, 中國學術叢書 1, 東京, 創文社, 1996.

坂出祥伸, 『中國古代の占法: 技術と呪術の周邊』, 硏文選書 49, 東京, 硏文出版,
1991.

ジョゼフ · ニーダム 著, 東畑精一 · 藪內淸 監修, 吉田忠 · 高柳雄一 · 宮島一彦 ·
橋本敬造 · 中山茂 · 山田慶兒 譯, 『中國の科學と文明, 第5卷: 天の科學』,
東京, 思索社, 1991.

江曉原, 『天學眞原』, 國學叢書 7, 瀋陽, 遼寧敎育出版社, 1991.

金祖孟,『中國古宇宙論』, 上海, 華東師範大學出版社, 1996.

杜石然 主編,『中國古代科學家傳記』上 · 下, 北京, 科學出版社, 1992.

潘鼐 主編,『彩圖本 中國古天文儀器史』, 太原, 山西教育出版社, 2004.

吳文俊 主編,『中國數學史大系 第1卷: 上古到西漢』, 北京, 北京師範大學出版社, 1998.

李迪,『梅文鼎評傳』, 中國思想家評傳叢書 156, 南京, 南京大學出版社, 2006.

張彤 編譯,『中國歷代科學家傳』, 風騷五千年ー中華名人傳系, 北京, 國際文化出版公司, 1992.

中國大百科全書總編輯委員會天文學編輯委員會 · 中國大百科全書出版社編輯部編,『中國大百科全書: 天文學』, 北京 · 上海, 中國大百科全書出版社, 1980.

陳美東 主編,『中國古星圖』, 瀋陽, 遼寧教育出版社, 1996.

陳美東 · 沈榮法 主編,『王錫闡研究文集』, 石家莊, 河北科學技術出版社, 2000.

陳遵嬀,『中國天文學史』제1책~제6책, 臺北, 明文書局, 1984~1990, 전6책.

何丙郁 · 何冠彪,『中國科技史概論』, 香港, 中華書局, 1983.

許結,『張衡評傳』, 中國思想家評傳叢書 26, 南京, 南京大學出版社, 1999.

Chaisson, Eric & McMillan, Steve, *Astronomy Today*, 3rd ed., London, Prentice Hall, 1999.

Nakayama Shigeru, *A History of Japanese Astronomy—Chinese Background and Western Impact—*, Harvard-Yenching Institute Monograph Series XVIII, Cambridge, Massachusetts, Harvard University Press, 1969.

Needham, Joseph & Wang Ling, *Science and Civilisation in China, vol. 3: Mathematics and the Heavens and the Earth*, London & New York, Cambridge University Press, 1959.

Needham, Joseph & Wang Ling, *Science and Civilisation in China, vol. 4: Phisics and Physical Technology, part II: Mechanical Engineering*, London & New York, Cambridge University Press, 1965.

_사상사 · 문화사 · 역사일반 · 기타(우리말)

강봉룡 · 서의식,『뿌리 깊은 한국사 샘이 깊은 이야기 2: 통일신라 · 발해』, 솔출판사, 2002.

강재언,『조선의 서학사』, 대우학술총서 · 인문사회과학 47, 민음사, 1990.

공호길 · 손태경 기획 · 편집,『사보 하나은행』, 디자인하우스, 1997, 봄.

기시모토 미오 · 미야지마 히로시 지음, 김현영 · 문순실 옮김, 『조선과 중국, 근세 오백
　　년을 가다: 일국사를 넘어선 동아시아 읽기』, 역사비평사, 2003.

김종수, 『뿌리깊은 한국사 샘이 깊은 이야기 5: 조선후기』, 솔출판사, 2002.

김택민, 『중국역사의 어두운 그림자』, 신서원, 2005.

김한규, 『한중관계사 I』, 대우학술총서 논저 422, 아르케, 1999.

리우 웨이劉煒 주편, 인성핑尹盛平 지음, 김양수 옮김, 『신권의 일천 년: 상주시대』, 중
　　국의 문명 2, 시공사, 2003.

리우 웨이劉煒 주편, 리우웨이劉煒 · 허홍何洪 지음, 조영현 옮김, 『패권의 시대』, 중국
　　문명박물관_춘추전국시대, 시공사, 2004.

리우 웨이劉煒 주편, 리우웨이劉煒 지음, 김양수 옮김, 『황제의 나라』, 중국문명박물관
　　_진한시대, 시공사, 2004.

마리우스 B. 잰슨 지음, 김우영 외 옮김, 『현대일본을 찾아서 1』, 이산의 책 40, 이산,
　　2006.

마크 엘빈 지음, 이춘식 외 옮김, 『중국역사의 발전형태』, 신서원, 1989.

막스 칼텐마르크 지음, 장원철 옮김, 『노자와 도교』, 까치동양학 2, 까치, 1993.

미나모토 료엔源了圓 지음, 박규태 · 이용수 옮김, 『도쿠가와 시대의 철학사상』, 일본사
　　상총서 2, 예문서원, 2000.

미조구찌 유우조오溝口雄三 · 마루야마 마쯔아키丸山松幸 · 아케다 토모히사池田知
　　久 엮음, 김석근 · 김용천 · 박규태 옮김, 『중국사상문화사전』, 민족문화문고,
　　2003.

벤저민 엘만 지음, 양휘웅 옮김, 『성리학에서 고증학으로』, 예문서원, 2004.

비토 마사히데尾藤正英 지음, 엄석인 옮김, 『사상으로 보는 일본문화사』, 일본사상총
　　서 5, 예문서원, 2003.

쉬 진시웅許進雄, 홍희 옮김, 『중국고대사회: 문자와 인류학의 투시』, 동문선문예신서
　　40, 동문선, 1991.

아로마티코 지음, 성기완 옮김, 『연금술: 현자의 돌』, 시공디스커버리 077, 시공사,
　　1998.

아미노 요시히꼬綱野善彦 지음, 박훈 옮김, 『일본이란 무엇인가』, 창작과비평사, 2003.

아사오 나오히로朝尾直弘 외 엮음, 이계황 외 옮김, 『새로 쓴 일본사』, 창작과비평사,
　　2003.

안드레 군더 프랑크 지음, 이희재 옮김, 『리오리엔트』, 이산의 책 24, 이산, 2003.

에른스트 H. 곰브리치 지음, 최민 옮김, 『서양미술사』 상 · 하, 개정판, 열화당, 1994.

위앤 커袁珂 지음, 전인초 · 김선자 옮김, 『중국신화전설 I』, 대우학술총서 · 번역 53,
　　민음사, 1992.

이성시 지음, 박경희 옮김, 『만들어진 고대: 근대 국민 국가의 동아시아 이야기』, 삼인, 2001.

정민, 『미쳐야 미친다』, 푸른역사, 2004.

중국사학회 엮음, 강영매 옮김, 『중국역사박물관 3: 서한·동한·삼국시대』, 범우사, 2004.

중국사학회 엮음, 강영매 옮김, 『중국역사박물관 4: 서진·동진 16국·남북조·수』, 범우사, 2004.

중국사학회 엮음, 강영매 옮김, 『중국역사박물관 5: 당』, 범우사, 2004.

중국사학회 엮음, 강영매 옮김, 『중국역사박물관 8: 원』, 범우사, 2004.

중국사학회 엮음, 강영매 옮김, 『중국역사박물관 9: 명』, 범우사, 2005.

중국사학회 엮음, 강영매 옮김, 『중국역사박물관 10: 청』, 범우사, 2005.

지안니 과달루피 지음, 이혜소·김택규 옮김, 『중국의 발견: 서양과 동양문명의 조우』, 생각의나무, 2004.

치엔 춘쉰錢存訓 지음, 김윤자 옮김, 『중국고대서사』, 문예신서 11, 동문선, 1990.

타니구찌 키쿠오谷口規矩雄 엮음, 정성일 옮김, 『아시아의 역사와 문화 4—중국사 근세II』, 아시아총서 4, 신서원, 1997.

패트리샤 버클리 에브리 지음, 이동진·윤미경 옮김, 『사진과 그림으로 보는 케임브리지 중국사』, 시공아크로총서 2, 시공사, 2001.

페르낭 브로델 지음, 주경철 옮김, 『물질문명과 자본주의 I-2: 일상생활의 구조 下』, 까치글방 98, 까치, 1995.

페르낭 브로델 지음, 주경철 옮김, 『물질문명과 자본주의 II-2: 교환의 세계 下』, 까치글방 100, 까치, 1996.

페르낭 브로델 지음, 주경철 옮김, 『물질문명과 자본주의 III-1: 세계의 시간 上』, 까치글방 101, 까치, 1997.

하워드 R. 터너 지음, 정규영 옮김, 『이슬람의 과학과 문명』, 르네상스라이브러리 2, 르네상스, 2004.

한국생활사박물관 편찬위원회, 『한국생활사박물관 09: 조선생활관 1』, 사계절, 2003.

히라카와 스케히로平川祐弘 지음, 노영희 옮김, 『마테오 리치: 동서문명교류의 인문학 서사시』, 동아시아, 2002.

_사상사·문화사·역사일반(일본어·중국어)

高橋修 監修, 學研歷史群像編集部 編, 『歷史群像シリーズ特別編集 決定版 圖説 戰國合戰圖屏風』, 東京, 學研, 2002.

宮原武夫 監修, 朝日新聞社事典編集部 編, 『AJB朝日ジュニアブック 日本の歷史』, 改訂新版, 東京, 朝日新聞社, 2002(初版, 1989).

東京書籍編集部 編著, 『ビジュアルウイド 圖說日本史』, 改訂新版, 東京, 東京書籍, 2002(初版, 1997).

礪波 護・武田幸男, 『隋唐帝國と古代朝鮮』, 世界の歷史 2, 中央公論社, 1997.

尾形勇・平勢隆郎, 『中華文明の誕生』, 世界の歷史 2, 中央公論社, 1998.

安居香山, 『緯書と中國の神秘思想』, 東京, 平河出版社, 1988.

竹內 誠 監修, 大石 學・小澤 弘・山本博文 編, 『ビジュアル・ワイド 江戶時代館』, 東京, 小學館, 2002.

坂本賞三・福田豊彦 監修, 『新編日本史圖表』, 改訂10版, 東京, 第一學習社, 2001(初版, 1997).

學研歷史群像編集部 編, 『戰略戰術兵器事典 1: 中國古代編』, 東京, 學研, 1996.

學研歷史群像編集部 編, 『歷史群像シリーズ特別編集 決定版 圖說 江戶の人物254』, 東京, 學研, 2004.

學研歷史群像編集部 編, 『歷史群像シリーズ特別編集 決定版 圖說 名言で讀む日本史人物傳』, 東京, 學研, 2004.

楊茵 主編, 『北京』, 北京, 中國民族攝影藝術出版社, 2004.

劉煒 主編, 羅宗眞 著, 『中華文明傳眞 5: 魏晋南北朝一分裂動蕩的年代』, 上海辭書出版社 商務印書館(香港)有限公司, 香港, 2001.

劉煒 主編, 王莉 著, 『中華文明傳眞 9: 明一興與衰的契機』, 上海辭書出版社 商務印書館(香港)有限公司, 香港, 2001.

劉煒 主編, 王莉 著, 『中華文明傳眞 10: 淸一中華民族新生的陣痛』, 上海辭書出版社 商務印書館(香港)有限公司, 香港, 2001.

찾아보기

청소년을 위한 동양과학사

지은이 | 오민영
펴낸곳 | 도서출판 두리미디어
펴낸이 | 최용철

초 판 1쇄 | 2007년 4월 3일 발행
초 판 2쇄 | 2009년 10월 20일 발행

등록번호 | 제10-1718호
등록일 | 1989년 2월 10일

주소 | 서울시 마포구 서교동 369-25
전화 | 02-338-7733(대표)
팩스 | 02-335-7849
홈페이지 | www.durimedia.co.kr
전자우편 | editor@durimedia.co.kr

© 오민영 2007, Printed in Korea

ISBN 978-89-7715-163-5 (43400)

값 15,000원